普通高等院校统计学类系列教材

时间序列分析

主　编：唐　立
副主编：刘源远　　郭尧琦　　吴锦标
参　编：彭　君　　王　璐　　王洪桥

机械工业出版社

本书系统地阐述了线性平稳和非平稳时间序列分析的基本理论、建模方法和预测理论，并且介绍了几种比较流行的非线性时间序列分析方法和常见的确定性时间序列分析方法. 结合作者多年的时间序列分析教学和研究的体会，书中各种模型的理论阐述较为全面而深入，但又没有过多的数学推导. 每类模型都配备有例题、习题和实际应用案例，几乎所有实际应用案例使用的都是最新的实际数据，并在附录中解读了建模的软件操作步骤. 学习本书，读者可以快速掌握各种时间序列分析方法的核心，并能将它们运用于实践. 本书可以作为统计学、数学与应用数学等专业高年级本科生或低年级研究生的学习时间序列分析的教材，也可以作为数据分析从业人员的参考书.

图书在版编目（CIP）数据

时间序列分析／唐立主编. -- 北京：机械工业出版社，2024. 12. --（普通高等院校统计学类系列教材）.
ISBN 978 - 7 - 111 - 77329 - 0

Ⅰ. O211.61

中国国家版本馆 CIP 数据核字第 2025LP9153 号

机械工业出版社（北京市百万庄大街22号　邮政编码100037）
策划编辑：汤　嘉　　　　　　责任编辑：汤　嘉　张金奎
责任校对：梁　园　薄萌钰　　封面设计：张　静
责任印制：常天培
北京机工印刷厂有限公司印刷
2025 年 4 月第 1 版第 1 次印刷
169mm × 239mm · 14 印张 · 271 千字
标准书号：ISBN 978-7-111-77329-0
定价：49.80 元

电话服务　　　　　　　　　　网络服务
客服电话：010-88361066　　机　工　官　网：www.cmpbook.com
　　　　　010-88379833　　机　工　官　博：weibo.com/cmp1952
　　　　　010-68326294　　金　书　网：www.golden-book.com
封底无防伪标均为盗版　机工教育服务网：www.cmpedu.com

前　　言

　　数据已是当今社会最有价值的资源之一，数据分为与时间有关的（或者说与次序有关的）数据和与时间无关的（即与次序无关的）数据，时间序列分析就是研究与时间有关的数据规律的学科，可见十分重要. 时间序列分析起源于20世纪30年代，学科体系在20世纪70年代初步形成. 虽然发展的时间不算长，但目前该学科已具有深入的理论研究体系和广泛的实际应用.

　　国内第一批时间序列分析教材大约是在2000年出现，它们对时间序列分析课程教学起到很大的帮助和推动作用. 近年来新编的教材，更加侧重于介绍各种软件的操作实现，为时间序列分析的实际应用提供方便. 作者从事时间序列分析课程教学二十余年，在学习国内外教材和著作的基础上，结合教学中遇到的问题和体会，编写了本书，希望它能够更加全面、系统、新颖和前沿.

　　本书的全面性体现在书中既包含随机性时间序列分析，又包含确定性时间序列分析；既包含线性时间序列分析，又包含非线性时间序列分析等. 本书的系统性体现在，书中对于每种模型的理论阐述都较为系统和深入，但又没有陷入过多的数学推导，以便读者在较短的时间内掌握多种模型的核心知识，并能够运用它们解决实际问题. 本书的新颖和前沿性体现在，书中首次引入现在盛行的非线性时间序列机器学习方法，并且注意说明各种方法的区别和可能的结合应用等. 书中所有模型都配备有实际应用案例，几乎所有的应用案例都是对近几年的实际数据的建模分析. 这些应用案例的原始数据和主要的软件操作步骤在附录中，供读者实践操作.

　　本书共有7章，第1章概述时间序列分析中的概念和方法等. 第3章至第6章是本书的主要内容，叙述经典的一元随机线性时间序列分析. 第3章系统阐述平稳可逆线性时间序列模型的基本理论，它们为第4章的样本数据建模提供理论基础. 第4章详细论述ARMA模型的样本建模方法，并给出若干实际应用案例. 事实上，阅读至此，读者就可以初步掌握线性时间序列的建模分析方法了. 然而，实际中大多数序列是非平稳的，不平稳的原因常常是序列中存在趋势或者周期. 于是第5章讨论平稳性，并讲解了几种常见的非平稳随机时间序列模型的建模方法. 其中的组合模型是随机模型与确定性模型的结合，而对于确定性时间序列分析，我们在第2章中专门予以陈述. 时间序列分析的一个主要目的就是预测时间序列，关于模型的预测知识在第6章中进行介绍. 随着时间序列分析学科的发展, 非线性时间序列分析已经成为时间序列分析的主流方向. 因此, 编者在第 7 章中引入几种流行的非线性时间序列分析方法. 本书中每一章的后面都准备有适量的习题, 供大家阅读后练习.

　　本书可以作为统计学、数学与应用数学等专业高年级本科生或低年级研究生学习时间序列分析的教材, 也可以作为数据分析从业人员的参考书.

　　非常感谢在本书编写过程中给予我们鼓励和帮助的老师和同学们, 特别感谢编辑汤嘉耐心细致的指导. 由于作者学识有限, 书中错误和疏漏之处在所难免, 还望广大读者不吝赐教, 批评指正.

编　者

目　　录

第1章 引　言

时间序列事实上是一个随机过程. 时间序列分析就是通过研究样本时间序列的规律, 对时间序列建立适合的模型, 并用模型预测和控制时间序列. 本章首先介绍时间序列和一些相关知识的概念以及基本结论, 然后概述时间序列分析常用的方法, 最后介绍时间序列数据的采集和整理.

1.1　时间序列的概念

1.1.1　时间序列的定义

从理论上来看, 时间序列是随机过程的一个分类. 从应用上来看, 它是随机过程的一个实现. 现实社会中, 数据通常分为横向数据和纵向数据, 或者分为静态数据和动态数据, 时间序列就是指纵向的、动态的数据. 时间序列并不是只指随时间变化的数据, 只要是按照某个顺序排列的数据都称为时间序列.

时间序列分析是针对时间序列, 也即是针对纵向、动态数据进行研究的一门学科. 数千年前, 就有着时间序列的记载, 人们就开始按照某些时间序列的变化规律来进行生产活动. 时间序列分析正式形成一门学科, 是 20 世纪 70 年代. 几十年来, 该学科发展迅速, 目前已具有深入的理论研究和广泛的实际应用.

时间序列在实际中随处可见, 下面是两个例子.

例 1.1.1　1985 年至 2021 年的中国人口出生率（‰）年度数据是一个时间序列, 具体数据见表 1.1.1, 图 1.1.1 展示了这一时间序列的折线图.

表 1.1.1　1985 年至 2021 年的中国人口出生率　　　　（单位：‰）

年份	人口出生率	年份	人口出生率	年份	人口出生率
1985	21.04	1998	15.64	2011	13.27
1986	22.43	1999	14.64	2012	14.57
1987	23.33	2000	14.03	2013	13.03
1988	22.37	2001	13.38	2014	13.83
1989	21.58	2002	12.86	2015	11.99
1990	21.06	2003	12.41	2016	13.57
1991	19.68	2004	12.29	2017	12.64
1992	18.24	2005	12.4	2018	10.86
1993	18.09	2006	12.09	2019	10.41
1994	17.7	2007	12.1	2020	8.52
1995	17.12	2008	12.14	2021	7.52
1996	16.98	2009	11.95		
1997	16.57	2010	11.9		

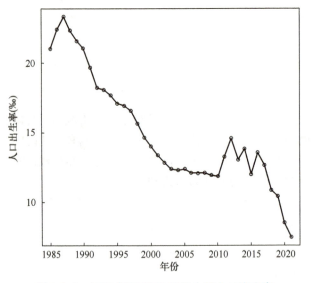

图 1.1.1　1985 年至 2021 年的中国人口出生率

例 1.1.2　2019 年 10 月至 2022 年 9 月我国食品类居民消费价格指数月度数据共 36 个值如下：115.5，119.1，117.4，120.6，121.9，118.3，114.8，110.6，111.1，113.2，111.2，107.9，102.2，98，101.2，101.6，99.8，99.3，99.3，100.3，98.3，96.3，95.9，94.8，97.6，101.6，98.8，96.2，96.1，98.5，101.9，102.3，102.9，106.3，106.1，108.8.
其时间序列散点图如图 1.1.2 所示.

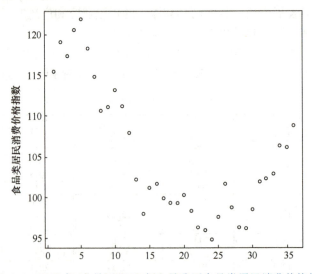

图 1.1.2　2019 年 10 月至 2022 年 9 月我国食品类居民消费价格指数

定义 1.1.1（时间序列） 按照某种次序排列的一组随机变量

$$X_1, X_2, \cdots, X_N, \cdots$$

称为时间序列，记为 $\{X_t\}$，$t = 1, 2, \cdots, N, \cdots$. 如果得到 $\{X_t\}$ 的一组观察值

$$x_1, x_2, \cdots, x_N$$

则称其为 $\{X_t\}$ 的一组样本值，或者一次实现. N 称为样本的容量或者（样本）序列的长度. 为简便起见，本书下面记号上一般不区分时间序列 $\{X_t\}$ 和它的样本值序列 $\{x_t\}$，即对时间序列不区分字母的大小写，并统称它们为时间序列.

在实际中，无论研究的对象是随时间连续变化，还是离散变化，我们都只能得到离散的、有限的时间序列样本值. 而时间序列分析的主要任务，就是运用各种方法研究时间序列样本数据中呈现出来的规律，利用样本数据建立合适的模型，达到预测或控制该时间序列的目的. 本书中时间序列都是实值随机变量，建立的模型的参数也都是实值参数.

注 1.1.1 设 T 是实数集 $\mathbf{R}$ 的子集，常称之为指标集. 如果对任意的 $t \in T$，都有一个随机变量 X_t 与之对应，则称随机变量的集合

$$\{X_t\} = \{X_t : t \in T\}$$

是一个随机过程. 当把指标集 T 看成是时间指标，这时，T 通常取为整数集 $\mathbf{Z}$ 或非负整数集 $\mathbf{Z}^+ = \{0, 1, 2, \cdots\}$，这个随机过程就是时间序列. 如无特别声明，本书中的时间序列指标集都取为整数集 $\mathbf{Z}$，即 $T = \{0, \pm 1, \pm 2, \cdots\}$.

1.1.2 相关知识

对任意整数 k，时间序列 $\{X_t\}$ 的 k 阶自协方差函数（Autocovariance Function，ACVF）定义为

$$\mathrm{Cov}(X_t, X_{t-k}) = E\{[X_t - E(X_t)][X_{t-k} - E(X_{t-k})]\}.$$

k 阶自相关函数（Autocorrelation Function，ACF）定义为

$$\rho_{X_t, X_{t-k}} = \frac{\mathrm{Cov}(X_t, X_{t-k})}{\sqrt{\mathrm{Var}(X_t)}\sqrt{\mathrm{Var}(X_{t-k})}}.$$

定义 1.1.2（平稳） 若时间序列 $\{X_t\}$，对任意的 t，$E(X_t^2) < \infty$，且满足

（1） $E(X_t) = \mu$，μ 是与 t 无关的常数，即序列 $\{X_t\}$ 的均值 μ 是常数；

（2） 对任意整数 k，$\mathrm{Cov}(X_t, X_{t-k})$ 与 t 无关.

则称时间序列 $\{X_t\}$ 宽平稳，简称为平稳. 这时记

$$\gamma_k \triangleq \mathrm{Cov}(X_t, X_{t-k}) = \mathrm{Cov}(X_t, X_{t+k}), \tag{1.1.1}$$

$$\rho_k \triangleq \frac{\gamma_k}{\mathrm{Var}(X_t)} = \frac{\gamma_k}{\gamma_0}. \tag{1.1.2}$$

例 1.1.3 设序列 $\{X_t\}$ 平稳，对任意的实数 a，b，令 $Y_t = a + bX_t$，则

$$E(Y_t) = a + bE(X_t),$$

$$\mathrm{Cov}(Y_t, Y_{t+k}) = E\{[Y_t - (a + bE(X_t))][Y_{t+k} - (a + bE(X_{t+k}))]\}$$
$$= b^2 \mathrm{Cov}(X_t, X_{t+k}),$$

所以，序列 $\{Y_t\}$ 亦为平稳序列.

在线性时间序列模型中，一般假设序列为平稳的，如本书中的第 3、4 章一样，因为二阶矩能体现变量之间的线性关系. 但若讨论的是非线性时间序列模型，只用到二阶矩的平稳性条件是不够的，需用到高阶矩，为了简便就引入严平稳. 本书中严平稳主要在第 7 章涉及.

定义 1.1.3（严平稳）　若时间序列 $\{X_t\}$，对任意 $n(n \geq 1)$ 个不同时刻 t_1, $t_2, \cdots, t_n$ 和任意整数 k，$X_{t_1}, X_{t_2}, \cdots, X_{t_n}$ 与 $X_{t_1+k}, X_{t_2+k}, \cdots, X_{t_n+k}$ 有相同的联合分布，则称时间序列 $\{X_t\}$ 为严平稳的.

易证，若时间序列 $\{X_t\}$ 存在有限的二阶矩，如果它为严平稳时间序列则也是平稳的时间序列. 反之，则不成立.

时间序列分析中经常涉及正态分布，特别是线性时间序列分析中，正态序列起着重要的作用.

定义 1.1.4（高斯序列或正态序列）　如果时间序列 $\{X_t\}$，对任意 n 个时刻 $t_1, t_2, \cdots, t_n(n \geq 1)$，$X_{t_1}, X_{t_2}, \cdots, X_{t_n}$ 的联合分布是 n 维正态分布，则称序列 $\{X_t\}$ 是高斯序列（过程）或正态序列（过程）.

设 n 个随机变量 $X_{t_1}, X_{t_2}, \cdots, X_{t_n}$ 的期望和方差存在，则 n 维随机向量 $\boldsymbol{X} = (X_{t_1}, X_{t_2}, \cdots, X_{t_n})^{\mathrm{T}}$ 的期望定义为

$$E(\boldsymbol{X}) = (E(X_{t_1}), E(X_{t_2}), \cdots, E(X_{t_n}))^{\mathrm{T}} \triangleq \boldsymbol{\Lambda}.$$

$\boldsymbol{X}$ 的协方差矩阵定义为

$$\mathrm{Var}(\boldsymbol{X}) = \mathrm{Cov}(\boldsymbol{X}, \boldsymbol{X}) = E[(\boldsymbol{X} - \boldsymbol{\Lambda})(\boldsymbol{X} - \boldsymbol{\Lambda})^{\mathrm{T}}] \triangleq \boldsymbol{\Gamma},$$

其中 $\boldsymbol{\Gamma} = (\sigma_{ij})_{n \times n}$，$\sigma_{ij} = E[(X_{t_i} - E(X_{t_i}))(X_{t_j} - E(X_{t_j}))]$.

若序列为高斯序列，则 $\boldsymbol{X} = (X_{t_1}, X_{t_2}, \cdots, X_{t_n})$ 的密度函数为

$$f(x_1, x_2, \cdots, x_n) = \frac{1}{(2\pi)^{n/2} |\boldsymbol{\Gamma}|^{1/2}} \exp\left\{-\frac{1}{2}(\boldsymbol{x} - \boldsymbol{\Lambda})^{\mathrm{T}} \boldsymbol{\Gamma}^{-1} (\boldsymbol{x} - \boldsymbol{\Lambda})\right\},$$

其中 $\boldsymbol{x} = (x_1, x_2, \cdots, x_n)^{\mathrm{T}}$.

正态分布是个很特殊的分布，与之相关有一些重要的结果.

易证，高斯序列的平稳性与严平稳性等价. 还可以证明如下的定理成立.

定理 1.1.1　n 个随机变量 $X_1, X_2, \cdots, X_n$ 的联合分布是 n 维正态分布的充分必要条件是 n 个随机变量 $X_1, X_2, \cdots, X_n$ 的任意线性组合都是一维正态分布，即对 n 维随机向量 $\boldsymbol{X} = (X_{t_1}, X_{t_2}, \cdots, X_{t_n})^{\mathrm{T}}$ 有

$\boldsymbol{X} \sim N(\boldsymbol{\Lambda}, \boldsymbol{\Gamma})$ 的充分必要条件：对任意的 $\boldsymbol{\alpha} = (c_1, c_2, \cdots, c_n)^{\mathrm{T}} \in \mathbf{R}^n$，有

$$\boldsymbol{\alpha}^{\mathrm{T}}X \sim N(\boldsymbol{\alpha}^{\mathrm{T}}\boldsymbol{\Lambda}, \boldsymbol{\alpha}^{\mathrm{T}}\boldsymbol{\Gamma}\boldsymbol{\alpha}).$$

另外,可以证明多维正态分布的所有条件分布都是正态分布.

定义 1.1.5(白噪声) 如果时间序列 $\{\varepsilon_t\}$ 满足

$$E(\varepsilon_t) = \mu, \quad \mathrm{Var}(\varepsilon_t) = \sigma^2 (\sigma^2 > 0), \quad \mathrm{Cov}(\varepsilon_i, \varepsilon_j) = 0, \forall i \neq j$$

则称其为白噪声,记为 $\{\varepsilon_t\} \sim WN(\mu, \sigma^2)$. 易证,白噪声是平稳序列.

若 $\mu = 0$,则称 $\{\varepsilon_t\}$ 为零均值白噪声. 书中使用的白噪声,一般都是指零均值白噪声,简称为白噪声.

若 $\mu = 0$,$\sigma^2 = 1$,则称 $\{\varepsilon_t\}$ 为标准白噪声.

若序列 $\{\varepsilon_t\}$ 是独立同分布序列,则记为 $\{\varepsilon_t\} \overset{\mathrm{i.i.d.}}{\sim} (\mu, \sigma^2)$.

若序列 $\{\varepsilon_t\}$ 是正态序列,又是白噪声,则 $\{\varepsilon_t\}$ 是独立序列,也即有 $\{\varepsilon_t\}$ 为独立同分布的正态序列,记为 $\{\varepsilon_t\} \overset{\mathrm{i.i.d.}}{\sim} N(\mu, \sigma^2)$. 图 1.1.3 演示的是一组长度为 500 的标准正态白噪声序列.

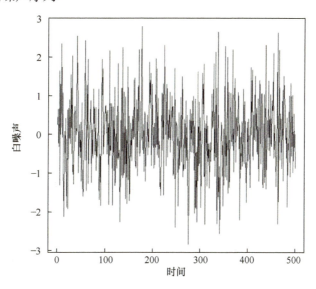

图 1.1.3 标准正态白噪声序列

对于平稳的正态序列 $\{X_t\}$ 而言,若变量 X_t 与其延迟 k 期变量 X_{t-k} 之间有相关关系,即相关系数不为 0,则 X_t 与 X_{t-k} 之间有线性关系,可考虑用线性模型来拟合序列;若 X_t 与 X_{t-k} 之间没有相关关系,即相关系数为 0,则序列 $\{X_t\}$ 中所有变量独立. 所以,序列是否为正态序列,是判断该序列适合建立线性模型还是非线性模型的重要参考之一.

定义 1.1.6(均方收敛) 如果有随机变量 ξ,使得随机变量序列 $\{\xi_t\}$ 成立

$$\lim_{t \to \infty} E(\xi_t - \xi)^2 = 0,$$

则称序列 $\{\xi_t\}$ 均方收敛到 ξ.

定义 1.1.7（依概率收敛）   如果有随机变量 ξ，使得随机变量序列 $\{\xi_t\}$，对任意的 $\varepsilon > 0$ 成立

$$\lim_{t \to \infty} P(\,|\xi_t - \xi| > \varepsilon\,) = 0,$$

则称序列 $\{\xi_t\}$ 依概率收敛到 ξ，记为 $\xi_t \overset{P}{\to} \xi$.

定义 1.1.8（依分布收敛）   设随机变量序列 $\{\xi_t\}$ 和 ξ 的分布函数分别为 $\{F_t\}$ 和 F，如果在 F 的每个连续点 x 处有

$$\lim_{t \to \infty} F_t(x) = F(x),$$

则称序列 $\{\xi_t\}$ 依分布收敛到 ξ，记为 $\xi_t \overset{D}{\to} \xi$.

可以证明如下三个定理成立.

定理 1.1.2   如果随机变量序列 $\{\xi_t\}$ 均方收敛到 ξ，则 $\xi_t \overset{P}{\to} \xi$；如果有 $\xi_t \overset{P}{\to} \xi$，则 $\xi_t \overset{D}{\to} \xi$.

定理 1.1.3   设随机变量序列 $\{X\}$ 满足

$$\sup_t E\,|X_t|^2 < \infty\,,$$

如果 $\displaystyle\sum_{j=0}^{\infty} |c_j| < \infty$，则序列

$$\sum_{j=0}^{\infty} c_j X_{t-j}$$

均方收敛.

定理 1.1.4   如果正态时间序列 $\{X_t\}$ 依分布收敛到随机变量 X，则

$$X \sim N(E(X), \mathrm{Var}(X)),$$

并且

$$E(X) = \lim_{t \to \infty} E(X_t), \mathrm{Var}(X) = \lim_{t \to \infty} \mathrm{Var}(X_t).$$

1.2   时间序列分析方法概述

1.2.1   常见的分类

时间序列变量与其延迟变量（也称为滞后变量）之间往往是相关的，这不同于其他随机样本里各个变量之间是相互独立的情况. 因此，时间序列的统计建模方法或者统计推断方法都有着自身的独特之处.

时间序列分析的方法有很多，可以将它们从不同的角度进行分类. 例如，如果研究的是一个时间序列自身的变化规律，则称之为一元时间序列分析. 而如果

探究的是多个时间序列之间的关系和变化规律, 则称之为多元时间序列分析. 本书介绍一元时间序列分析.

常见的时间序列分析方法分类还有时域分析与频域分析. 频域分析主要是研究时间序列中存在的周期性, 该方法基于假设时间序列都是由不同频率的正弦波和余弦波叠加而成. 而时域分析主要是研究时间序列中变量与其延迟变量之间的相关关系. 对于平稳的时间序列而言, 时域分析的所有结果与频域分析的对应结果相同, 即这两种方法的所有结果可以互相转换. 本书只介绍时域分析.

时间序列分析方法还常分为确定性时间序列分析和随机性时间序列分析. 确定性时间序列分析一般指不涉及序列变量分布的研究方法. 而随机时间序列分析需要对序列变量的分布有所设定, 例如, 假设序列变量的二阶矩存在等. 确定性时间序列分析与随机性时间序列分析不是对立的, 而是相互补充, 相互借鉴, 甚至可以互相转换. 本书中介绍几种常用的确定性时间序列分析方法, 主要着重于介绍一元随机时间序列分析方法, 并有两者结合的讨论.

时域分析方法属于随机时间序列分析. 它最初的形成是来自 G. U. Yule 于 1927 年提出的 AR 模型, 以及 G. T. Walker 于 1931 年提出的 MA 模型和 ARMA 模型. 直到 1970 年, 以 G. E. P. Box 和 G. M. Jenkins 等撰写的专著 *Time Series Analysis Forecasting and Control* 为代表, 标志着时间序列分析正式成为一门学科. 该时期的时间序列分析方法, 主要集中在单变量、同方差、线性模型的场合. 迄今, 这一部分内容仍然是时间序列分析学科的重要基础知识, 也是本书的主要内容.

随后, 时间序列分析方法不断地发展, 汤家豪等 1980 年提出门限自回归模型, Robert F. Engle 1982 年提出 ARCH 模型, 以及 Bollerslev 1986 年提出 GARCH 模型等条件异方差模型, 这些都属于非线性时间序列分析方法, 本书将在最后一章中介绍. 近十几年, 机器学习方法开始盛行, 其中的长短期记忆神经网络可以用于非线性时间序列研究, 并取得了不错的效果, 本书也将在最后一章中涉及. 现代时间序列分析方法发展迅速、多种多样, 各种时间序列分析方法之间并不是对立关系, 而是可以相互融合或者相互补充. 各种时间序列分析方法互相促进, 使得时间序列分析方法的理论研究更加深入, 应用领域更加广泛.

1.2.2 一元时间序列分析方法

如上所述, 本书介绍的是一元时间序列分析方法, 包括常见的确定性时间序列分析方法和随机性时域分析方法. 随机性时域分析方法中又包括线性时间序列分析方法, 以及常见的非线性时间序列分析方法.

一元时间序列分析的数据有时假设来源于可做如下分解的时间序列 $\{Y_t\}$,

$$Y_t = T_t + S_t + X_t, \tag{1.2.1}$$

其中 $\{T_t\}$ 是序列 $\{Y_t\}$ 中变化较为缓慢的部分，称为趋势分量或者趋势项，$\{S_t\}$ 是序列 $\{Y_t\}$ 中呈现周期变化的部分，称为周期分量或者季节分量、周期项或者季节项，而 $\{X_t\}$ 是一个平稳随机时间序列，称为随机分量或者随机项. 式 (1.2.1) 的分解是时间序列的一个典型分解，已被广泛应用. 事实上，时间序列中包含趋势、周期和平稳随机分量是普遍现象，但它们之间的关系不一定是式 (1.2.1) 中的加法关系，针对它们之间不同的关系需要使用不同的方法进行研究.

对于趋势和周期，可以对它们进行建模或者消除. 关于趋势的确定性分析方法包括：移动平均法、指数平滑法和时间回归法等；关于周期的确定性分析方法包括季节估计、三角函数拟合等. 关于趋势和周期的随机性分析方法有很多，常见的有差分法消除趋势或者周期，建立 ARIMA 模型、组合模型和乘积季节模型等.

线性时间序列分析是一元时间序列分析中基础而又重要的内容，一般包括平稳线性时间序列模型的基本理论、建模方法和预测等. 其中基本理论包括 ARMA 模型的概念和等价形式、自相关函数和偏自相关函数的性质等；建模方法中包括模型的识别、参数估计、模型的诊断等；模型的预测包括预测的原理、预测的计算公式和误差分析等. 由上一节中的讨论可知，当平稳随机序列呈现出正态分布形式时，较适合对其建立线性时间序列模型. 当平稳随机序列呈现出非正态分布形式时，则需要考虑对其建立非线性时间序列模型. 在非线性时间序列分析里，又常分为非线性参数模型和非线性非参数模型，以及非线性半参数模型等. 其中常见的非线性参数模型有门限自回归模型、条件异方差模型和长短期记忆神经网络等.

1.3 时间序列的采集和整理

针对某个需要解决的问题，首先是搜集与之相关的数据，然后通过分析数据，找到解决问题的办法. 所以，采集时间序列是进行时间序列分析的第一步. 采集到的时间序列一般不能直接用于建模分析，而需要对它们进行整理或者预处理. 常见的数据整理包括缺失值的补充、异常值的处理等.

1.3.1 数据的采集

采集时间序列就是按照一定的时间间隔对所研究的现象进行观察和记录. 采样的间隔时间可以相等，也可以不等，本书中只讨论采样间隔时间相等的数据.

例如，对于天气气温时间序列，国家气象部门一般采用间隔 6h 的采样，或者间隔 3h 的采样. 根据需要，它们也提供间隔 1h 或 0.5h 的采样等. 采样间隔越小，采集的数据越多，得到的信息就越多，分析得到的结果越准确. 但数据越多，处理起来越困难，耗费的人力物力越大. 所以，必须在不损失信息和不浪费财力之间做出合理的选择.

对于同一个时间序列，序列值通常是某个指标的值，指标的定义要求一致. 例如，日平均气温序列，国家气象部门统一规定，日平均气温是每天 02 时、08 时、14 时、20 时，4 次测量的气温的算术平均.

事实上，很多情况下，我们使用的是专门人员或行业人员收集过来的数据，即所谓二手数据. 这些数据可以在公开的网站或行业内部等地方找到. 使用这些数据时，同样需要了解这些数据采集的方式、指标的含义等.

另外，有时为了某个目的，将时间序列按某种比例进行缩放，使之落在一定的范围内. 这个步骤称为将时间序列规范化或标准化，例如，min – max 规范化. 设 $\{Y_t\}$ 为时间序列，则其 min – max 规范化序列为

$$Z_t = \frac{Y_t - \min\{Y_t\}}{\max\{Y_t\} - \min\{Y_t\}},$$

这时，序列 $\{Z_t\}$ 的值落在 $[0,1]$ 范围内.

1.3.2 缺失值的补充

数据分析结果的准确性，首先依赖于数据提供的信息的准确性. 有两种比较常见的数据问题：一是数据中存在缺失值，二是数据中存在异常值.

由于采集失误或者记录失误等原因，没有得到时间序列在某些时刻的数据，这些数据称为缺失值. 一方面，时间不能倒流，不可能再次采集那些时刻的数据. 另一方面，对带有缺失值的时间序列进行分析，结果显然是不可靠的. 而且数据的完整性，一般也是时间序列分析软件能够运作的基本要求. 所以，我们必须按照某种方法，估算这些缺失值，将估算得到的值补充到时间序列中去.

估算缺失值的方法有很多，简单的方法是使用前一个时刻或后一个时刻的值进行估算，插值法也是常用的估算方法之一. 插值法就是利用缺失值前后已知的序列值建立插值函数，利用插值函数估算缺失值. 例如，序列 $\{Y_t\}_{t=1}^{30}$ 中值 Y_9 缺失，可用线性插值函数内插得 Y_9 的估算为

$$\hat{Y}_9 = \frac{Y_8 + Y_{10}}{2}.$$

当然也可以使用外插或者其他的插值函数，例如高次多项式插值、样条插值等.

1.3.3 异常值的处理

由于错误或者突发事件等原因，引起时间序列出现非正常表现，例如，出现远离大多数序列值的一个或多个序列值. 又例如，从某时刻起，序列的均值发生

明显的变化等. 这些与时间序列通常或者以往的规律呈现不一致的序列值, 统称为异常值或离群点.

若序列中含有异常值, 不加处理就进行数据分析, 则所得结果的误差会比较大, 甚至可能是错误的. 所以, 在分析一组时间序列之前, 需要检测其是否含有异常值. 若含有异常值, 应采取措施处理这些异常值, 再进一步分析时间序列.

检测序列是否含有异常值, 有多种方法, 其中常用的简单方法有两种. 一种是画图, 观察时间序列图中是否有远离其他序列值的情况发生, 特别是关注序列的最大值和最小值等. 另一种是按照一定的标准, 给出序列值正常的范围, 超出这一正常范围的数据都可看成是异常值. 例如, 设 $\{Y_t\}_{t=1}^{N}$ 为时间序列, 则序列的样本均值为

$$\overline{Y} = \frac{1}{N}\sum_{i=1}^{N} Y_i,$$

序列的样本方差为

$$S^2 = \frac{1}{N-1}\sum_{i=1}^{N}(Y_i - \overline{Y})^2,$$

样本标准差为 $S = \sqrt{S^2}$, 则可取序列值 Y_t 的正常范围是

$$(\overline{Y} - kS, \overline{Y} + kS),$$

其中 k 通常取为 3, 或者不超过 9 的正整数.

例 1.3.1 下面的表 1.3.1 是某产品的一组销售数据 $\{Y_t\}$ (单位: 万件), 试分析其中是否存在异常值.

表 1.3.1 某产品的销售数据 （单位：万件）

t	1	2	3	4	5	6	7	8	9	10	11	12	13
Y_t	29.38	32.11	32.34	32.32	30.52	29.5	28.75	27.02	27.38	28.41	26.78	29.48	30.18

t	14	15	16	17	18	19	20	21	22	23	24	25	26
Y_t	31.9	80.34	29.74	32.44	32.35	37.26	36.18	36.76	42.02	43.66	48.57	36.18	34.56

首先, 如图 1.3.1 所示, 画出销售数据 $\{Y_t\}$ 图. 可见, 第 15 个数据值明显远离其他序列值, 故可将它视为异常值.

另外, 求得序列均值为 34.85, 标准差为 10.69. 若 $k=3$, 则第 15 个序列值的正常范围是 $(34.85 \pm 3 \times 10.69) = (2.78, 66.92)$, 而 $Y_{15} = 80.34$, 故可判断它为异常值.

异常值的处理也有多种的方法, 对于不同类型的异常值处理的方法不同. 首先, 如果是记录错误或计算错误等造成的异常值, 一般就是直接剔除, 然后可以按照缺失值进行补充. 如果是由突发事件, 比如地震、疫情、战争、政策等引起的异常值, 则需要根据事件对序列带来的影响的大小、方式等区别对待, 常常使

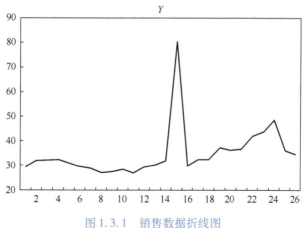

图 1.3.1 销售数据折线图

用干预分析的方法来处理.

如下是两个常见的干预模型：

$$S_t^{(T)} = \begin{cases} 0, & t < T, \\ 1, & t \geqslant T, \end{cases} \tag{1.3.1}$$

$$P_t^{(T)} = \begin{cases} 0, & t \neq T, \\ 1, & t = T, \end{cases} \tag{1.3.2}$$

模型 (1.3.1) 反映一个突发事件在 T 时刻出现，产生的影响一直持续下去的干预过程. 模型 (1.3.2) 反映的是一个突发事件只在 T 时刻产生影响的干预过程. 这两个干预模型的线性组合可以产生许多实用的干预模型. 如果确定了干预模型，原始序列减去干预序列，即得到净化了的时间序列，可再做进一步的分析. 本书中考虑的时间序列，经常是没有缺失值和异常值的序列.

习题 1

1. 2019 年 11 月至 2022 年 10 月交通运输旅客运输量（万人次）月度数据如下，请画出数据的散点图.

42794，48413，59623，61900，51605，37782，32506，42108，56582，55534，57633，54039，72751，67930，54904，83398，75138，84868，80639，74544，57293，67112，86756，91786，107355，97345，98214，89292，80051，73748，57320，38573，18645，127415，134466，136363

2. 试证明：高斯序列的平稳性与严平稳性等价.

3. 设序列 $\{\varepsilon_t\} \overset{\text{i.i.d.}}{\sim} N(0, \sigma^2)$，试求 a, b, c 使得如下序列 $\{X_t\}$ 平稳.

（1）$X_t = a + b\varepsilon_0$；

（2）$X_t = \varepsilon_0 \cos(ct)$；

（3）$X_t = a + b\varepsilon_t + c\varepsilon_{t-1}$.

4. 试列举几种时间序列分析方法，并讨论它们的不同之处.

5. 下列数据由二次多项式趋势序列和周期为 3 的季节序列叠加而成，画出该时间序列图.

486，474，434，441，435，401，414，414，386，405，411，389，414，426，410，441，459，449，486，510，506，549，579，581，630，666，674，729，771，785.

6. 试问：例 1.1.2 中的 2019 年 9 月至 2022 年 10 月我国食品类居民消费价格指数数据，是否呈现正态分布？

7. 时间序列的整理主要包含哪些内容？补充缺失值的方法有哪些？怎样检测异常值，怎样处理异常值？

8. 下面表格中的时间序列 $\{Y_t\}$ 是否存在缺失值、异常值？若有，解决这些数据问题.

t	1	2	3	4	5	6	7	8	9	10
Y_t	18270	18124	17780		18303	18233	17405	17952	17752	2251

第2章　确定性时间序列分析

确定性的时间序列分析是时间序列分析发展初期研究得最多的内容. 如果时间序列 $\{Y_t\}$ 来源于模型 (1.2.1)，常常将其中的趋势项 T_t 和季节项 S_t 视为序列 $\{Y_t\}$ 中的确定性成分，使用确定性时间序列分析方法来分析. 本章介绍分析趋势分量的三种常用的确定性时间序列分析方法——移动平均法、指数平滑法和时间回归法，以及分析季节分量的两种常用的确定性时间序列分析方法：周期点上季节估计法和三角函数拟合法.

2.1　移动平均和指数平滑

移动平均法是通过固定项数的算术平均来估计序列中的趋势. 常用的有一次移动平均和二次移动平均等. 指数平滑法可以看成是移动平均法的改进，同样常用的有一次指数平滑和二次指数平滑、三次指数平滑等.

2.1.1　移动平均

当序列围绕某一水平线上下随机波动时，可以用过去几期序列值的算术平均来预测下一期的序列值. 设 $\{Y_t\}$ $(t=1,2,\cdots,N)$ 为一时间序列，则该序列的 k 项一次移动平均序列定义为

$$M_t^{(1)} = \frac{1}{k}(Y_{t-1} + Y_{t-2} + \cdots + Y_{t-k}), \quad k < N, t = k+1, \cdots, N, N+1. \quad (2.1.1)$$

算术平均使得被平均的数正负抵消，只显现它们的平均值. 因此，移动平均的作用主要是消除随机波动，从而提取序列的基本趋势. 于是，关于移动平均项数 k 的选取，一般的原则是当序列中随机波动现象较多，序列趋势变化不大时，k 可以取得较大；当序列中随机波动影响较小，序列趋势变化较明显时，则 k 宜取得较小，才能使得移动平均序列跟踪到原始序列的趋势. k 的选取，可以通过比较移动平均序列与原始序列的误差来确定，误差小者为好.

有两个极端的情况：一是 $k=1$，即上一期的数据值直接作为下一期的预测值，移动平均序列完全照搬原始序列，平滑没有起作用. 二是 $k=N$，所有样本数据的算术平均作为下一期的预测值，这个适合于纯随机序列.

对于周期为 d 的序列，一般取移动平均的项数为 d，这样不但随机波动被一

定程度上消除，而且一次移动平均后得到的序列基本上无周期为 d 的周期性.

移动平均法有多种的形式，有一种是预测算术平均的中项值，这时的移动平均也叫作中心移动平均. 当 k 为奇数时，设 $k = 2q + 1$，（中心）移动平均序列定义为

$$M_t^{(1)} = \frac{1}{2q + 1} \sum_{i=-q}^{q} Y_{t+i}, t = q + 1, q + 2, \cdots, N - q, \qquad (2.1.2)$$

当 k 为偶数时，设 $k = 2q$，（中心）移动平均序列定义为

$$M_t^{(1)} = \frac{1}{2q}(0.5Y_{t-q} + Y_{t-q+1} + \cdots + Y_{t+q-1} + 0.5Y_{t+q}),$$
$$t = q + 1, q + 2, \cdots, N - q, \qquad (2.1.3)$$

易见，一次移动平均式（2.1.1）可用于预测未来时刻的序列值，而中心移动平均式（2.1.2）和式（2.1.3）只能用于预测过去时刻已知的序列值.

关于预测，分为对过去的已知序列值的预测和对未来的未知序列值的预测，前者也称为拟合. 设时间序列 Y_t 在 t 时刻以及 t 以前时刻的序列值已知，即 Y_t，$Y_{t-1}, Y_{t-2}, \cdots$ 已知，若对 t 以后的 $t + l(l > 0)$ 时刻序列值 Y_{t+l} 进行预测，则称之为以 t 为时间原点的超（或向）前 l 期（或步）预测. 本书对于未来未知序列值的预测，都是假设成立：序列过去的规律与未来的规律一样.

若序列 $\{Y_t\}$ 具有线性趋势，按照式（2.1.1）计算，显然，一次移动平均得到的预测值 $\{M_t^{(1)}\}$ 很可能低于（或高于）实际值 Y_t，为了改善这一情况，引入二次移动平均. 定义序列

$$M_t^{(2)} = \frac{1}{k}(M_{t-1}^{(1)} + M_{t-2}^{(1)} + \cdots + M_{t-k}^{(1)}), t = 2k + 1, \cdots, N + 1, N + 2 \qquad (2.1.4)$$

称 $\{M_t^{(2)}\}$ 为序列 $\{Y_t\}$ 的二次移动平均序列.

二次移动平均也有多种的形式，式（2.1.3）就是通过如下的二次中心移动平均得到的.

$$Q_t^{(1)} = \frac{1}{2q}(Y_{t-q} + Y_{t-q+1} + \cdots + Y_{t+q-1}),$$

$$R_t^{(1)} = \frac{1}{2q}(Y_{t-q+1} + \cdots + Y_{t+q-1} + Y_{t+q}),$$

$$M_t^{(1)} = \frac{1}{2}(Q_t^{(1)} + R_t^{(1)})$$

$$= \frac{1}{2q}(0.5Y_{t-q} + Y_{t-q+1} + \cdots + Y_{t+q-1} + 0.5Y_{t+q}).$$

对于具有线性趋势的序列，使用一次移动平均预测效果不好，但其与二次移动平均的某种组合能较好地预测序列趋势. 这时，趋势序列一般取为

$$T_{t+l} = a_t + b_t l, \quad l = 0, 1, 2, \cdots; \quad t = 2k - 1, \cdots, N. \tag{2.1.5}$$

称式（2.1.5）为线性趋势移动平均预测模型. 其中 l 为超前预测期数，

$$a_t = 2S_t^{(1)} - S_t^{(2)}, \quad b_t = \frac{2}{k-1}(S_t^{(1)} - S_t^{(2)})$$

这里

$$S_t^{(1)} = \frac{1}{k}(Y_t + Y_{t-1} + \cdots + Y_{t-k+1}), \quad k < N, t = k, \cdots, N. \tag{2.1.6}$$

$$S_t^{(2)} = \frac{1}{k}(S_t^{(1)} + S_{t-1}^{(1)} + \cdots + S_{t-k+1}^{(1)}), \quad t = 2k - 1, \cdots, N. \tag{2.1.7}$$

例 **2.1.1** 选取例 1.1.1 中，1993 年至 2004 年的中国人口出生率（‰）年度数据，记为时间序列 $\{Y_t\}$，$t = 1, 2, \cdots, 12$. 计算在移动平均项数 $k = 3$ 和 $k = 4$ 的情况下，$\{Y_t\}$ 的一次移动平均序列、二次移动平均序列、中心移动平均序列，以及 $l = 0$ 时线性趋势移动平均序列，并计算预测误差，计算结果如表 2.1.1 和表 2.1.2 所示.

表 2.1.1 $k = 2q + 1 = 3$ 时人口出生率移动平均计算结果 （单位：‰）

年份	人口出生率	一次移动平均 (2.1.1)	二次移动平均 (2.1.4)	一次移动平均 (2.1.6)	二次移动平均 (2.1.7)	预测模型 (2.1.5) $l=0$	预测模型 (2.1.5) 的误差	中心移动平均 (2.1.2)	中心移动平均 的误差
1993	18.09								
1994	17.70							17.64	0.06
1995	17.12			17.64				17.27	−0.15
1996	16.98	17.64		17.27				16.89	0.09
1997	16.57	17.27		16.89	17.27	16.51	0.06	16.40	0.17
1998	15.64	16.89		16.40	16.85	15.95	−0.31	15.62	0.02
1999	14.64	16.40	17.27	15.62	16.30	14.94	−0.30	14.77	−0.13
2000	14.03	15.62	16.85	14.77	15.60	13.94	0.09	14.02	0.01
2001	13.38	14.77	16.3	14.02	14.80	13.24	0.14	13.42	−0.04
2002	12.86	14.02	15.6	13.42	14.07	12.77	0.09	12.88	−0.02
2003	12.41	13.42	14.80	12.88	13.44	12.32	0.09	12.52	−0.11
2004	12.29	12.88	14.07	12.52	12.94	12.10	0.19		
2005		12.52	13.44						
2006			12.94						

表 2.1.2　$k=2q=4$ 时人口出生率移动平均计算结果　　（单位：‰）

年份	人口出生率	一次移动平均 (2.1.6)	二次移动平均 (2.1.7)	预测模型 (2.1.5) $l=0$	预测模型 (2.1.5) 的误差	中心移动平均 (2.1.3)	中心移动平均的误差
1993	18.09						
1994	17.70						
1995	17.12					17.28	-0.16
1996	16.98	17.47				16.84	0.14
1997	16.57	17.09				16.27	0.30
1998	15.64	16.58				15.59	0.05
1999	14.64	15.96	16.78	15.14	-0.5	14.82	-0.18
2000	14.03	15.22	16.21	14.23	-0.2	14.08	-0.05
2001	13.38	14.42	15.55	13.29	0.09	13.45	-0.07
2002	12.86	13.73	14.83	12.63	0.23	12.95	-0.09
2003	12.41	13.17	14.14	12.20	0.21		
2004	12.29	12.74	13.52	11.96	0.33		

由表 2.1.1 可见，一次移动平均式（2.1.1）和二次移动平均式（2.1.4）可以预测未来超前一期或二期的值，但两种方法的预测值都滞后于实际值，预测误差都比较大，而且二次移动平均式（2.1.4）的误差比一次移动平均式（2.1.1）的误差更大些.

无论是 $k=2q+1=3$ 还是 $k=2q=4$，表 2.1.1 和表 2.1.2 显示，预测模型（2.1.5）的拟合误差较小，拟合效果不错. 由图 1.1.1 可见，1993 年至 2004 年的中国人口出生率呈现线性趋势，可见，预测模型（2.1.5）确实适合具有线性趋势的数据的趋势预测.

表 2.1.1 和表 2.1.2 中，预测模型（2.1.5）计算结果是 $l=0$ 的情形，若 $l=1,2,\cdots$，则可以得到人口出生率序列 2005 年、2006 年等，未来各期的预测值.

由表 2.1.1 和表 2.1.2 可见，中心移动平均式（2.1.2）和式（2.1.3）拟合该线性趋势序列的效果也不错，但该方法不能预测未来的序列值.

事实上，若序列具有二次或二次以上的多项式趋势，同样可以构造合适的三次或三次以上的移动平均序列的组合来预测，只是构造的表达式比式（2.1.5）更复杂.

2.1.2　指数平滑

一次移动平均式（2.1.1）中被平均数的权数都是 $1/k$，而如前所述，中心移动平均式（2.1.3）可由二次移动平均得到，它的被平均数的权数不相同. 事实上，二次和二次以上的移动平均都可以整理成若干原始序列值的加权平均，只是这时的权数不再相同．这就提示我们，调整移动平均中的权数，可能得到更好的预测．指数平滑就是以指数函数为权数的，对原始序列的加权平均．

设 $\{Y_t\}$（$t=1,2,\cdots,N$）为时间序列，其一次指数平滑序列定义为

$$S_{t+1}^{(1)} = \alpha Y_t + (1-\alpha)S_t^{(1)}, \tag{2.1.8}$$

其中 $0 \le \alpha \le 1$，$t=1,2,\cdots,N$．

重复迭代式（2.1.8）得到

$$S_{t+1}^{(1)} = \alpha Y_t + (1-\alpha)\left[\alpha Y_{t-1} + (1-\alpha)S_{t-1}^{(1)}\right]$$
$$= \alpha Y_t + (1-\alpha)\left\{\alpha Y_{t-1} + (1-\alpha)\left[\alpha Y_{t-2} + (1-\alpha)S_{t-2}^{(1)}\right]\right\}$$
$$= \alpha Y_t + (1-\alpha)\alpha Y_{t-1} + (1-\alpha)^2 \alpha Y_{t-2} + (1-\alpha)^3 S_{t-2}^{(1)}.$$

假设序列 $\{Y_t\}$ 有无穷多个过去时刻的值，即 $t=0$，-1，-2，$\cdots$ 时序列 $\{Y_t\}$ 的值也存在，则

$$S_{t+1}^{(1)} = \alpha \sum_{i=0}^{\infty} (1-\alpha)^i Y_{t-i}, \tag{2.1.9}$$

易见

$$\alpha \sum_{i=0}^{\infty} (1-\alpha)^i = 1.$$

由式（2.1.9）可见，指数平滑预测值是序列过去所有无穷多个时刻的值的加权平均．权数是指数函数，所以称之为指数平滑，α 称为平滑系数．由于权数呈现指数衰减，序列的过去值对预测值的影响，随着时间的推移而减弱，越是接近预测时刻的过去值对预测值影响越大，这与大多数的实际情况吻合．

将式（2.1.8）变形得到

$$S_{t+1}^{(1)} = S_t^{(1)} + \alpha(Y_t - S_t^{(1)}), \tag{2.1.10}$$

可见，当期的预测值是前一期的预测值加上前一期预测误差的 α 倍，或者说，当期的预测值是用上一期的预测误差修正上一期的预测值得到．

使用指数平滑有两个数需要事先确定，一个是影响加权系数的 α，一个是迭代的初始值 $S_1^{(1)}$．α 越大，式（2.1.9）中的权数衰减越快，对预测值影响大的过去值越少．α 接近于1，指数平滑序列 $S_{t+1}^{(1)}$ 接近原始序列 $\{Y_t\}$．若 $\alpha=1$，则预测值 $S_{t+1}^{(1)}$ 等于前一期的序列值 Y_t，指数平滑序列就是平移一期的原始序列．由式（2.1.10），这时前一期的预测误差全部修正到前一期的预测值上．反之，α 越小，则权数衰减越慢，对预测值 $S_{t+1}^{(1)}$ 有影响力的序列 $\{Y_t\}$ 的过去值越多，序列 $S_{t+1}^{(1)}$ 越平缓、越平滑．若 $\alpha=0$，由式（2.1.10），指数平滑序列 $S_{t+1}^{(1)}$ 为常数，这时预测误差不起作用．

选取 α 的一般原则与移动平均选取 k 的原则类似，如果序列 $\{Y_t\}$ 趋势平稳，

序列变化主要由随机波动引起，则 α 取小些，指数平滑序列包含较多过去的 $\{Y_t\}$ 序列值信息；如果序列 $\{Y_t\}$ 趋势变化明显，随机波动占比小，则 α 取大些，指数平滑序列依赖近期的 $\{Y_t\}$ 序列值，能更好地跟踪序列 $\{Y_t\}$ 的趋势变化．显然，使得拟合误差越小的 α 越好，但要求得拟合误差最小的 α，涉及非线性问题，太过复杂，实际中都是通过试算来确定 α．首先将 α 取大些，计算拟合误差，然后将 α 取小些，计算其拟合误差，并与 α 较大时的误差比较．如此反复试算几次，即可确定合适的 α．

关于递推式（2.1.8）中初始值 $S_1^{(1)}$ 的选取，一是可以根据经验确定，二是取成序列的第一个值 Y_1，或者序列前几期值的算术平均．对于最初几期的预测值，可以考虑使用较大的 α，这样可以减少初始值 $S_1^{(1)}$ 选择不当带来的预测误差．一般地，初始值只影响前面若干期的预测值．

与一次移动平均类似，一次指数平滑适合预测在一个常数上上下下随机波动的序列趋势．其未来的预测值是常数，预测模型为

$$T_{t+l} = S_{t+1}^{(1)}, \qquad l = 1, 2, \cdots$$

其中 l 为超前预测期数．

如果序列具有线性趋势，一次指数平滑同样会出现预测值滞后于实际值的现象．类似地，可以通过构造二次指数平滑，利用一次指数平滑与二次指数平滑的组合来解决这个问题．

首先将一次指数平滑序列取为与原始序列同期，即令

$$S_t^{(1)} = \alpha Y_t + (1 - \alpha) S_{t-1}^{(1)}, \qquad t = 1, 2, \cdots \qquad (2.1.11)$$

这里初始值为 $S_0^{(1)}$．

二次指数平滑定义为

$$S_t^{(2)} = \alpha S_t^{(1)} + (1 - \alpha) S_{t-1}^{(2)}, \qquad t = 1, 2, \cdots \qquad (2.1.12)$$

则布朗（Brown）线性趋势指数平滑预测模型是

$$T_{t+l} = a_t + b_t l, \quad l = 0, 1, 2, \cdots; \quad t = 1, \cdots, N. \qquad (2.1.13)$$

其中

$$a_t = 2S_t^{(1)} - S_t^{(2)}, \qquad b_t = \frac{\alpha}{1 - \alpha} (S_t^{(1)} - S_t^{(2)}),$$

二次指数平滑需要确定两个初始值 $S_0^{(1)}$ 和 $S_0^{(2)}$，同样常常都取为 Y_1，或者 $\{Y_t\}$ 序列前几期值的算术平均．另外，一次指数平滑式（2.1.11）与二次指数平滑式（2.1.12）中使用的是相同的平滑系数 α，这种方法称为单参数指数平滑．若两次指数平滑的平滑系数不同，则称之为多参数指数平滑．

如果序列 $\{Y_t\}$ 呈现二次多项式趋势，需要使用三次指数平滑，利用其与一次和二次指数平滑的组合进行预测．对二次指数平滑序列 $\{S_t^{(2)}\}$ 再做一次指数平滑，得到三次指数平滑序列 $\{S_t^{(3)}\}$ 如下：

$$S_t^{(3)} = \alpha S_t^{(2)} + (1-\alpha)\ S_{t-1}^{(3)},\ t=1,2,\cdots \qquad (2.1.14)$$

这时有三个初始值 $S_0^{(1)}$，$S_0^{(2)}$，$S_0^{(3)}$ 和一个平滑系数 α 需要事先确定，确定的方法与前面相同. 则布朗二次多项式趋势指数平滑预测模型是

$$T_{t+l} = a_t + b_t l + \frac{1}{2} c_t l^2,\ l=0,1,2,\cdots;\ t=1,\cdots,N. \qquad (2.1.15)$$

这里

$$a_t = 3S_t^{(1)} - 3S_t^{(2)} + S_t^{(3)},$$

$$b_t = \frac{\alpha}{2(1-\alpha)^2}\big[(6-5\alpha)S_t^{(1)} - (10-8\alpha)S_t^{(2)} + (4-3\alpha)S_t^{(3)}\big],$$

$$c_t = \frac{\alpha^2}{(1-\alpha)^2}(S_t^{(1)} - 2S_t^{(2)} + S_t^{(3)}).$$

对于三次和三次以上多项式趋势序列，也可以构造四次和四次以上的指数平滑的组合进行预测. 理论上，所有序列的趋势都可以用某些指数平滑的组合很好地逼近，但与移动平均一样，高次的指数平滑太复杂，并不实用.

指数平滑法只用几个数据就可以得到预测值，有利于计算机存储，这一点比移动平均法有优势.

例 **2.1.2** 对例 2.1.1 中的人口出生率数据，使用一次指数平滑、二次指数平滑、布朗线性趋势指数平滑做预测，其中初始值 $S_1^{(1)} = S_0^{(1)} = S_0^{(2)} = Y_1 = 18.09$，$\alpha = 0.3$，计算结果如表 2.1.3 所示.

表 2.1.3　人口出生率指数平滑计算结果　　　（单位：‰）

年份	人口出生率	一次指数平滑 (2.1.8)	一次指数平滑 (2.1.8) 的误差	一次指数平滑 (2.1.11)	二次指数平滑 (2.1.12)	布朗模型 (2.1.13) $l=0$	布朗模型的误差
1993	18.09	18.09		18.09	18.09	18.09	
1994	17.70	18.09		17.97	18.05	17.89	-0.19
1995	17.12	17.97	-0.85	17.72	17.95	17.49	-0.37
1996	16.98	17.72	-0.74	17.50	17.82	17.18	-0.20
1997	16.57	17.50	-0.93	17.22	17.64	16.80	-0.23
1998	15.64	17.22	-1.58	16.75	17.37	16.13	-0.49
1999	14.64	16.75	-2.11	16.12	17.00	15.24	-0.60
2000	14.03	16.12	-2.09	15.49	16.55	14.43	-0.40
2001	13.38	15.49	-2.11	14.86	16.04	13.68	-0.30
2002	12.86	14.86	-2	14.26	15.51	13.01	-0.15
2003	12.41	14.26	-1.85	13.71	14.97	12.45	-0.04
2004	12.29	13.71	-1.42	13.28	14.46	12.10	0.19
		13.28					

可见，对于呈现线性趋势的这组人口出生率数据，一次指数平滑预测误差较大，有明显的滞后现象，而布朗线性趋势预测模型（2.1.13）的预测误差较小，拟合效果较好.

2.2 时间回归法

如果时间序列随时间变化的散点图，围绕在某个函数曲线周围，则可以构造关于时间 t 的回归函数来预测序列趋势. 常见的描述时间序列趋势变化的函数曲线有多项式曲线、指数曲线、成长曲线等.

2.2.1 多项式曲线趋势模型

多项式曲线趋势预测模型的一般形式是

$$\hat{Y}_t = c_0 + c_1 t + c_2 t^2 + \cdots + c_n t^n, \tag{2.2.1}$$

其中 $c_0, c_1, c_2, \cdots, c_n$ 为待估参数.

由于 1，$t, t^2, \cdots, t^n$ 线性无关，所以类似于多元线性回归模型，可以使用最小二乘法（Ordinary Least Square，OLS），得到参数 $c_0, c_1, c_2, \cdots, c_n$ 的估计.

关于时间 t 的多项式函数的特点，可以通过差分运算体现出来. 本书中使用的差分都是向后差分，即若 $\{Y_t\}$（$t = 1, 2, \cdots, N$）为时间序列，其一阶差分定义为序列

$$\nabla Y_t = Y_t - Y_{t-1}, \qquad t = 2, 3, \cdots, N, \tag{2.2.2}$$

其二阶差分定义为序列

$$\nabla^2 Y_t = \nabla Y_t - \nabla Y_{t-1} = Y_t - 2Y_{t-1} + Y_{t-2}, \qquad t = 3, 4, \cdots, N, \tag{2.2.3}$$

一般地，序列 $\{Y_t\}$ 的 k 阶差分定义为序列

$$\nabla^k Y_t = \nabla^{k-1} Y_t - \nabla^{k-1} Y_{t-1} = Y_t + \sum_{i=1}^{k} (-1)^i C_k^i Y_{t-i}, \qquad t = k+1, k+2, \cdots, N, \tag{2.2.4}$$

其中 $C_k^i = \dfrac{k!}{i!(k-i)!}$.

实际中对于模型（2.2.1），常常使用的是低阶多项式，例如，$n = 1$，2. 当 $n = 1$ 时，模型（2.2.1）为线性模型，即

$$\hat{Y}_t = c_0 + c_1 t, \tag{2.2.5}$$

对于式（2.2.5）中序列 $\hat{Y}_t$ 进行差分得

$$\nabla \hat{Y}_t = c_0 + c_1 t - [c_0 + c_1(t-1)] = c_1,$$

所以，线性模型（2.2.5）适合预测一阶差分近似为常数的序列的趋势.

$n = 2$ 时模型（2.2.1）为二次多项式（或抛物线）模型，即

$$\hat{Y}_t = c_0 + c_1 t + c_2 t^2. \tag{2.2.6}$$

同样，对式（2.2.6）中序列$\hat{Y}_t$进行差分，可得

$$\nabla^2 \hat{Y}_t = 2c_2,$$

所以，若序列的二阶差分近似为常数，则可以使用二次多项式模型（2.2.6）预测其趋势.

一般地，若序列的k阶差分近似为常数，则可以考虑使用k次多项式模型预测其趋势.

2.2.2 指数曲线趋势模型

常见的指数曲线趋势预测模型有

$$\hat{Y}_t = ae^{bt}, \quad (a > 0) \tag{2.2.7}$$

和

$$\hat{Y}_t = c + ab^t, \quad (c > 0, \ a \neq 0, \ 0 < b \neq 1) \tag{2.2.8}$$

其中a，b，c为待估参数. 式（2.2.7）是普通的指数曲线模型，式（2.2.8）称为修正的指数曲线模型.

对指数曲线模型（2.2.7）两边取自然对数得

$$\ln \hat{Y}_t = \ln a + bt,$$

令$Z_t = \ln \hat{Y}_t$，$A = \ln a$，则

$$Z_t = A + bt.$$

于是，指数曲线模型转变为线性模型，可用最小二乘法求得参数a，b的估计.

对于指数曲线模型（2.2.7）中序列$\hat{Y}_t$，易见

$$\frac{\hat{Y}_t}{\hat{Y}_{t-1}} = e^b,$$

所以，当序列前后两期的比值近似为常数时，可以考虑使用指数曲线模型（2.2.7）预测其趋势.

关于修正的指数曲线模型（2.2.8），其参数估计若使用最小二乘法，将涉及复杂的非线性问题，实际中常用的参数估计方法是如下较简单的三和法.

首先将已知的序列值分为三段，每段所含数据个数相同，若序列长度不是三的倍数，则去掉序列第一个值或第一、第二个值. 设时间序列$\{Y_t\}$（$t = 0, 1, 2, \cdots, 3m-1.$）已知，且适合拟合模型（2.2.8），则如下方程组近似成立

$$\begin{cases} \displaystyle\sum_{t=0}^{m-1} Y_t = mc + a\,\frac{b^m - 1}{b - 1}, \\[2ex] \displaystyle\sum_{t=m}^{2m-1} Y_t = mc + ab^m\,\frac{b^m - 1}{b - 1}, \\[2ex] \displaystyle\sum_{t=2m}^{3m-1} Y_t = mc + ab^{2m}\,\frac{b^m - 1}{b - 1}. \end{cases} \tag{2.2.9}$$

求解方程组 (2.2.9)，即得参数 a，b，c 的估计为

$$\hat{b} = \sqrt[m]{\dfrac{\displaystyle\sum_{t=2m}^{3m-1} Y_t - \sum_{t=m}^{2m-1} Y_t}{\displaystyle\sum_{t=m}^{2m-1} Y_t - \sum_{t=0}^{m-1} Y_t}},$$

$$\hat{a} = \Big(\sum_{t=m}^{2m-1} Y_t - \sum_{t=0}^{m-1} Y_t \Big) \dfrac{\hat{b}-1}{(\hat{b}^m-1)^2},$$

$$\hat{c} = \dfrac{1}{m}\Big(\sum_{t=0}^{m-1} Y_t - \hat{a}\dfrac{\hat{b}^m-1}{\hat{b}-1} \Big).$$

易得，修正的指数曲线模型 (2.2.8) 中序列 $\hat{Y}_t$ 的特点是

$$\dfrac{\hat{Y}_t - \hat{Y}_{t-1}}{\hat{Y}_{t-1} - \hat{Y}_{t-2}} = b.$$

所以，当序列的一阶差分前后两期的比值近似为常数时，可以考虑使用修正的指数曲线模型 (2.2.8) 预测其趋势.

2.2.3 成长曲线趋势模型

描述事物发生、发展、成熟和衰退过程的曲线称为成长（或生长）曲线. 实际中常用于描述一种新产品或新技术，从进入市场到不断发展、走向成熟等的变化过程，以及一个生物的诞生、发育、成熟、衰老的变化过程等.

事实上，前面谈到的指数曲线和修正的指数曲线也属于成长曲线. 常见的成长曲线还有冈珀茨（Gompertz）曲线、逻辑斯谛（Logistic）曲线等.

冈珀茨曲线趋势预测模型为

$$\hat{Y}_t = c\, a^{b^t}, \quad (a>0,b>0,c>0) \tag{2.2.10}$$

其中 a，b，c 为待估参数.

对式 (2.2.10) 两边取对数得

$$\ln \hat{Y}_t = \ln c + b^t \ln a,$$

令

$$Z_t = \ln \hat{Y}_t, K = \ln c, L = \ln a,$$

得

$$Z_t = K + L b^t. \tag{2.2.11}$$

可见，式 (2.2.11) 是修正的指数曲线模型. 于是，可以使用三和法得到冈珀茨曲线中参数 a，b，c 的估计.

同时可见，冈珀茨曲线模型 (2.2.10) 中序列 $\hat{Y}_t$ 的特点是

$$\dfrac{\ln \hat{Y}_t - \ln \hat{Y}_{t-1}}{\ln \hat{Y}_{t-1} - \ln \hat{Y}_{t-2}} = b.$$

所以，当序列对数的一阶差分前后两期的比值近似为常数时，可以使用冈珀茨曲线预测其趋势.

逻辑斯谛曲线趋势预测模型的一般形式为

$$\hat{Y}_t = \frac{1}{c + ab^t}, \quad (a > 0, 1 \neq b > 0, c > 0) \tag{2.2.12}$$

其中 a，b，c 为待估参数.

令

$$Z_t = \frac{1}{\hat{Y}_t},$$

得

$$Z_t = c + ab^t. \tag{2.2.13}$$

式（2.2.13）也是修正的指数曲线模型，同样可以使用三和法得到逻辑斯谛曲线中参数 a，b，c 的估计.

逻辑斯谛曲线模型（2.2.12）中序列 $\hat{Y}_t$ 的特点是

$$\frac{1/\hat{Y}_t - 1/\hat{Y}_{t-1}}{1/\hat{Y}_{t-1} - 1/\hat{Y}_{t-2}} = b.$$

所以，当序列倒数的一阶差分前后两期的比值近似为常数时，可以考虑使用逻辑斯谛曲线预测其趋势.

2.2.4 模型的选择

时间序列趋势适合使用哪类曲线预测，首先需要结合实际背景，选择符合实际情况的模型. 其次可用三种方式进行判断：一是根据序列的图形判断，观察序列随时间的变化与哪类时间的函数曲线类似，从而选择该类曲线；二是对序列进行一些运算，比如差分运算、对数差分运算、倒数差分运算等，观察计算结果符合哪类函数的特点，从而做出选择；三是根据预测误差来判断，选择预测误差较小者.

图 2.2.1 至图 2.2.4 演示了几个多项式曲线、指数曲线和成长曲线的图形. 改变曲线函数中的参数，图形往往差异很大.

从上面的图形演示可以看到，不同的曲线类型可能生成相似的曲线. 选用哪种曲线更好，一般最终通过计算预测误差来决定. 预测误差的度量方法有多种，常用的有平均绝对误差、平均相对误差、均方误差和均方根误差等.

设时间序列 $\{Y_t\}$（$t = 1, 2, \cdots, N$）的预测序列为 $\{\hat{Y}_t\}$（$t = 1, 2, \cdots, N$），则平均绝对误差（MAE）为

$$e_1 = \frac{1}{N} \sum_{i=1}^{N} |Y_t - \hat{Y}_t|, \tag{2.2.14}$$

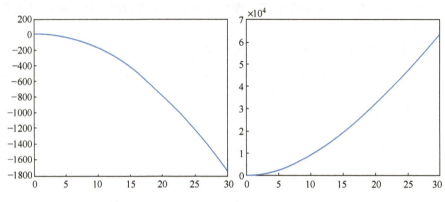

图 2.2.1　二次曲线 $y = 3 + 3t - 2t^2$ （左）和三次曲线 $y = 3 + 2t + 100t^2 - t^3$ （右）

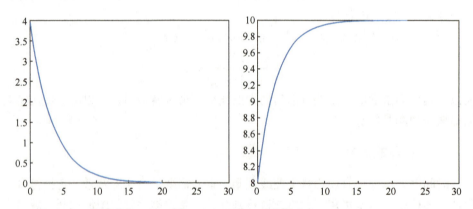

图 2.2.2　指数曲线 $y = 4e^{-0.3t}$ （左）和修正的指数曲线 $y = 10 - 2(0.7^t)$ （右）

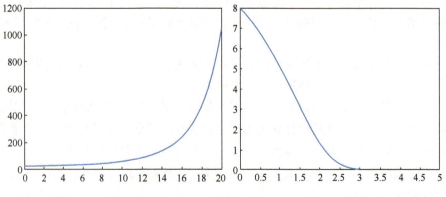

图 2.2.3　冈珀茨曲线 $y = 10(2^{1.1t})$ （左）和 $y = 10(0.8^{3t})$ （右）

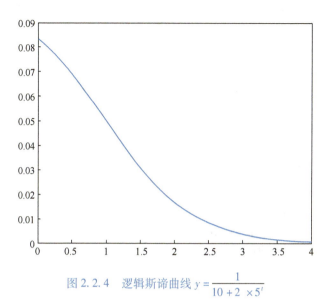

图 2.2.4　逻辑斯谛曲线 $y = \dfrac{1}{10 + 2 \times 5^t}$

平均相对误差（MPE）为

$$e_2 = \frac{1}{N} \sum_{i=1}^{N} \left| \frac{Y_t - \hat{Y}_t}{Y_t} \right|, \tag{2.2.15}$$

均方误差（MSE）为

$$e_3 = \frac{1}{N} \sum_{i=1}^{N} (Y_t - \hat{Y}_t)^2, \tag{2.2.16}$$

均方根误差（RMSE）为

$$e_4 = \sqrt{\frac{1}{N} \sum_{i=1}^{N} (Y_t - \hat{Y}_t)^2}. \tag{2.2.17}$$

例 2.2.1　根据例 1.1.1 中 1985 至 2021 年中国人口出生率年度数据图形图 1.1.1，考虑使用二次多项式曲线和指数曲线预测其趋势. 得到二次多项式曲线趋势预测模型为

$$\hat{Y}_t = 23.826 - 0.709t + 0.01t^2, \tag{2.2.18}$$

均方根误差为 1.358. 得到指数曲线趋势预测模型为

$$\hat{Y}_t = 22.198\mathrm{e}^{-0.023t}, \tag{2.2.19}$$

均方根误差为 1.486.

可见，与指数曲线比较，二次多项式曲线预测人口出生率数据的均方根误差较小，预测效果较好. 这两种曲线拟合人口出生率 Y_t 的图像见图 2.2.5，其中实线为拟合的二次多项式曲线（2.2.18），虚线为拟合的指数曲线（2.2.19）.

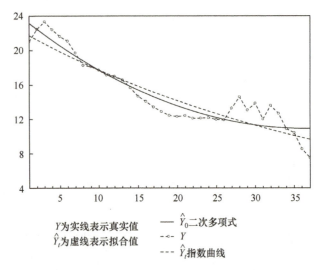

图 2.2.5 二次多项式曲线和指数曲线拟合人口出生率 Y_t

2.3 季节的提取

如果时间序列间隔 d 期后显示出相似性，则称此序列具有长度为 d 的周期，称此序列具有周期性. 一个序列中可能不止有一个周期，凡是含有周期的序列都可称为周期（时间）序列，或者季节（时间）序列. 比如，来源于式（1.2.1）的序列 $\{Y_t\}$，若周期分量 S_t 不为 0，则序列 $\{Y_t\}$ 是一个周期序列，$\{S_t\}$ 也是一个周期序列. 这一节介绍对季节序列提取其中季节分量的两种常用的确定性分析方法：周期点上的季节估计和三角函数拟合法.

2.3.1 周期点上的季节估计

假设 $\{Y_t\}$（$t = 1, 2, \cdots, N$）是来自模型（1.2.1）的序列，即
$$Y_t = T_t + S_t + X_t.$$
如果序列 $\{Y_t\}$ 呈现的周期是 d，则有
$$S_{t+id} = S_t, \tag{2.3.1}$$
$$\sum_{t=1}^{d} S_t = 0, \tag{2.3.2}$$
其中 $i = 0, 1, 2, \cdots, \left[\dfrac{N}{d}\right]$（$\left[\dfrac{N}{d}\right]$ 表示 $\dfrac{N}{d}$ 的整数部分）；$t + id \leqslant N$. 若式（2.3.2）不成立，$\sum_{t=1}^{d} S_t = c \neq 0$，这时，可在趋势项 T_t 中加上 c，然后在季节项中减去 c，使

得式 (2.3.2) 成立.

一般地，一个周期内所有的时间点称为周期点. 由式 (2.3.1) 知，周期点上的值是相等的，故只需估计一个周期内不同周期点处的季节项即可，不妨记不同周期点上的 d 个季节项为 S_k，$k = 1, 2, \cdots, d$.

若序列 $\{Y_t\}$ 的趋势项不为零，则首先需要估计趋势项 T_t. 由式 (2.3.2) 知，一个比较合适的估计方法就是使用 d 项移动平均来估计趋势项. 若周期 d 为奇数，设 $d = 2q + 1$，趋势项 T_t 的估计为

$$\hat{T}_t = \frac{1}{2q+1} \sum_{i=-q}^{q} Y_{t+i}, \ t = q+1, \cdots, N-q. \tag{2.3.3}$$

若周期 d 为偶数，设 $d = 2q$，趋势项 T_t 的估计取为如下权数稍加修改的中心移动平均

$$\hat{T}_t = \frac{1}{d}(0.5Y_{t-q} + Y_{t-q+1} + \cdots + Y_{t+q-1} + 0.5Y_{t+q}), \ t = q+1, \cdots, N-q. \tag{2.3.4}$$

将序列 Y_t 中趋势项剔除，忽略随机项 X_t（事实上，d 项移动平均也消除了 X_t 的部分随机性），把不同周期中相同周期点处的值做算术平均，得到不同周期点处的 d 个季节项 S_k 的估计如下：

$$\widetilde{S}_k = \sum_{i=[(q+1-k)/d]}^{[(N-q-k)/d]} (Y_{k+id} - \hat{T}_{k+id}) / \{[(N-q-k)/d] - [(q+1-k)/d]\}, \tag{2.3.5}$$

这里 $q = [d/2]$，$k = 1, 2, \cdots, d$.

上式求得的 $\widetilde{S}_k$ 可能不满足式 (2.3.2)，于是，构建如下修正的季节项 S_k 的估计

$$\hat{S}_k = \widetilde{S}_k - \frac{1}{d} \sum_{k=1}^{d} \widetilde{S}_k, \ k = 1, 2, \cdots, d, \tag{2.3.6}$$

这样，$\hat{S}_k$ 满足式 (2.3.1) 和式 (2.3.2).

例 2.3.1 某地 2017 年 1 月至 2020 年 12 月的月平均最低温度数据 $\{Y_t\}$ 为

5, 5, 9, 15, 19, 22, 27, 27, 22, 15, 10, 4, 1, 4, 10, 16, 21, 23, 27, 26, 22, 15, 10, 3, 2, 3, 9, 14, 18, 23, 25, 27, 21, 16, 10, 5, 3, 7, 10, 12, 19, 24, 25, 27, 20, 14, 10, 3

如图 2.3.1 所示，为该序列的折线图.

可见，该序列有明显的周期性，周期长度为 12. 对于周期序列，通常将序列按照周期来排列，如表 2.3.1 所示，这样更加方便了解周期序列的结构特点.

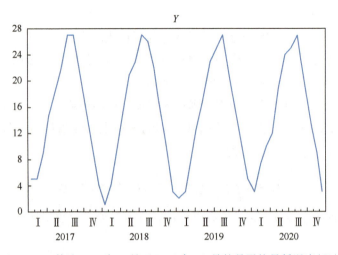

图 2.3.1 某地 2017 年 1 月至 2020 年 12 月的月平均最低温度 $\{Y_t\}$

表 2.3.1 某地 2017 年 1 月至 2020 年 12 月的月平均最低温度

周期	周期点											
	1	2	3	4	5	6	7	8	9	10	11	12
2017	5	5	9	15	19	22	27	27	22	15	10	4
2018	1	4	10	16	21	23	27	26	22	15	10	3
2019	2	3	9	14	18	23	25	27	21	16	10	5
2020	3	7	10	12	19	24	25	27	20	14	10	3

根据式（2.3.4）~ 式（2.3.6），算得 $\{Y_t\}$ 的 12 个周期点的季节估计值 $\hat{S}_k$，见表 2.3.2.

表 2.3.2 序列 $\{Y_t\}$ 周期点处的季节值

周期点	1	2	3	4	5	6	7	8	9	10	11	12
$\hat{S}_k$	-12.78	-10.09	-5.06	-0.69	4.66	8.68	11.55	11.88	6.84	0.54	-4.75	-10.78

于是，得到温度数据 $\{Y_t\}$ 中提取的季节分量序列 $\{\hat{S}_t\}$，见图 2.3.2.

去掉季节分量序列后的温度序列，即 $Y_t - \hat{S}_t$ 的折线图见图 2.3.3，可见，该序列不再有明显的周期性.

前面的季节分量提取方法是针对由模型（1.2.1）产生的时间序列 $\{Y_t\}$，在实际中还有另一类常见的涉及季节提取的模型，即下面式（2.3.7）所示的模型. 一般地，式（1.2.1）称为序列 $\{Y_t\}$ 的加法分解模型，而式（2.3.7）称为 $\{Y_t\}$ 的乘积分解模型.

$$Y_t = T_t \times S_t \times X_t \qquad (2.3.7)$$

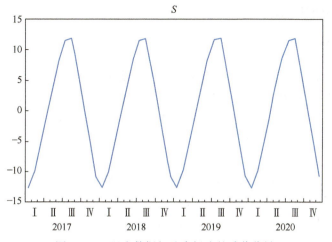

图 2.3.2　温度数据 $\{Y_t\}$ 中提取的季节分量

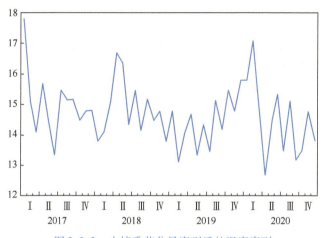

图 2.3.3　去掉季节分量序列后的温度序列

若时间序列 $\{Y_t\}$ 来源于式（2.3.7）的模型，则季节提取的方式是类似的. 首先仍是用移动平均式（2.3.3）或式（2.3.4）估计趋势项 $\hat{T}_t$，然后，令

$$\widetilde{S}_k = \sum_{i=[(q+1-k)/d]}^{[(N-q-k)/d]} (Y_{k+id}/\hat{T}_{k+id}) / \{[(N-q-k)/d] - [(q+1-k)/d]\}$$

与式（2.3.2）不同，这里要求

$$\sum_{t=1}^{d} S_t = d,$$

为此，取

$$\hat{S}_k = \widetilde{S}_k \frac{d}{\displaystyle\sum_{t=1}^{d} \widetilde{S}_t}, \ k = 1, 2, \cdots, d,$$

此时，称 $\hat{S}_k$ 为季节指数.

2.3.2　三角函数拟合法

另一种提取季节分量的常用方法，是用三角函数序列拟合季节序列. 仍然假设时间序列 $\{Y_t\}$ 来自模型（1.2.1），并且满足式（2.3.1）和式（2.3.2）. 首先，以例 2.3.1 中的温度数据 $\{Y_t\}$ 为例介绍该方法. 这时设

$$S_t = c_1\sin(wt) + c_2\cos(wt),$$

则有

$$Y_t = T_t + c_1\sin(wt) + c_2\cos(wt) + X_t, \ t = 1,\cdots,48.$$

这里 $w = 2\pi/12.$

仍然使用移动平均式（2.3.4）得到趋势分量 T_t 的估计 $\hat{T}_t$，记

$$Z_t = Y_t - \hat{T}_t, \ t = 7,\cdots,42.$$

设

$$Z_t = c_1\sin(wt) + c_2\cos(wt) + X_t, \ t = 7,\cdots,42$$

其中 $\{X_t\}$ 为残差序列. 序列 $\{Z_t\}$ 的折线图，见图 2.3.4，可见，该数据具有 0 水平线上下的周期性波动，可以用三角函数序列来拟合.

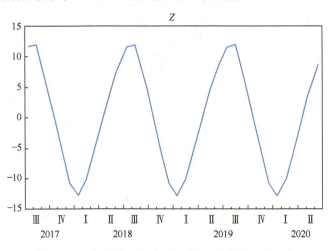

图 2.3.4　温度序列 $\{Y_t\}$ 去掉趋势项后的序列 $\{Z_t\}$

使用最小二乘法，得到 c_1，c_2 的估计，拟合的方程为

$$Z_t = 6.575\sin(wt) + 9.844\cos(wt) + X_t.$$

该方程的拟合优度 R^2 为 0.99，残差序列 $\{X_t\}$ 的平方和为 24.4. 图 2.3.5 展示了序列 $\{Z_t\}$ 与三角函数序列的拟合程度，以及残差序列 $\{X_t\}$. 可见，拟合效果不错.

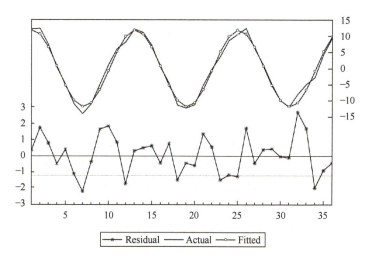

图 2.3.5 序列 Z_t（Actual）与三角函数序列（Fitted）以及残差 X_t（Residual）

一般地，若序列 $\{Y_t\}$ 中含有一个周期为 d 的序列，则可设

$$Y_t = T_t + A\sin(wt + \varphi) + X_t, \ t = 1, \cdots, N. \tag{2.3.8}$$

其中 $w = \dfrac{2\pi}{d}$，称为该周期序列的频率，A 称为该周期序列的振幅，φ 称为该周期序列的相位角. T_t 表示趋势序列，$\{X_t\}$ 是随机平稳序列.

显然，直接估计相位角 φ 比较困难，于是将式（2.3.8）中的三角函数展开，得到

$$Y_t = T_t + A\sin(wt)\cos\varphi + A\cos(wt)\sin\varphi + X_t,$$

令 $c_1 = A\cos\varphi$，$c_2 = A\sin\varphi$，得

$$Y_t = T_t + c_1\sin(wt) + c_2\cos(wt) + X_t. \tag{2.3.9}$$

式（2.3.9）即为常见的三角函数拟合周期序列的加法分解模型.

正如前面的例题一样，通过移动平均估计趋势分量序列 T_t，对去掉趋势项的序列使用最小二乘估计求得 c_1，c_2，即可建立模型（2.3.9）. 本节都是暂且忽略对平稳序列 $\{X_t\}$ 的建模分析，将在 5.4 节中讨论.

前面讨论的时间序列都只含有一个周期波动，若时间序列中含有多个周期波动，例如序列 $\{Y_t\}$ 中含有 l 个周期波动，其中一个是主周期，其余为谐波，则可设

$$Y_t = T_t + \sum_{j=1}^{l} \left[c_1^{(j)}\sin(jwt) + c_2^{(j)}\cos(jwt) \right] + X_t. \tag{2.3.10}$$

通过与前面类似的方法，可以估计其中的参数 $c_1^{(j)}$，$c_2^{(j)}$，$j = 1, 2, \cdots, l$.

含有周期波动的序列模型还有许多，例如，

$$Y_t = \sum_{j=1}^{l} A_j e^{b_j t} \sin(jwt + \varphi_j) + X_t, \tag{2.3.11}$$

这里序列 $\{Y_t\}$ 的趋势是由指数函数 $e^{b_j t}$ 来体现，$\{X_t\}$ 是随机平稳序列.

习题 2

1. 一次指数平滑与一次移动平均相比有什么不同，其优点是什么？

2. 怎样选择一次移动平均的移动平均项数 k 和一次指数平滑的平滑系数 α？

3. 什么情况下考虑使用线性趋势移动平均预测模型或布朗线性趋势指数平滑预测模型？

4. 下面是某市公交年末营运线路条数

（单位：条）

年份	2010	2011	2012	2013	2014	2015	2016	2017	2018
条数	129	135	140	141	150	180	187	226	266

试计算

（1）该数据 $k=3$ 和 $k=4$ 时的一次移动平均和中心移动平均；

（2）该数据的线性趋势移动平均（$k=3$，$l=0$）；

（3）上面（1）和（2）所得结果的预测误差.

5. 对第 4 题中的公交年末营运线路条数数据，分别使用一次指数平滑、布朗线性趋势指数平滑做预测，并计算它们的预测误差.（平滑系数 $\alpha=0.3$，初始值都取为 129，$l=0$）

6. 时间序列分别具有什么特点时，可以使用多项式曲线、指数曲线、成长曲线预测其趋势？

7. 试讨论成长曲线可用于哪些实际问题？

8. 我国 2009 年至 2017 年乘用车销售量 Y_t（万辆）如下表所示.

我国乘用车销售量 （单位：万辆）

年份	2009	2010	2011	2012	2013	2014	2015	2016	2017
时间 t	0	1	2	3	4	5	6	7	8
Y_t	1026.6	1332.5	1367.1	1465.9	1724.3	1898.9	2060.9	2383.8	2418.4

试分别使用二次多项式曲线和指数曲线预测其趋势，并比较这两种曲线拟合效果.

9. 假设

$$Y_t = A\sin(wt + \varphi) + \varepsilon_t,$$

其中 $A = 2$，$\varphi = \dfrac{\pi}{6}$，周期为 6，ε_t 为残差，试画出序列 $\{Y_t\}$ 的图形（$t = 1, 2,$ $\cdots, 36$）.

10. 下面是 2015 年 1 月至 2019 年 12 月的民航客运量（万人）月度数据：

5276，5306，5698，5475，6124，5930，5341，5451，5312，5350，5383，5341，
5018，5006，5408，5029，5657，5378，4938，5013，5074，5140，4843，4647，
4666，4646，4883，4655，5046，4860，4374，4498，4402，4431，4279，4393，
4041，3971，4374，4169，4642，4353，3800，3897，4000，3894，3898，3736，
3500，3498，3855，3672，4165，3915，3404，3541，3579，3670，3493，3246

（1）画出该数据的图形；

（2）若该数据含有一个周期为 12 的序列，试估计其周期点上的季节值；

（3）试用周期为 12 的三角函数序列拟合该数据.

第3章 平稳线性时间序列模型理论

本章主要介绍一元平稳可逆线性时间序列模型的理论，包括 ARMA 模型的定义、ARMA 模型的平稳性和可逆性以及模型的等价形式、ARMA 模型自相关函数和偏自相关函数的特性等。这些理论为下一章样本时间序列建立模型提供基础。

3.1 ARMA 模型

设 $\{V_t\}$ 为时间序列，若对 $\forall k \in Z$，$l \geqslant 1$，序列值 V_{k+l} 可由 V_t（$-\infty < t \leqslant k$）的线性闭包中元素精确表示，则称 $\{V_t\}$ 为确定过程。1938 年，Wold 证明了如下的分解存在唯一：任一零均值平稳非确定过程，可以分解为白噪声序列的线性组合与一个与之不相关的确定过程之和，即有如下表达式

$$X_t = \sum_{i=0}^{\infty} c_i \varepsilon_{t-i} + V_t,$$

其中序列 $\{X_t\}$ 是零均值平稳非确定过程，序列 $\{\varepsilon_t\}$ 为白噪声，$c_0 = 1$，$\sum_{i=0}^{\infty} c_i^2 < \infty$，序列 $\{V_t\}$ 与序列 $\{\varepsilon_t\}$ 不相关，即 $\forall s$，$t \in Z$，$E(\varepsilon_t V_s) = 0$。因此，如果不考虑确定部分，任一零均值平稳非确定过程，由形如 $\sum_{i=0}^{\infty} c_i \varepsilon_{t-i}$ 的随机序列决定。若设 $V_t = 0$，则

$$X_t = \sum_{i=0}^{\infty} c_i \varepsilon_{t-i}. \tag{3.1.1}$$

式（3.1.1）就是平稳线性时间序列模型的一种表达形式。

3.1.1 ARMA 模型的定义

模型（3.1.1）右边含有无穷多项求和，建模时需要估计无穷多个参数 c_i（$i = 0, 1, 2, \cdots$），这在实际中当然是无法实现的。然而，在一定的条件下，模型（3.1.1）可以等价于只有有限多个参数的模型——ARMA 模型（Autoregressive Moving Average Model）。

定义 3.1.1（ARMA 模型） 设 $\{X_t\}$ 为零均值平稳时间序列，如果满足方程
$$X_t - \varphi_1 X_{t-1} - \varphi_2 X_{t-2} - \cdots - \varphi_p X_{t-p} = \varepsilon_t - \theta_1 \varepsilon_{t-1} - \theta_2 \varepsilon_{t-2} - \cdots - \theta_q \varepsilon_{t-q}$$

$$\tag{3.1.2}$$

其中 $\{\varepsilon_t\} \sim WN(0,\sigma^2)$（$\{\varepsilon_t\}$ 是白噪声，也常称为随机扰动序列、残差序列等），
p，q 为非负整数，φ_i，θ_j（$i=1,2,\cdots,p$；$j=1,2,\cdots,q$）为常数，则称序列 $\{X_t\}$
为（p,q）阶的自回归移动平均序列（或过程），简称为 ARMA(p,q) 序列（或
过程）. 式（3.1.2）称为（p,q）阶的自回归移动平均模型，或者 ARMA(p,q)
模型.

为了表述方便，引入后移算子. 设 $\{X_t\}$ 为时间序列，后移算子 B 定义为

$$BX_t = X_{t-1},$$

$$B^2 X_t = B(BX_t) = X_{t-2}, \cdots, B^k X_t = B(B^{k-1}X_t) = X_{t-k},$$

容易得到后移算子有如下性质：

(1) 若 X 是与时间 t 无关的随机变量，则 $BX = X$；

(2) $\forall k$，$l \in Z$，有 $B^{k+l}X_t = B^k(B^l X_t) = B^l(B^k X_t) = X_{t-k-l}$；

(3) $\forall k \in Z$，c 是任意常数，有 $B^k(cX_t) = cB^k X_t = cX_{t-k}$；

(4) 设多项式 $\Phi(z) = \sum_{i=0}^{p} c_i z^i$，则 $\Phi(B)X_t = \sum_{i=0}^{p} c_i B^i X_t = \sum_{i=0}^{p} c_i X_{t-i}$；

(5) 设多项式 $\Phi(z) = \sum_{i=0}^{p} c_i z^i$ 与 $\Theta(z) = \sum_{i=0}^{q} d_i z^i$ 的乘积为 $H(z) = \Phi(z)$
$\Theta(z)$，则

$$H(B)X_t = \Phi(B)[\Theta(B)X_t] = \Theta(B)[\Phi(B)X_t];$$

(6) 设 $\{Y_t\}$ 也是时间序列，U，V，W 是随机变量，对于多项式 $\Phi(z) = \sum_{i=0}^{p} c_i z^i$ 有

$$\Phi(B)(UX_t + VY_t + W) = U\Phi(B)X_t + V\Phi(B)Y_t + W\Phi(1).$$

于是，ARMA 模型（3.1.2）可写为

$$\Phi(B)X_t = \Theta(B)\varepsilon_t, \tag{3.1.3}$$

这里

$$\Phi(B) = 1 - \sum_{i=1}^{p} \varphi_i B^i, \Theta(B) = 1 - \sum_{i=1}^{q} \theta_i B^i. \tag{3.1.4}$$

注 3.1.1　对于 ARMA 模型（3.1.2）或式（3.1.3），下面总是假定多项式
$\Phi(B)$ 和 $\Theta(B)$ 没有公因子. 否则消去公因子，模型（3.1.2）可以简化成低阶
模型.

注 3.1.2　如果平稳序列 $\{X_t\}$ 的均值为 μ，则将模型（3.1.2）中序列 $\{X_t\}$
用序列 $\{X_t - \mu\}$ 替代. 这时，称序列 $\{X_t\}$ 是均值为 μ 的 ARMA(p,q) 序列，
ARMA 模型（3.1.2）可以变形为

$$X_t - \varphi_1 X_{t-1} - \varphi_2 X_{t-2} - \cdots - \varphi_p X_{t-p} = c + \varepsilon_t - \theta_1 \varepsilon_{t-1} - \theta_2 \varepsilon_{t-2} - \cdots - \theta_q \varepsilon_{t-q},$$

其中 $c = \mu(1 - \varphi_1 - \varphi_2 - \cdots - \varphi_p)$，称为模型的常数项. 易见，如果 μ 较小，或者

$\varphi_1 + \varphi_2 + \cdots + \varphi_p$ 接近于 1，则常数项 c 可以忽略.

研究时间序列规律的第一步是画出时间序列的有关图形. 时间序列的一些图形中蕴含着重要的信息，为后面进一步的分析提供方法和思路.

例 3.1.1　例 1.1.2 中我国食品类居民消费价格指数数据记为 $\{X_t\}$，$t = 1,2,\cdots,$ 36，其延迟（或者滞后）一期的数据为 $\{X_{t-1}\}$，$t = 2,3,\cdots,36$. 绘制 X_t 对 X_{t-1} 的散点图，得到图 3.1.1.

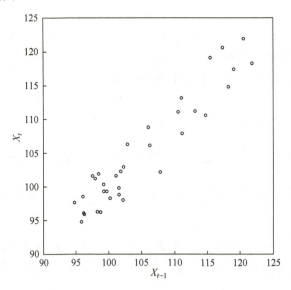

图 3.1.1　食品类居民消费价格指数对其延迟一期图

可见，食品类居民消费价格指数与其滞后一期数据之间存在线性趋势. 这种体现序列 $\{X_t\}$ 中，序列值 X_t 与其滞后一期序列值 X_{t-1} 之间存在线性关系的模型，就是一阶自回归模型：$X_t - \psi_1 X_{t-1} = \varepsilon_t$.

一般地，p 阶自回归模型定义如下.

定义 3.1.2（AR 模型）　如果定义 3.1.1 中 $\Theta(B) = 1$，则有
$$\Phi(B)X_t = \varepsilon_t, \tag{3.1.5}$$
这时称为 $\{X_t\}$ 为 p 阶自回归序列（或过程），式（3.1.5）称为 p 阶自回归模型，记为 AR(p).

定义 3.1.3（MA 模型）　如果定义 3.1.1 中 $\Phi(B) = 1$，则有
$$X_t = \Theta(B)\varepsilon_t, \tag{3.1.6}$$
这时称为 $\{X_t\}$ 为 q 阶移动平均序列（或过程），式（3.1.6）称为 q 阶移动平均模型，记为 MA(q).

由此可见，ARMA(p,q) 模型（3.1.2）主要包含三种类型：自回归模型 AR(p)（$p \geqslant 1$）、移动平均模型 MA(q)（$q \geqslant 1$）和混合模型 ARMA(p,q)（$p \geqslant 1$,

$q \geq 1$). 如果 $p = 0$, $q = 0$, ARMA(p,q) 模型 (3.1.2) 为 $X_t = \varepsilon_t$, $\{X_t\}$ 为白噪声序列.

例 3.1.2 设 $\{\varepsilon_t\} \overset{\text{i.i.d.}}{\sim} N(0,1)$, 图 3.1.2 和图 3.1.3 分别是由 AR(1) 模型

$$X_t - 0.7X_{t-1} = \varepsilon_t, \tag{3.1.7}$$

和 AR (1) 模型

$$X_t + 0.7X_{t-1} = \varepsilon_t, \tag{3.1.8}$$

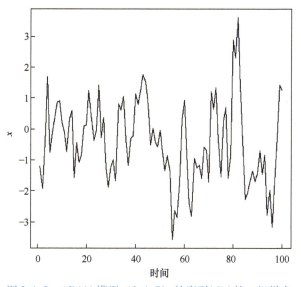

图 3.1.2　AR(1) 模型 (3.1.7) 的序列 $\{X_t\}$ 的一组样本

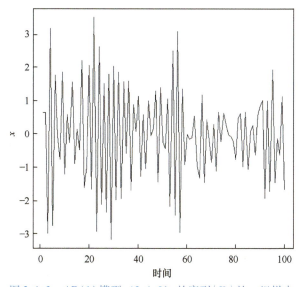

图 3.1.3　AR(1) 模型 (3.1.8) 的序列 $\{X_t\}$ 的一组样本

随机模拟生成的，长度为 100 的序列 $\{X_t\}$ 的一组样本时间序列图. 如图 3.1.4 和图 3.1.5 所示，分别是由 MA(1)模型

$$X_t = \varepsilon_t - 0.6\varepsilon_{t-1}, \tag{3.1.9}$$

和 MA(1)模型

$$X_t = \varepsilon_t + 0.6\varepsilon_{t-1}, \tag{3.1.10}$$

随机模拟生成的，长度为 100 的序列 $\{X_t\}$ 的一组样本时间序列图.

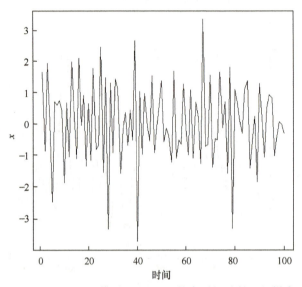

图 3.1.4 MA(1)模型（3.1.9）的序列 $\{X_t\}$ 的一组样本

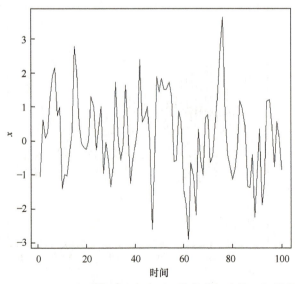

图 3.1.5 MA(1)模型（3.1.10）的序列 $\{X_t\}$ 的一组样本

可见，一阶自回归模型 AR(1) 的参数 φ_1 为正时，序列变化相对缓慢，而参数 φ_1 为负时，序列变化剧烈. 同样可见，一阶移动平均模型 MA(1) 的参数 θ_1 为正时，序列变化剧烈，而参数 θ_1 为负时，序列变化较缓慢. 事实上，这些现象是具有理论依据的普遍规律.

3.1.2　常系数线性差分方程

其实，ARMA 模型（3.1.2）是特殊的常系数线性差分方程，在后面讨论 ARMA 序列（3.1.2）的平稳性、相关性等性质时，需要用到常系数线性差分方程求解的一般理论和方法，下面做些简单介绍.

n 阶常系数线性差分方程的一般形式为

$$\Phi(B)y(k+n) = b(k), \tag{3.1.11}$$

其中 $\Phi(B) = 1 + \sum_{i=1}^{n} a_i B^i$，$a_i$（$i = 1, \cdots, n$）为常数系数，$y(k)$ 和 $b(k)$ 是 $\mathbf{Z}^+$ 上的实函数，$k \in \mathbf{Z}^+$. 若 $b(k) = 0$，则称式（3.1.11）为齐次常系数线性差分方程，否则称其为非齐次常系数线性差分方程.

设多项式 $\Phi(z)$ 的系数 $a_i(i = 1, \cdots, n)$ 和 $b(k)$ 已知，使得式（3.1.11）恒成立的函数 $y(k)$ 称为该常系数线性差分方程的解. 对于非齐次的差分方程（3.1.11），求其解分两步进行：第一步求其对应的齐次差分方程

$$\Phi(B)y(k+n) = 0 \tag{3.1.12}$$

的通解. 第二步求非齐次差分方程（3.1.11）的一个特解. 而非齐次差分方程（3.1.11）的通解是：齐次差分方程（3.1.12）的通解与非齐次差分方程（3.1.11）的一个特解之和.

设齐次差分方程（3.1.12）试探解的形式为

$$y(k) = \lambda^k. \tag{3.1.13}$$

将式（3.1.13）代入式（3.1.12）得

$$\lambda^k(\lambda^n + a_1 \lambda^{n-1} + \cdots + \cdots + a_n) = 0,$$

所以 λ 只要满足

$$\lambda^n + a_1 \lambda^{n-1} + \cdots + \cdots + a_n = 0, \tag{3.1.14}$$

则 λ^k 是齐次差分方程（3.1.12）的解. 称方程（3.1.14）为齐次差分方程（3.1.12）的特征方程，满足方程（3.1.14）的 λ 称为特征根.

事实上，齐次差分方程（3.1.12）的解空间是 n 维的线性空间，只需找出解空间中 n 个线性无关的解，则齐次差分方程（3.1.12）的通解是它们的任意线性组合，下面举例来说明.

例 3.1.3　求解差分方程

$$y(k+2) + y(k+1) - 12y(k) = 2^k.$$

解：首先，求原方程对应的齐次差分方程
$$y(k+2) + y(k+1) - 12y(k) = 0$$
的通解. 齐次差分方程的特征方程为
$$\lambda^2 + \lambda - 12 = 0,$$
特征根为：$\lambda_1 = 3$，$\lambda_2 = -4$.

所以，对应的齐次差分方程的通解为
$$y(k) = c_1 3^k + c_2(-4)^k.$$
其中 c_1，c_2 为任意常数.

再求原方程的一个特解，考虑到原方程右边项的形式，猜测原方程可能有形如 $c2^k$ 的特解. 将 $y(k) = c2^k$ 代入原方程，得
$$c2^{k+2} + c2^{k+1} - 12c2^k = 2^k.$$
$$c = -\frac{1}{6}.$$

故原方程有一个特解为 $y(k) = -\frac{1}{6} \times 2^k$.

故原方程的通解为
$$y(k) = c_1 3^k + c_2(-4)^k + \frac{1}{6} \times 2^k.$$

例 3.1.4 求解差分方程
$$y(k+3) - 7y(k+2) + 16y(k+1) - 12y(k) = 0.$$

解：这个方程的特征方程为
$$\lambda^3 - 7\lambda^2 + 16\lambda - 12 = 0,$$
特征根为 $\lambda_1 = \lambda_2 = 2$，$\lambda_3 = 3$.
所以，原方程的通解为
$$y(k) = c_1 2^k + c_2 k 2^k + c_3 3^k.$$
其中 c_1，c_2，c_3 为任意常数.

注 3.1.3 若齐次差分方程（3.1.12）的特征方程的特征根中，有一个 l 重的重根，不妨设为 $\lambda_1 = \lambda_2 = \cdots = \lambda_l$. 设其他特征根两两不相同，则齐次差分方程（3.1.12）的通解为
$$y(k) = c_1 \lambda_1^k + c_2 k \lambda_1^k + \cdots + c_l k^{l-1} \lambda_1^k + c_{l+1} \lambda_{l+1}^k + \cdots + c_n \lambda_n^k.$$

注 3.1.4 若齐次差分方程（3.1.12）的特征方程的特征根中，有一对共轭复根：
$$\lambda_1 = \alpha + i\beta, \ \lambda_2 = \alpha - i\beta,$$
λ_1，λ_2 也可以表示为
$$\lambda_1 = \gamma e^{i\omega} = \gamma\cos\omega + i\gamma\sin\omega, \ \lambda_2 = \gamma e^{-i\omega} = \gamma\cos\omega - i\gamma\sin\omega,$$

其中 $\gamma = \sqrt{\alpha^2 + \beta^2}$，$\cos\omega = \dfrac{\alpha}{\sqrt{\alpha^2 + \beta^2}}$，$\sin\omega = \dfrac{\beta}{\sqrt{\alpha^2 + \beta^2}}$.

则对应于 λ_1，λ_2 这两个不同的特征根，方程（3.1.12）有两个线性无关的解为

$$y_1(k) = \lambda_1^k = (\alpha + \mathrm{i}\beta)^k = \gamma^k \mathrm{e}^{\mathrm{i}k\omega} = \gamma^k \cos(k\omega) + \mathrm{i}\gamma^k \sin(k\omega),$$

和

$$y_2(k) = \lambda_2^k = (\alpha - \mathrm{i}\beta)^k = \gamma^k \mathrm{e}^{-\mathrm{i}k\omega} = \gamma^k \cos(k\omega) - \mathrm{i}\gamma^k \sin(k\omega).$$

注意到 $y_1(k)$ 与 $y_2(k)$ 的任意线性组合都是齐次差分方程（3.1.12）的解，故得到 $\widetilde{y}_1(k) = \gamma^k \cos(k\omega)$ 和 $\widetilde{y}_2(k) = \gamma^k \sin(k\omega)$ 也是齐次差分方程（3.1.12）的两个线性无关的解，而 $\widetilde{y}_1(k)$ 和 $\widetilde{y}_2(k)$ 都是实函数. 可取 $\widetilde{y}_1(k)$ 和 $\widetilde{y}_2(k)$ 作为对应于共轭复根 λ_1 和 λ_2 的线性无关的两个解函数，得到实系数齐次差分方程（3.1.12）的解都为实函数.

例 3.1.5 求解差分方程

$$y(k+2) - 2y(k+1) + 2y(k) = 0.$$

解：这个方程的特征方程为

$$\lambda^2 - 2\lambda + 2 = 0,$$

特征根为 $\lambda_1 = 1 + \mathrm{i}$，$\lambda_2 = 1 - \mathrm{i}$，或者表示为

$$\lambda_1 = \sqrt{2}\mathrm{e}^{\mathrm{i}\frac{\pi}{4}} = \sqrt{2}\cos\frac{\pi}{4} + \mathrm{i}\sqrt{2}\sin\frac{\pi}{4}, \quad \lambda_2 = \sqrt{2}\mathrm{e}^{-\mathrm{i}\frac{\pi}{4}} = \sqrt{2}\cos\frac{\pi}{4} - \mathrm{i}\sqrt{2}\sin\frac{\pi}{4},$$

故原方程的通解为

$$y(k) = c_1 2^{k/2} \cos\frac{k\pi}{4} + c_2 2^{k/2} \sin\frac{k\pi}{4}.$$

其中 c_1，c_2 为任意常数.

如果式（3.1.2）中系数 $\varphi_1, \varphi_2, \cdots, \varphi_p$ 和右边的所有项已知，则 ARMA(p,q) 模型（3.1.2）是一个求解序列 $\{X_t\}$ 的常系数线性差分方程. 同样，如果式（3.1.2）中系数 $\theta_1, \theta_2, \cdots, \theta_q$ 和左边的所有项已知，则 ARMA(p,q) 模型（3.1.2）是一个求解序列 $\{\varepsilon_t\}$ 的常系数线性差分方程.

3.2 平稳解与格林函数

上一节谈到 ARMA 模型（3.1.2）是常系数线性差分方程，当分别将序列 $\{X_t\}$ 和 $\{\varepsilon_t\}$ 看成需要求解的序列时，在一定的条件下，则可以得到 ARMA 模型（3.1.2）的两个等价形式：平稳解形式和逆转形式，这就是本节和下一节将要介绍的主要内容.

3.2.1 AR(1)模型的平稳解

对于 AR(1)模型

$$X_t - \varphi_1 X_{t-1} = \varepsilon_t. \tag{3.2.1}$$

如果参数 φ_1 和序列 $\{\varepsilon_t\}$ 已知，可以求得解序列 $\{X_t\}$.

首先，ARMA 模型 (3.2.1) 是一阶非齐次常系数线性差分方程，其对应的齐次差分方程为

$$X_t - \varphi_1 X_{t-1} = 0, \tag{3.2.2}$$

特征方程为

$$\lambda - \varphi_1 = 0,$$

特征根为 $\lambda = \varphi_1$，故齐次差分方程 (3.2.2) 的通解为

$$X_t = c\varphi_1^t,$$

其中 c 是任意实数.

根据式 (3.2.1) 右边的形式，猜测非齐次差分方程 (3.2.1) 的某个特解可能由序列 $\{\varepsilon_t\}$ 构成. 又由式 (3.2.1) 递推得

$$\begin{aligned}
X_t &= \varphi_1 X_{t-1} + \varepsilon_t \\
&= \varphi_1(\varphi_1 X_{t-2} + \varepsilon_{t-1}) + \varepsilon_t \\
&= \varphi_1^2 X_{t-2} + \varphi_1 \varepsilon_{t-1} + \varepsilon_t \\
&= \varphi_1^2(\varphi_1 X_{t-3} + \varepsilon_{t-2}) + \varphi_1 \varepsilon_{t-1} + \varepsilon_t \\
&= \varphi_1^3 X_{t-3} + \varphi_1^2 \varepsilon_{t-2} + \varphi_1 \varepsilon_{t-1} + \varepsilon_t \\
&\qquad\qquad \vdots \\
&= \sum_{j=0}^{\infty} \varphi_1^j \varepsilon_{t-j},
\end{aligned} \tag{3.2.3}$$

将式 (3.2.3) 代入式 (3.2.1)，易见式 (3.2.1) 成立. 因此

$$X_t = \sum_{j=0}^{\infty} \varphi_1^j \varepsilon_{t-j}$$

是非齐次差分方程 (3.2.1) 的一个特解. 故非齐次差分方程 (3.2.1) 的通解为

$$X_t = c\varphi_1^t + \sum_{j=0}^{\infty} \varphi_1^j \varepsilon_{t-j}. \tag{3.2.4}$$

对于通解 (3.2.4) 有如下结果：

当 $|\varphi_1| > 1$ 时，$\lim\limits_{t\to\infty} E(X_t) = \lim\limits_{t\to\infty} c\varphi_1^t = \infty$，故通解 (3.2.4) 序列 $\{X_t\}$ 不平稳；

当 $\varphi_1 = 1$ 时，称式 (3.2.1) 为随机游动模型，这时通解 (3.2.4) 为

$$X_t = c + \sum_{j=0}^{\infty} \varepsilon_{t-j}$$

得到
$$\mathrm{Var}(X_t) = \mathrm{Var}\Big(\sum_{j=0}^{\infty} \varepsilon_{t-j}\Big) = \infty$$

因而通解（3.2.4）序列 $\{X_t\}$ 不平稳；

当 $\varphi_1 = -1$ 时，

$$c\varphi_1^t = \begin{cases} c, & t \text{ 为偶数}, \\ -c, & t \text{ 为奇数}. \end{cases}$$

若 $c \neq 0$，通解（3.2.4）序列 $\{X_t\}$ 的均值在 c 和 $-c$ 两个常数间振荡，故序列 $\{X_t\}$ 不平稳. 若 $c = 0$，则由

$$X_t = \sum_{j=0}^{\infty} (-1)^j \varepsilon_{t-j},$$

$$\mathrm{Var}(X_t) = \mathrm{Var}\Big(\sum_{j=0}^{\infty} (-1)^j \varepsilon_{t-j}\Big) = \infty,$$

得通解（3.2.4）序列 $\{X_t\}$ 不平稳；

当 $|\varphi_1| < 1$ 时，由 $\lim\limits_{t\to\infty} c\varphi_1^t = 0$，得对通解（3.2.4）求极限成立

$$\lim_{t\to\infty} X_t = \sum_{j=0}^{\infty} \varphi_1^j \varepsilon_{t-j},$$

由定理 1.1.3 知，$\sum\limits_{j=0}^{\infty} \varphi_1^j \varepsilon_{t-j}$ 均方收敛. 故 $\sum\limits_{j=0}^{\infty} \varphi_1^j \varepsilon_{t-j}$ 是通解（3.2.4）中唯一的平稳解. 也即是，只有当 $|\varphi_1| < 1$，对通解（3.2.4）序列 $\{X_t\}$ 取极限时，得到的解才是平稳的. 这时，对于这一平稳解序列 $X_t = \sum\limits_{j=0}^{\infty} \varphi_1^j \varepsilon_{t-j}$，有

$$E(X_t) = 0,$$

$$\begin{aligned} \mathrm{Cov}(X_t, X_{t+k}) &= E(X_t X_{t+k}) \\ &= \sum_{j=0}^{\infty} \varphi_1^{2j+|k|} \sigma^2 \\ &= \frac{\varphi_1^{|k|} \sigma^2}{1 - \varphi_1^2} < \infty. \end{aligned} \tag{3.2.5}$$

定义 3.2.1 称非齐次差分方程（3.2.1）通解（3.2.4）中，$|\varphi_1| < 1$ 时的平稳解

$$X_t = \sum_{j=0}^{\infty} \varphi_1^j \varepsilon_{t-j} \tag{3.2.6}$$

为 AR（1）模型（3.2.1）的平稳解或者平稳解形式，这时称 AR（1）模型（3.2.1）是平稳的. 平稳解（3.2.6）由 AR（1）模型（3.2.1）唯一确定，其中

的系数函数 φ_1^j 称为模型 AR(1) 的格林（Green）函数或者记忆函数，记为 G_j，即 $G_j = \varphi_1^j$，$j = 0, 1, 2, \cdots$.

注 3.2.1　具有表达式（3.2.6）的时间序列 $\{X_t\}$ 也称为因果序列. 序列 $\{X_t\}$ 是因果序列，则 X_t 可由 t 时刻及 t 时刻以前的白噪声生成.

由上面的分析可见，成立如下结论.

定理 3.2.1　AR(1) 模型（3.2.1）有平稳解或者说 AR(1) 模型（3.2.1）平稳的充分必要条件是齐次差分方程（3.2.2）的特征方程的特征根 λ 满足：$|\lambda| = |\varphi_1| < 1$.

例 3.2.1　设 AR(1) 模型为
$$X_t - 0.37X_{t-1} = \varepsilon_t,$$
则自回归部分对应的特征方程为
$$\lambda - 0.37 = 0.$$
特征根为 $\lambda = 0.37$，故模型平稳.

该模型的格林函数为
$$G_0 = 1,\ G_1 = 0.37,\ G_2 = 0.1369,\ \cdots$$
即 $G_j = 0.37^j$，$j = 0, 1, 2, \cdots$. 所以，模型的平稳解为
$$X_t = \sum_{j=0}^{\infty} 0.37^j \varepsilon_{t-j}.$$

3.2.2　ARMA 模型的平稳解

上述的定义和结论可以推广到任意的 ARMA 模型. ARMA(p, q) 模型
$$X_t - \varphi_1 X_{t-1} - \varphi_2 X_{t-2} - \cdots - \varphi_p X_{t-p} = \varepsilon_t - \theta_1 \varepsilon_{t-1} - \theta_2 \varepsilon_{t-2} - \cdots - \theta_q \varepsilon_{t-q}$$
$$(3.2.7)$$
是 p 阶非齐次常系数线性差分方程，其对应的齐次差分方程为
$$X_t - \varphi_1 X_{t-1} - \varphi_2 X_{t-2} - \cdots - \varphi_p X_{t-p} = 0, \tag{3.2.8}$$
特征方程为
$$\lambda^p - \varphi_1 \lambda^{p-1} - \varphi_2 \lambda^{p-2} - \cdots - \varphi_p = 0, \tag{3.2.9}$$
由式（3.2.9）得到的特征根可能是单根、重根或复根，记特征根为 $\lambda_1, \lambda_2, \cdots,$ λ_p. 若所有特征根是单根，则方程（3.2.8）的通解为
$$X_t = \sum_{j=1}^{p} c_j \lambda_j^t. \tag{3.2.10}$$
其中 c_j 为任意实数. 若有特征根是重根，例如，$\lambda_1 = \lambda_2 = \cdots = \lambda_l$，其余特征根为单根，则方程（3.2.8）的通解为
$$X_t = (c_1 + c_2 t + \cdots + c_l t^{l-1})\lambda_1^t + \sum_{j=l+1}^{p} c_j \lambda_j^t. \tag{3.2.11}$$

若特征根中有复根，例如，$\lambda_1 = \gamma \mathrm{e}^{\mathrm{i}\omega}$，$\lambda_2 = \gamma \mathrm{e}^{-\mathrm{i}\omega}$，其余特征根为单根，则方程（3.2.8）的通解为

$$X_t = \gamma^t(c_1 \mathrm{e}^{\mathrm{i}\omega t} + c_2 \mathrm{e}^{-\mathrm{i}\omega t}) + \sum_{j=3}^{p} c_j \lambda_j^t,$$

或者

$$X_t = c_1 \gamma^t \cos(\omega t) + c_2 \gamma^t \sin(\omega t) + \sum_{j=3}^{p} c_j \lambda_j^t. \tag{3.2.12}$$

同样，非齐次差分方程（3.2.7）有一个特解为

$$X_t = \sum_{j=0}^{\infty} G_j \varepsilon_{t-j},$$

于是非齐次差分方程（3.2.7）的通解为

$$X_t = f(t) + \sum_{j=0}^{\infty} G_j \varepsilon_{t-j}. \tag{3.2.13}$$

其中 $f(t)$ 为齐次差分方程（3.2.8）的通解，其表达式为式（3.2.10）、式（3.2.11）或式（3.2.12）等形式.

与前面 AR(1) 模型的结论类似，可以证明：如果特征方程（3.2.9）的特征根 $\lambda_1, \lambda_2, \cdots, \lambda_p$ 中，有一个特征根的模大于或者等于 1 时，则通解（3.2.13）的解序列 $\{X_t\}$ 不平稳；当特征方程（3.2.9）的所有特征根的模都小于 1 时，即 $|\lambda_j| < 1$（$j = 1, 2, \cdots, p$）时，有

$$\lim_{t \to \infty} f(t) = 0, \lim_{t \to \infty} X_t = \sum_{j=0}^{\infty} G_j \varepsilon_{t-j}.$$

可得 $\sum\limits_{j=0}^{\infty} G_j \varepsilon_{t-j}$ 均方收敛. 这时若令 $X_t = \sum\limits_{j=0}^{\infty} G_j \varepsilon_{t-j}$ ，则有

$$E(X_t) = 0,$$

$$\mathrm{Cov}(X_t, X_{t+k}) = E(X_t X_{t+k})$$

$$= E\Big[\Big(\sum_{j=0}^{\infty} G_j \varepsilon_{t-j}\Big)\Big(\sum_{j=0}^{\infty} G_j \varepsilon_{t+k-j}\Big)\Big]$$

$$= \sigma^2 \sum_{j=0}^{\infty} G_j G_{j+|k|}. \tag{3.2.14}$$

即有序列 $\{X_t\}$ 平稳，它是差分方程（3.2.7）的通解中唯一的平稳解.

定义 3.2.2 称非齐次差分方程（3.2.7）的通解（3.2.13）中，当所有特征根的模都小于 1，即 $|\lambda_j| < 1$（$j = 1, 2, \cdots, p$）时的解

$$X_t = \sum_{j=0}^{\infty} G_j \varepsilon_{t-j} \tag{3.2.15}$$

为 ARMA(p, q) 模型（3.2.7）的平稳解或平稳解形式. 这时称 ARMA(p, q) 模型

是平稳的, 称序列 $\{X_t\}$ 是平稳 ARMA(p,q) 序列 (或过程). ARMA(p,q) 模型 (3.2.7) 与它的平稳解 (形式) (3.2.15) 等价. 平稳解 (3.2.15) 由 ARMA(p,q) 模型 (3.2.7) 唯一确定, 其中的系数函数 $G_j(j=0,1,2,\cdots)$ 称为 ARMA(p,q) 模型 (3.2.7) 的格林 (Green) 函数或记忆函数, 且 $G_0 \equiv 1$.

注 3.2.2 因为 $\lim\limits_{t\to\infty} f(t)=0$, 平稳解 (3.2.15) 与通解 (3.2.13) 之间只相差一个无穷小量. 实际中观察到的平稳时间序列, 一般都是已经经过了很长时间的变化, 所以观察到的序列可以认为符合平稳解 (3.2.15) 的形式.

注 3.2.3 移动平均模型 MA(q) $(q\geqslant 1)$ 本身就是它的平稳解形式, 其格林函数为

$$G_0=1, \quad G_j=-\theta_j, \quad j=1,2,\cdots,q.$$
$$G_j=0, \quad j>q$$

定理 3.2.2 ARMA(p,q) 模型 (3.2.7) 存在唯一平稳解 (3.2.15) 或者模型 (3.2.7) 平稳的充分必要条件是齐次差分方程 (3.2.8) 的特征方程 (3.2.9) 的特征根 λ_j $(i=1,2,\cdots,p)$ 满足: $|\lambda_j|<1$ $(j=1,2,\cdots,p)$.

注 3.2.4 事实上, 按照 ARMA 模型的定义 3.1.1, 它就是平稳的. 这里是将 ARMA 模型看作差分方程, 则需要增加它平稳的充分必要条件.

定理 3.2.3 设 ARMA(p,q) 模型 (3.2.7) 中 $\{\varepsilon_t\} \overset{\text{i.i.d.}}{\sim} N(0,\sigma^2)$, 则该模型的平稳解 $\{X_t\}$ 是正态序列.

3.2.3 格林函数的求解

格林函数的求解有两种常用的方法: 比较系数法和级数展开法. 假设 ARMA 模型

$$\Phi(B)X_t=\Theta(B)\varepsilon_t, \tag{3.2.16}$$

其中

$$\Phi(B)=1-\sum_{i=1}^{p}\varphi_i B^i, \quad \Theta(B)=1-\sum_{i=1}^{q}\theta_i B^i$$

是平稳的, 参数 $\varphi_1,\varphi_2,\cdots,\varphi_p,\ \theta_1,\theta_2,\cdots,\theta_q$ 已知, 设模型的平稳解为

$$X_t=\sum_{j=0}^{\infty}G_j\varepsilon_{t-j}=\Big(\sum_{j=0}^{\infty}G_j B^j\Big)\varepsilon_t. \tag{3.2.17}$$

下面求解格林函数序列 $\{G_j\}$.

首先来看比较系数法. 将式 (3.2.17) 代入式 (3.2.16) 得

$$\Big(1-\sum_{i=1}^{p}\varphi_i B^i\Big)\Big(\sum_{j=0}^{\infty}G_j B^j\Big)\varepsilon_t=\Big(1-\sum_{i=1}^{q}\theta_i B^i\Big)\varepsilon_t,$$

上式两边后移算子 B 同次幂的系数应该相等. 于是, 得到

$$G_0 = 1,$$

$$G_1 - \varphi_1 = -\theta_1, \ G_1 = \varphi_1 - \theta_1,$$

$$G_2 - \varphi_1 G_1 - \varphi_2 = -\theta_2, \ G_2 = \varphi_1 G_1 + \varphi_2 - \theta_2 = \varphi_1^2 - \varphi_1 \theta_1 + \varphi_2 - \theta_2,$$

$$\vdots$$

$$(3.2.18)$$

记 $l = \max(p-1, q)$，则有

$$G_j - \varphi_1 G_{j-1} - \varphi_2 G_{j-2} - \cdots - \varphi_p G_{j-p} = 0, \ j > l. \qquad (3.2.19)$$

式（3.2.19）是一个关于解序列 $\{G_j\}$（$j > l$）的齐次差分方程，这个差分方程的特征方程与 ARMA 模型（3.2.16）解序列 $\{X_j\}$ 对应的齐次差分方程的特征方程相同. 由于 ARMA 模型（3.2.16）平稳，故所有特征根的模都小于 1. 按照齐次差分方程通解的表达式，易见，有

$$\lim_{j \to \infty} G_j = 0.$$

事实上，格林函数序列 $\{G_j\}$ 指数衰减趋于 0.

可见，参数 $\varphi_1, \varphi_2, \cdots, \varphi_p$ 决定了格林函数 $\{G_j\}$ 的基本性质. 另外，齐次差分方程（3.2.19）通解中的任意常数，可由式（3.2.18）中的 $G_0, G_1, G_2, \cdots, G_l$ 唯一确定，也即是格林函数 $\{G_j\}$ 由 ARMA 模型（3.2.16）唯一确定.

例 3.2.2　判断 ARMA(2,1) 模型

$$X_t - X_{t-1} + 0.25 X_{t-2} = \varepsilon_t + \varepsilon_{t-1}$$

是否平稳. 如果平稳，求其格林函数和平稳解.

解： 模型自回归部分对应的特征方程为

$$\lambda^2 - \lambda + 0.25 = 0$$

特征根为

$$\lambda_1 = \lambda_2 = 0.5$$

所有特征根的绝对值小于 1，所以模型平稳.

将 $X_t = \displaystyle\sum_{j=0}^{\infty} G_j \varepsilon_{t-j}$ 代入模型得

$$(1 - B + 0.25 B^2)(G_0 + G_1 B + G_2 B^2 + \cdots)\varepsilon_t = (1 + B)\varepsilon_t.$$

于是有

$$G_1 - 1 = 1, \ G_1 = 2,$$

$$G_2 - G_1 + 0.25 = 0,$$

$$G_3 - G_2 + 0.25 G_1 = 0,$$

$$\vdots$$

即有

$$G_j - G_{j-1} + 0.25 G_{j-2} = 0, \ j > 1,$$

由此得

$$G_j = c_1 0.5^j + c_2 j(0.5^j), \quad j > 1,$$

将 $G_0 = 1$，$G_1 = 2$ 代入上式得：$c_1 = 1$，$c_2 = 3$，故有

$$G_j = 0.5^j + 3j(0.5^j), \quad j = 0,1,2,\cdots.$$

所以模型的平稳解为

$$X_t = \sum_{j=0}^{\infty} (0.5^j + 3j(0.5^j)) \varepsilon_{t-j}.$$

一般地，对于 ARMA(2,1) 模型

$$X_t - \varphi_1 X_{t-1} - \varphi_2 X_{t-2} = \varepsilon_t - \theta_1 \varepsilon_{t-1}, \tag{3.2.20}$$

其自回归部分对应的齐次差分方程为

$$\lambda^2 - \varphi_1 \lambda - \varphi_2 = 0, \tag{3.2.21}$$

而由式（3.2.19），格林函数满足

$$G_j - \varphi_1 G_{j-1} - \varphi_2 G_{j-2} = 0, \quad j > 1, \tag{3.2.22}$$

差分方程（3.2.22）的特征方程也是式（3.2.21）. 特征方程（3.2.21）的特征根分为三种情况：

（1）$\lambda_1 = \lambda_2$，则差分方程（3.2.22）的通解为

$$G_j = c_1 \lambda_1^j + c_2 j \lambda_1^j, \tag{3.2.23}$$

由式（3.2.18），$G_0 = 1$，$G_1 = \varphi_1 - \theta_1$，代入式（3.2.23）得

$$c_1 = 1, \quad c_2 = \frac{\varphi_1 - \theta_1 - \lambda_1}{\lambda_1},$$

所以格林函数为

$$G_j = \lambda_1^j + (\varphi_1 - \theta_1 - \lambda_1) j \lambda_1^{j-1}, \quad j = 0,1,2,\cdots. \tag{3.2.24}$$

（2）$\lambda_1 \neq \lambda_2$，λ_1，λ_2 为实数，则差分方程（3.2.22）的通解为

$$G_j = c_1 \lambda_1^j + c_2 \lambda_2^j, \tag{3.2.25}$$

类似地，将 $G_0 = 1$，$G_1 = \varphi_1 - \theta_1$ 代入式（3.2.25），得

$$c_1 = \frac{\lambda_1 - \theta_1}{\lambda_1 - \lambda_2}, c_2 = \frac{\lambda_2 - \theta_1}{\lambda_2 - \lambda_1},$$

于是格林函数为

$$G_j = \frac{\lambda_1 - \theta_1}{\lambda_1 - \lambda_2} \lambda_1^j + \frac{\lambda_2 - \theta_1}{\lambda_2 - \lambda_1} \lambda_2^j, \quad j = 0,1,2,\cdots. \tag{3.2.26}$$

（3）$\lambda_1 \neq \lambda_2$，λ_1，λ_2 是一对共轭复数，设

$$\lambda_1 = \alpha + i\beta = \gamma e^{i\omega} = \gamma\cos\omega + i\gamma\sin\omega,$$

$$\lambda_2 = \alpha - i\beta = \gamma e^{-i\omega} = \gamma\cos\omega - i\gamma\sin\omega,$$

其中 $\alpha = \dfrac{1}{2}\varphi_1$，$\beta = \dfrac{1}{2}\sqrt{-\varphi_1^2 - 4\varphi_2}$，$\gamma = \sqrt{\alpha^2 + \beta^2} = \sqrt{-\varphi_2}$，$\cos\omega = \dfrac{\alpha}{\sqrt{\alpha^2 + \beta^2}} =$

$$\frac{\varphi_1}{2\sqrt{-\varphi_2}}, \quad \sin\omega = \frac{\beta}{\sqrt{\alpha^2 + \beta^2}}.$$

这时，

$$c_1 = \frac{\lambda_1 - \theta_1}{\lambda_1 - \lambda_2} = \frac{\gamma e^{i\omega} - \theta_1}{\gamma e^{i\omega} - \gamma e^{-i\omega}} = \frac{1}{2} + i\,\frac{1}{2}\frac{-\varphi_1 + 2\theta_1}{\sqrt{-\varphi_1^2 - 4\varphi_2}},$$

$$c_2 = \frac{\lambda_2 - \theta_1}{\lambda_2 - \lambda_1} = \frac{\gamma e^{-i\omega} - \theta_1}{\gamma e^{-i\omega} - \gamma e^{i\omega}} = \frac{1}{2} - i\,\frac{1}{2}\frac{-\varphi_1 + 2\theta_1}{\sqrt{-\varphi_1^2 - 4\varphi_2}},$$

令

$$c = |c_1| = |c_2| = \sqrt{\left(\frac{1}{2}\right)^2 + \left(\frac{1}{2}\frac{-\varphi_1 + 2\theta_1}{\sqrt{-\varphi_1^2 - 4\varphi_2}}\right)^2} = \frac{1}{2}\sqrt{1 + \left(\frac{-\varphi_1 + 2\theta_1}{\sqrt{-\varphi_1^2 - 4\varphi_2}}\right)^2},$$

$$\varpi = \arctan\left(\frac{\dfrac{1}{2}\dfrac{-\varphi_1 + 2\theta_1}{\sqrt{-\varphi_1^2 - 4\varphi_2}}}{\dfrac{1}{2}}\right) = \arctan\left(\frac{-\varphi_1 + 2\theta_1}{\sqrt{-\varphi_1^2 - 4\varphi_2}}\right),$$

则有

$$c_1 = c e^{i\varpi}, \quad c_2 = c e^{-i\varpi}.$$

所以格林函数为

$$\begin{aligned}
G_j &= c_1 \lambda_1^j + c_2 \lambda_2^j \\
&= c e^{i\varpi}\,(\gamma e^{i\omega})^j + c e^{-i\varpi}\,(\gamma e^{-i\omega})^j \\
&= c\gamma^j \left[e^{i(\varpi + j\omega)} + e^{-i(\varpi + j\omega)} \right] \\
&= 2c\gamma^j \cos(\varpi + j\omega), j = 0,1,2,\cdots
\end{aligned} \tag{3.2.27}$$

可见，特征根为复数时，格林函数序列 $\{G_j\}$ 也是实数序列.

例 3.2.3 判断模型

$$X_t + \frac{1}{2}X_{t-1} + \frac{1}{4}X_{t-2} = \varepsilon_t$$

是否平稳. 若平稳，求其格林函数.

解：模型对应的特征方程为

$$\lambda^2 + \frac{1}{2}\lambda + \frac{1}{4} = 0,$$

由此得特征根为

$$\lambda_1, \lambda_2 = -\frac{1}{4} \pm \frac{\sqrt{3}}{4}i = \frac{1}{2}e^{\pm\frac{2\pi}{3}i},$$

因为 $|\lambda_1| = |\lambda_2| = \dfrac{1}{2} < 1$，所以模型平稳.

由式（3.2.27），这里

$$\varphi_1 = -\frac{1}{2}, \ \varphi_2 = -\frac{1}{4}, \ \gamma = \frac{1}{2}, \ \omega = \frac{2\pi}{3},$$

$$c = \frac{1}{2}\sqrt{1 + \left(\frac{\frac{1}{2}}{\sqrt{-\frac{1}{4}+1}}\right)^2} = \frac{\sqrt{3}}{3}, \ \varpi = \arctan\left(\frac{\frac{1}{2}}{\sqrt{-\frac{1}{4}+1}}\right) = \arctan\frac{\sqrt{3}}{3} = \frac{\pi}{6},$$

得格林函数为

$$G_j = 2c\gamma^j \cos(\varpi + j\omega)$$

$$= \frac{2\sqrt{3}}{3}\left(\frac{1}{2}\right)^j \cos\left(\frac{\pi}{6} + j\frac{2\pi}{3}\right), \ j = 0,1,2,\cdots$$

对于平稳的 AR(2) 模型，令式（3.2.24）、式（3.2.26）和式（3.2.27）中 $\theta_1 = 0$，即得到其不同特征根情况下的格林函数表达式.

令 ARMA(2,1) 模型（3.2.20）中 $\varphi_2 = 0$，则得到 ARMA(1,1) 模型的特征根满足

$$\begin{cases} \lambda_1 \lambda_2 = -\varphi_2 = 0, \\ \lambda_1 + \lambda_2 = \varphi_1. \end{cases}$$

从而

$$\lambda_1 = \varphi_1, \ \lambda_2 = 0.$$

所以，ARMA(1,1) 模型的格林函数为（令 $0^0 = 1$）

$$G_j = \frac{\lambda_1 - \theta_1}{\lambda_1 - 0}\lambda_1^j + \frac{0 - \theta_1}{0 - \lambda_1}0^j.$$

$$= \begin{cases} 1, & j = 0, \\ (\lambda_1 - \theta_1)\lambda_1^{j-1}, & j \geqslant 1, \end{cases}$$

$$= \begin{cases} 1, & j = 0, \\ (\varphi_1 - \theta_1)\varphi_1^{j-1}, & j \geqslant 1. \end{cases}$$

接下来介绍求解格林函数的第二种方法——级数展开法.

例 3.2.4 AR(1) 模型

$$X_t - \varphi_1 X_{t-1} = \varepsilon_t,$$

可以写成

$$(1 - \varphi_1 B)X_t = \varepsilon_t,$$

变形得

$$X_t = \frac{\varepsilon_t}{1 - \varphi_1 B}$$

$$= \left(\sum_{j=0}^{\infty} \varphi_1^j B^j\right)\varepsilon_t$$

$$= \sum_{j=0}^{\infty} \varphi_1^j \varepsilon_{t-j}.$$

于是得格林函数为

$$G_j = \varphi_1^j, \ j = 0, 1, 2, \cdots$$

例 3.2.5 求解格林函数使用的就是级数展开法，该方法是在模型平稳的条件下，通过后移算子 B 的有理函数的级数展开，确定格林函数的表达式.

例 3.2.6 对于 ARMA(2,1) 模型

$$(1 - \varphi_1 B - \varphi_2 B^2) X_t = (1 - \theta_1 B) \varepsilon_t.$$

若设两个特征根 λ_1，λ_2 不同，即 $\lambda_1 \neq \lambda_2$，则有

$$
\begin{aligned}
X_t &= \frac{1 - \theta_1 B}{1 - \varphi_1 B - \varphi_2 B^2} \varepsilon_t \\
&= \frac{1 - \theta_1 B}{(1 - \lambda_1 B)(1 - \lambda_2 B)} \varepsilon_t \\
&= \left(\frac{\lambda_1 - \theta_1}{\lambda_1 - \lambda_2} \times \frac{1}{1 - \lambda_1 B} + \frac{\lambda_2 - \theta_1}{\lambda_2 - \lambda_1} \times \frac{1}{1 - \lambda_2 B} \right) \varepsilon_t \\
&= \left[\frac{\lambda_1 - \theta_1}{\lambda_1 - \lambda_2} \times \left(\sum_{j=0}^{\infty} \lambda_1^j B^j \right) + \frac{\lambda_2 - \theta_1}{\lambda_2 - \lambda_1} \times \left(\sum_{j=0}^{\infty} \lambda_2^j B^j \right) \right] \varepsilon_t \\
&= \sum_{j=0}^{\infty} \left(\frac{\lambda_1 - \theta_1}{\lambda_1 - \lambda_2} \lambda_1^j + \frac{\lambda_2 - \theta_1}{\lambda_2 - \lambda_1} \lambda_2^j \right) \varepsilon_{t-j}
\end{aligned}
$$

于是得到格林函数为

$$G_j = \frac{\lambda_1 - \theta_1}{\lambda_1 - \lambda_2} \lambda_1^j + \frac{\lambda_2 - \theta_1}{\lambda_2 - \lambda_1} \lambda_2^j, \ j = 0, 1, 2, \cdots$$

这一结果当然与式（3.2.26）一样.

3.2.4 平稳性条件的参数形式

由定理 3.2.2 知，ARMA(p,q) 模型（3.2.7）平稳的充分必要条件是特征方程（3.2.9）的特征根 $\lambda_j (i = 1, 2, \cdots, p)$ 满足：

$$|\lambda_j| < 1, \ j = 1, 2, \cdots, p \tag{3.2.28}$$

事实上，模型的平稳性条件也可以用模型的参数来表示.

例 3.2.7 AR(1) 模型

$$X_t - \varphi_1 X_{t-1} = \varepsilon_t$$

的特征根为 $\lambda = \varphi_1$，故 $|\lambda| < 1$ 等价于 $|\varphi_1| < 1$. 所以，$|\varphi_1| < 1$ 也是 AR(1) 模型平稳的充分必要条件.

例 3.2.8 对于 AR(2) 模型

$$X_t - \varphi_1 X_{t-1} - \varphi_2 X_{t-2} = \varepsilon_t.$$

由特征方程

$$\lambda^2 - \varphi_1\lambda - \varphi_2 = 0,$$

得特征根λ_1，λ_2有

$$\lambda_1 + \lambda_2 = \varphi_1, \ \lambda_1\lambda_2 = -\varphi_2,$$

若$|\lambda_1| < 1$，$|\lambda_2| < 1$，则

$$|\varphi_2| = |\lambda_1\lambda_2| \leq |\lambda_1||\lambda_2| < 1,$$

$$\varphi_1 + \varphi_2 = \lambda_1 + \lambda_2 - \lambda_1\lambda_2 = \lambda_1(1 - \lambda_2) + \lambda_2 < 1 - \lambda_2 + \lambda_2 = 1,$$

$$\varphi_2 - \varphi_1 = -\lambda_1\lambda_2 - (\lambda_1 + \lambda_2) = -\lambda_1(1 + \lambda_2) - \lambda_2 < 1 + \lambda_2 - \lambda_2 = 1,$$

反之，可以证明：如果$|\varphi_2| < 1$，$\varphi_1 + \varphi_2 < 1$，$\varphi_2 - \varphi_1 < 1$，则有$|\lambda_1| < 1$，$|\lambda_2| < 1$.

所以，AR(2)模型平稳的充分必要条件是模型参数满足下面三个条件：

（1）$\varphi_1 + \varphi_2 < 1$；

（2）$\varphi_2 - \varphi_1 < 1$；

（3）$|\varphi_2| < 1$.

图 3.2.1 所示的三角形区域内，就是满足平稳性条件的 AR(2)模型参数 φ_1，φ_2 应该取值的范围，该区域也称为平稳域.

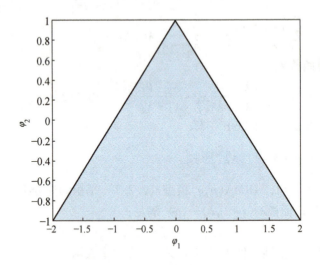

图 3.2.1　AR(2)模型的平稳域

一般地，对于 AR(p)模型

$$X_t - \varphi_1 X_{t-1} - \varphi_2 X_{t-2} - \cdots - \varphi_p X_{t-p} = \varepsilon_t. \tag{3.2.29}$$

可以借助表 3.2.1 来给出参数形式的模型平稳的充分必要条件. 其中，

$$\varphi_0 = -1$$

$$a_i = \begin{vmatrix} \varphi_0 & \varphi_{p-i} \\ \varphi_p & \varphi_i \end{vmatrix} = \varphi_0\varphi_i - \varphi_p\varphi_{p-i},\ i = 0,1,\cdots,p-1,$$

$$b_i = \begin{vmatrix} a_0 & a_{p-1-i} \\ a_{p-1} & a_i \end{vmatrix} = a_0 a_i - a_{p-1}a_{p-1-i},\ i = 0,1,\cdots,p-2,$$

等.

表 3.2.1　与模型平稳有关的参数计算

参　　数						
φ_0	φ_1	φ_2	$\cdots$	φ_{p-2}	φ_{p-1}	φ_p
φ_p	φ_{p-1}	φ_{p-2}	$\cdots$	φ_2	φ_1	φ_0
a_0	a_1	a_2	$\cdots$	a_{p-2}	a_{p-1}	
a_{p-1}	a_{p-2}	a_{p-3}	$\cdots$	a_1	a_0	
b_0	b_1	b_2	$\cdots$	b_{p-2}		
b_{p-2}	b_{p-3}	b_{p-4}	$\cdots$	b_0		
$\vdots$	$\vdots$	$\vdots$	$\vdots$			
c_0	c_1	c_2				

AR(p) 模型（3.2.29）平稳的充分必要条件是模型参数满足如下的 $p+1$ 个条件：

（1）$\varphi_1 + \varphi_2 + \cdots + \varphi_p < 1$；

（2）$-\varphi_1 + \varphi_2 - \varphi_3 + \cdots + (-1)^p\varphi_p < 1$；

（3）$|\varphi_p| < |\varphi_0| = 1$；

（4）$|a_{p-1}| < |a_0|$；

（5）$|b_{p-2}| < |b_0|$；

$\qquad\vdots$

$(p+1)$　$|c_2| < |c_0|$.

注意到特征方程（3.2.9）与模型（3.2.7）移动平均部分的参数 θ_1，θ_2，$\cdots$，θ_q 无关，只与自回归部分的参数 φ_1，φ_2，$\cdots$，φ_p 有关. 所以，AR(p) 模型的平稳性条件就是 ARMA(p,q) 模型的平稳性条件. 显然，移动平均模型都是平稳的.

例 3.2.9　考察下列模型

（1）$X_t = 0.7X_{t-1} + \varepsilon_t$；

（2）$X_t = X_{t-1} + 0.7X_{t-2} + \varepsilon_t$；

（3）$X_t = 0.3X_{t-1} - 0.7X_{t-2} + 0.5X_{t-3} + \varepsilon_t$

的平稳性.

解：（1）因为 $|\varphi_1| = 0.7 < 1$，所以模型平稳；

（2）因为 $\varphi_1 + \varphi_2 = 1.7 > 1$，所以模型不平稳；

（3）因为 $\varphi_1 + \varphi_2 + \varphi_3 = 0.1 < 1$，$-\varphi_1 + \varphi_2 - \varphi_3 = -1.5 < 1$，

$|\varphi_3| = 0.5 < 1$，$|a_2| = |\varphi_0 \varphi_2 - \varphi_3 \varphi_1| = 0.55 < |a_0| = |\varphi_0 \varphi_0 - \varphi_3 \varphi_3| = 0.75$，

所以模型平稳.

3.3　可逆性和逆函数

前面看到在一定的条件下，ARMA 模型（3.1.2）与它的平稳解形式等价.平稳解是将 ARMA 模型中 X_t，用 t 时刻和 t 时刻以前的白噪声 ε_t，ε_{t-1}，ε_{t-2}，$\cdots$ 的线性组合来表示. 或者说，ARMA 模型被表示成一个 MA(∞)模型. 反之，在一定的条件下，也可以将白噪声 ε_t，用 t 时刻和 t 时刻以前的序列 X_t，X_{t-1}，X_{t-2}，$\cdots$的线性组合表示，即 ARMA 模型也可以表示成一个 AR(∞)模型.

3.3.1　逆转形式和逆函数

若设 ARMA(p,q)模型

$$X_t - \varphi_1 X_{t-1} - \varphi_2 X_{t-2} - \cdots - \varphi_p X_{t-p} = \varepsilon_t - \theta_1 \varepsilon_{t-1} - \theta_2 \varepsilon_{t-2} - \cdots - \theta_q \varepsilon_{t-q}$$

$$(3.3.1)$$

中序列 $\{X_t\}$ 平稳且已知，则可以通过求解 q 阶非齐次线性差分方程（3.3.1），得到白噪声序列 $\{\varepsilon_t\}$. 这时，方程（3.3.1）对应的齐次差分方程为

$$\varepsilon_t - \theta_1 \varepsilon_{t-1} - \theta_2 \varepsilon_{t-2} - \cdots - \theta_q \varepsilon_{t-q} = 0,\qquad (3.3.2)$$

特征方程为

$$\lambda^q - \theta_1 \lambda^{q-1} - \theta_2 \lambda^{q-2} - \cdots - \theta_q = 0.\qquad (3.3.3)$$

记特征方程（3.3.3）的特征根为 $\eta_1, \eta_2, \cdots, \eta_q$，这些特征根可能是单根、重根或复根. 与上一节中齐次差分方程（3.2.8）通解的讨论类似，同样可以分情况求得齐次差分方程（3.3.2）的通解. 例如，如果所有特征根为单根，则方程（3.3.2）的通解为

$$\varepsilon_t = \sum_{j=1}^{q} c_j \eta_j^t,\qquad (3.3.4)$$

其中 c_j 为任意实数.

类似地，非齐次差分方程（3.3.1）有一个特解为

$$\varepsilon_t = X_t - \sum_{j=1}^{\infty} \pi_j X_{t-j} = \sum_{j=0}^{\infty} (-\pi_j) X_{t-j},$$

其中 $\pi_0 = -1$. 于是非齐次差分方程（3.3.1）的通解为

$$\varepsilon_t = g(t) + \sum_{j=0}^{\infty} (-\pi_j) X_{t-j}, \tag{3.3.5}$$

其中 $g(t)$ 是形如式 (3.3.4) 等的函数.

类似地, 如果特征方程 (3.3.3) 的特征根 $\eta_1, \eta_2, \cdots, \eta_q$ 中, 有一个特征根的模大于或者等于 1, 则通解 (3.3.5) 的解序列 $\{\varepsilon_t\}$ 不平稳. 只有当所有特征根的模都小于 1 时, 即 $|\eta_j| < 1$ $(j = 1, 2, \cdots, q)$ 时, 有

$$\lim_{t \to \infty} g(t) = 0, \lim_{t \to \infty} \varepsilon_t = \sum_{j=0}^{\infty} (-\pi_j) X_{t-j},$$

这时 $\sum_{j=0}^{\infty} (-\pi_j) X_{t-j}$ 均方收敛.

定义 3.3.1 称特征方程 (3.3.3) 的所有特征根的模都小于 1, 即 $|\eta_j| < 1$ $(j = 1, 2, \cdots, q)$ 时, 非齐次差分方程 (3.3.1) 的解

$$\varepsilon_t = \sum_{j=0}^{\infty} (-\pi_j) X_{t-j} \tag{3.3.6}$$

为 $ARMA(p, q)$ 模型 (3.3.1) 的逆转形式. 称系数函数 $\pi_j (j = 0, 1, 2, \cdots)$ 为 $ARMA(p, q)$ 模型 (3.3.1) 的逆函数. 这时称 $ARMA(p, q)$ 模型 (3.3.1) 可逆或者说具有可逆性, 称序列 $\{X_t\}$ 是可逆 $ARMA(p, q)$ 序列 (或过程).

注 3.3.1 事实上, 平稳性和可逆性是 ARMA 模型两种不同的性质. 平稳的模型不一定可逆, 比如, 例 3.2.2 中模型是平稳的, 但不是可逆的. 反之也一样, 可逆的模型不一定平稳.

注 3.3.2 (1) 任一有限阶的自回归模型 $AR(p)$ $(p \geq 1)$ 总是可逆的, 模型本身就是它的逆转形式, 其逆函数为

$$I_0 = -1, I_j = \varphi_j, j = 1, 2, \cdots, p.$$
$$I_j = 0, j > p.$$

在平稳性条件下, 模型 $AR(p)$ 等价于某个无限阶的移动平均模型 $MA(\infty)$.

(2) 任一有限阶的移动平均模型 $MA(q)$ $(q \geq 1)$ 总是平稳的, 在可逆性条件下, 它等价于某个无限阶的自回归模型 $AR(\infty)$.

(3) $p \geq 1$, $q \geq 1$ 时, 自回归移动平均模型 $ARMA(p, q)$ 在平稳性条件下, 它等价于某个无限阶的移动平均模型 $MA(\infty)$. 在可逆性条件下, 它也等价于某个无限阶的自回归模型 $AR(\infty)$.

注 3.3.3 以后讨论的 ARMA 模型 (3.1.2), 一般都假设它们既平稳又可逆. 这时, ARMA 模型或者时间序列 $\{X_t\}$ 具有三种等价的表达形式: 一种是差分方程形式 (3.1.2), 一种是平稳解形式 (3.2.15), 一种是逆转形式 (3.3.6).

定理 3.3.1 $ARMA(p, q)$ 模型 (3.3.1) 存在唯一逆转形式 (3.3.6) 的充分必要条件是齐次差分方程 (3.3.2) 的特征方程 (3.3.3) 的特征根 $\eta_j (j = 1, 2,$

$\cdots,q)$满足：$|\eta_j| < 1 \ (j = 1,2,\cdots,q)$.

3.3.2 逆函数的求解

逆函数的求解与格林函数的求解类似，常用的有比较系数法和级数展开法.

例 3.3.1　对于 MA(1) 模型

$$X_t = \varepsilon_t - \theta_1 \varepsilon_{t-1}, \tag{3.3.7}$$

移动平均部分对应的特征方程为

$$\lambda - \theta_1 = 0,$$

特征根为

$$\lambda = \theta_1,$$

如果 $|\lambda| = |\theta_1| < 1$，则该模型可逆.

可以用比较系数法求逆函数. 设 $\varepsilon_t = \sum_{j=0}^{\infty} (-\pi_j) X_{t-j} = \left[\sum_{j=0}^{\infty} (-\pi_j) B^j \right] X_t$，代入式 (3.3.7) 得

$$X_t = (1 - \theta_1 B) \varepsilon_t$$

$$= (1 - \theta_1 B) \left[\sum_{j=0}^{\infty} (-\pi_j) B^j \right] X_t,$$

于是有

$$\pi_0 = -1,$$
$$0 = -\pi_1 - \theta_1, \ \pi_1 = -\theta_1,$$
$$0 = -\pi_2 + \theta_1 \pi_1, \ \pi_2 = -\theta_1^2,$$
$$\vdots$$
$$0 = -\pi_j + \theta_1 \pi_{j-1}, \ j = 1,2,\cdots$$

故模型的逆函数为

$$\pi_j = -\theta_1^j, \ j = 0,1,2,\cdots$$

也可以用级数展开法求逆函数. 由式 (3.3.7) 得

$$X_t = (1 - \theta_1 B) \varepsilon_t.$$

于是

$$\varepsilon_t = \frac{1}{1 - \theta_1 B} X_t$$

$$= \left(\sum_{j=0}^{\infty} \theta_1^j B^j \right) X_t$$

$$= \sum_{j=0}^{\infty} \theta_1^j X_{t-j}.$$

这是模型的逆转形式，故逆函数为

$$\pi_j = -\theta_1^j, \ j = 0,1,2,\cdots \qquad (3.3.8)$$

3.3.3 对偶性

上节已知，AR(1)模型

$$X_t - \varphi_1 X_{t-1} = \varepsilon_t$$

的格林函数为

$$G_j = \varphi_1^j, \ j = 0,1,2,\cdots \qquad (3.3.9)$$

比较式（3.3.8）与式（3.3.9），可见，在 AR(1)模型的格林函数（3.3.9）中，用 $-\pi_j$ 替换 G_j，用 θ 替换 φ，就得到 MA(1)模型的逆函数（3.3.8）.

再来比较 MA(1)模型

$$X_t = \varepsilon_t - \theta_1 \varepsilon_{t-1}$$

的格林函数

$$G_0 = 1, G_1 = -\theta_1, \ G_j = 0, j > 1 \qquad (3.3.10)$$

与 AR(1)模型的逆函数

$$\pi_0 = -1, \pi_1 = \varphi_1, \ \pi_j = 0, j > 1 \qquad (3.3.11)$$

可见，只要在 MA(1)模型的格林函数（3.3.10）中，用 $-\pi_j$ 替换 G_j，用 φ 替换 θ，就得到 AR(1)模型的逆函数（3.3.11）.

这种在一个模型的格林函数式中，用 $-\pi_j$ 替换 G_j，用 φ 与 θ 互换，就得到另一个模型的逆函数的现象称为对偶性，这两个模型称为对偶模型. 显然，使用相同的替换，也可以由一个模型的逆函数，求其对偶模型的格林函数. 事实上，对于任意的正整数 p 和 q，AR(p)模型与 MA(p)模型对偶，ARMA(p,q)模型与 ARMA(q,p)模型对偶.

例 3.3.2 设 MA(2)模型和 AR(2)模型分别对应的特征根都是单根，求 MA(2)模型的逆函数和 AR(2)模型的格林函数.

解： 由上节知，AR(2)模型

$$X_t - \varphi_1 X_{t-1} - \varphi_2 X_{t-2} = \varepsilon_t$$

的格林函数满足

$$G_0 = 1,$$
$$G_1 = \varphi_1,$$
$$G_j - \varphi_1 G_{j-1} - \varphi_2 G_{j-2} = 0, \ j > 1, \qquad (3.3.12)$$

得到格林函数为

$$G_j = \frac{\lambda_1}{\lambda_1 - \lambda_2}\lambda_1^j + \frac{\lambda_2}{\lambda_2 - \lambda_1}\lambda_2^j, \ j = 0,1,2,\cdots \qquad (3.3.13)$$

其中 λ_1，λ_2 满足特征方程 $\lambda^2 - \varphi_1 \lambda - \varphi_2 = 0$，即

$$\lambda_1, \lambda_2 = \frac{\varphi_1 \pm \sqrt{\varphi_1^2 + 4\varphi_2}}{2}. \tag{3.3.14}$$

对于 MA(2) 模型

$$X_t = \varepsilon_t - \theta_1 \varepsilon_{t-1} - \theta_2 \varepsilon_{t-2},$$

其逆函数的求解，可以直接得到，也可以利用对偶性得到.

如果直接求解，这时逆函数满足

$$\pi_0 = -1,$$
$$\pi_1 = -\theta_1,$$
$$\pi_j - \theta_1 \pi_{j-1} - \theta_2 \pi_{j-2} = 0, \ j > 1, \tag{3.3.15}$$

于是得到逆函数为

$$\pi_j = -\frac{\eta_1}{\eta_1 - \eta_2}\eta_1^j - \frac{\eta_2}{\eta_2 - \eta_1}\eta_2^j, \ j = 0, 1, 2, \cdots \tag{3.3.16}$$

其中 η_1，η_2 满足特征方程 $\lambda^2 - \theta_1 \lambda - \theta_2 = 0$，即

$$\eta_1, \eta_2 = \frac{\theta_1 \pm \sqrt{\theta_1^2 + 4\theta_2}}{2}. \tag{3.3.17}$$

可见，式 (3.3.15)、式 (3.3.16) 和式 (3.3.17)，也可以分别由式 (3.3.12)、式 (3.3.13) 和式 (3.3.14) 中，用 $-\pi_j$ 替换 G_j，用 φ 与 θ 互换得到.

一般地，MA(p) 模型

$$X_t = \varepsilon_t - \theta_1 \varepsilon_{t-1} - \theta_2 \varepsilon_{t-2} - \cdots - \theta_p \varepsilon_{t-p}$$

的逆函数满足方程

$$\pi_0 = -1,$$
$$\pi_1 = -\theta_1,$$
$$\pi_2 = \theta_1 \pi_1 - \theta_2,$$
$$\pi_3 = \theta_1 \pi_2 + \theta_2 \pi_1 - \theta_3,$$
$$\vdots$$
$$\pi_j = \theta_1 \pi_{j-1} + \theta_2 \pi_{j-2} + \cdots + \theta_p \pi_{j-p}, \ j \geqslant p. \tag{3.3.18}$$

而 AR(p) 模型

$$X_t - \varphi_1 X_{t-1} - \varphi_2 X_{t-2} - \cdots - \varphi_p X_{t-p} = \varepsilon_t.$$

的格林函数满足方程

$$G_0 = 1,$$
$$G_1 = \varphi_1,$$
$$G_2 = \varphi_1 G_1 + \varphi_2,$$
$$G_3 = \varphi_1 G_2 + \varphi_2 G_1 + \varphi_3,$$

$$\vdots$$

$$G_j = \varphi_1 G_{j-1} + \varphi_2 G_{j-2} + \cdots + \varphi_p G_{j-p}, \; j \geqslant p \tag{3.3.19}$$

可见，式（3.3.19）可由式（3.3.18）通过对偶性得到.

例 3.3.3　设 ARMA(2,1)模型和 ARMA(1,2)模型分别对应的特征根都是单根，求 ARMA(2,1)的格林函数和 ARMA(1,2)的逆函数.

解：由上节知，ARMA(2,1)模型

$$X_t - \varphi_1 X_{t-1} - \varphi_2 X_{t-2} = \varepsilon_t - \theta_1 \varepsilon_{t-1}$$

的格林函数满足

$$G_0 = 1,$$
$$G_1 = \varphi_1 - \theta_1,$$
$$G_j - \varphi_1 G_{j-1} - \varphi_2 G_{j-2} = 0, \; j > 1, \tag{3.3.20}$$

得到格林函数为

$$G_j = \frac{\lambda_1 - \theta_1}{\lambda_1 - \lambda_2} \lambda_1^j + \frac{\lambda_2 - \theta_1}{\lambda_2 - \lambda_1} \lambda_2^j, \; j = 0,1,2,\cdots \tag{3.3.21}$$

其中 λ_1，λ_2 满足特征方程 $\lambda^2 - \varphi_1 \lambda - \varphi_2 = 0$，即

$$\lambda_1, \lambda_2 = \frac{\varphi_1 \pm \sqrt{\varphi_1^2 + 4\varphi_2}}{2}. \tag{3.3.22}$$

ARMA(1,2)模型

$$X_t - \varphi_1 X_{t-1} = \varepsilon_t - \theta_1 \varepsilon_{t-1} - \theta_2 \varepsilon_{t-2}$$

的逆函数满足

$$\pi_0 = -1,$$
$$\pi_1 = \varphi_1 - \theta_1,$$
$$\pi_j - \theta_1 \pi_{j-1} - \theta_2 \pi_{j-2} = 0, \; j > 1, \tag{3.3.23}$$

得到逆函数为

$$\pi_j = -\frac{\eta_1 - \varphi_1}{\eta_1 - \eta_2} \eta_1^j - \frac{\eta_2 - \varphi_1}{\eta_2 - \eta_1} \eta_2^j, \; j = 0,1,2,\cdots \tag{3.3.24}$$

其中 η_1，η_2 满足特征方程 $\lambda^2 - \theta_1 \lambda - \theta_2 = 0$，即

$$\eta_1, \eta_2 = \frac{\theta_1 \pm \sqrt{\theta_1^2 + 4\theta_2}}{2}. \tag{3.3.25}$$

由式（3.3.20）~式（3.3.25）可见，ARMA(2,1)模型与 ARMA(1,2)模型对偶.

一般地，设 ARMA 模型为

$$\Phi(B) X_t = \Theta(B) \varepsilon_t, \tag{3.3.26}$$

其中

$$\Phi(B) = 1 - \sum_{i=1}^{\infty} \varphi_i B^i, \quad \Theta(B) = 1 - \sum_{i=1}^{\infty} \theta_i B^i,$$

则有

$$X_t = \frac{\Theta(B)}{\Phi(B)} \varepsilon_t = \sum_{j=0}^{\infty} G_j \varepsilon_{t-j},$$

$$\varepsilon_t = \frac{\Phi(B)}{\Theta(B)} X_t = \sum_{j=0}^{\infty} (-\pi_j) X_{t-j},$$

例 3.3.4 求模型

$$X_t = \varepsilon_t - 0.9\varepsilon_{t-1} + 0.18\varepsilon_{t-2}$$

的逆转形式.

解: 将模型改写成

$$X_t = (1 - 0.9B + 0.18B^2) \varepsilon_t$$
$$= (1 - 0.6B)(1 - 0.3B) \varepsilon_t,$$

于是得逆转形式为

$$\varepsilon_t = \frac{1}{(1 - 0.6B)(1 - 0.3B)} X_t$$

$$= \left(\frac{2}{1 - 0.6B} - \frac{1}{1 - 0.3B} \right) X_t$$

$$= \sum_{j=0}^{\infty} [2(0.6)^j - (0.3)^j] X_{t-j}.$$

3.3.4 可逆性条件的参数形式

ARMA(p,q) 模型（3.3.1）是否可逆，取决于其移动平均部分的参数 θ_1, $\theta_2, \cdots, \theta_q$，而与其自回归部分的参数 $\varphi_1, \varphi_2, \cdots, \varphi_p$ 无关. 所以，ARMA(p,q) 模型的可逆性条件与 MA(q) 模型的可逆性条件相同.

MA(1) 模型

$$X_t = \varepsilon_t - \theta_1 \varepsilon_{t-1}$$

的特征根为 $\eta_1 = \theta_1$，故 $|\eta_1| < 1$ 等价于 $|\theta_1| < 1$. 所以，$|\theta_1| < 1$ 也是 MA(1) 模型可逆的充分必要条件.

对于 MA(2) 模型

$$X_t = \varepsilon_t - \theta_1 \varepsilon_{t-1} - \theta_2 \varepsilon_{t-2}$$

可以证明模型的特征根 η_1, η_2 满足 $|\eta_1| < 1$, $|\eta_2| < 1$，等价于模型的参数满足：

（1）$\theta_1 + \theta_2 < 1$;

（2）$\theta_2 - \theta_1 < 1$;

（3）$|\theta_2| < 1$.

所以，条件（1）~（3）也是 MA（2）模型可逆的充分必要条件.

同样，类似于 3.2.4 节中，高阶 AR 模型平稳的参数形式的充分必要条件，可以得到高阶 MA 模型可逆的参数形式的充分必要条件，这里不再赘述.

例 3.3.5 判断下列模型是否平稳、是否可逆.

（1） $X_t = \varepsilon_t - 0.57\varepsilon_{t-1}$；

（2） $X_t - X_{t-1} = \varepsilon_t - 1.32\varepsilon_{t-1} + 0.32\varepsilon_{t-2}$；

（3） $X_t - X_{t-1} = \varepsilon_t - 1.32\varepsilon_{t-1} + 0.42\varepsilon_{t-2}$.

解：（1）显然，模型平稳.

由 $\theta_1 = 0.57 < 1$，所以，模型可逆.

（2） $\varphi_1 = 1$，不满足平稳性条件，所以模型不平稳.

由 $\theta_1 = 1.32$，$\theta_2 = -0.32$，有 $\theta_1 + \theta_2 = 1$，不满足可逆性条件，故模型不可逆.

（3） $\varphi_1 = 1$，模型不平稳.

由 $\theta_1 = 1.32$，$\theta_2 = -0.42$，有

$$\theta_1 + \theta_2 = 0.9 < 1, \quad \theta_2 - \theta_1 = -1.74 < 1, \quad |\theta_2| = 0.42 < 1$$

所以，满足可逆性条件，故模型可逆.

3.4 自相关函数和偏自相关函数

自相关函数（也称为自相关系数）（Autocorrelation Function，ACF）和偏自相关函数（也称为偏自相关系数）（Partial Autocorrelation Function，PACF），研究的是时间序列中变量与其延迟变量之间的相关关系，它们是时域分析方法的基础. ARMA(p,q) 模型（3.1.2）中，序列 $\{X_t\}$ 的自相关函数和偏自相关函数，通常也称为模型（3.1.2）的自相关函数和偏自相关函数，它们的性质对该模型的识别和参数估计等起着重要的作用.

3.4.1 自相关函数

设 $\{X_t\}$ 为平稳时间序列，则对任意整数 k，其自协方差函数 γ_k 和自相关函数 ρ_k 分别为式（1.1.1）和式（1.1.2）. 若序列 $\{X_t\}$ 的均值为 0，则其自协方差函数为

$$\gamma_k = E(X_t X_{t-k}) \quad k = 0, \pm 1, \pm 2, \cdots \tag{3.4.1}$$

自相关函数为

$$\rho_k = \frac{\gamma_k}{\gamma_0} = \frac{E(X_t X_{t-k})}{E(X_t^2)} \quad k = 0, \pm 1, \pm 2, \cdots \tag{3.4.2}$$

为简便起见，本节下面都假设序列 $\{X_t\}$ 为零均值的平稳序列. 如果平稳序列

$\{X_t\}$ 的均值不为零，可做类似的推导，得到类似的结论.

易见，自协方差函数 $\gamma_k (k=0, \pm1, \pm2, \cdots)$ 具有如下性质：

（1） $\gamma_0 = \mathrm{Var}(X_t) \geqslant 0$；

（2） $|\gamma_k| \leqslant \gamma_0$；

（3） $\gamma_{-k} = \gamma_k$.

自相关函数 $\rho_k (k=0, \pm1, \pm2, \cdots)$ 具有如下性质：

（1） $\rho_0 = 1$；

（2） $|\rho_k| \leqslant 1$；

（3） $\rho_{-k} = \rho_k$.

可以证明如下定理成立.

定理 3.4.1　对任意整数 k，自协方差函数 γ_k 是非负定函数，即对任意整数 $n>0$，任意 n 时刻 $t_1, t_2, \cdots, t_n$，以及实向量 $(c_1, c_2, \cdots, c_n)$，有

$$\sum_{i,j=1}^{n} c_i \, \gamma_{\,|t_i - t_j|} \, c_j \geqslant 0$$

的充分必要条件是 γ_k 为一平稳时间序列的自协方差函数.

自协方差函数 γ_k 是非负定函数时，也称序列 $\{\gamma_k\}$ 是非负定序列. 类似地，有自相关函数序列 $\{\rho_k\}$ 非负定的充分必要条件是 $\{\rho_k\}$ 为一平稳时间序列的自相关函数序列.

例 3.4.1　求 AR(1) 模型

$$X_t = \varphi_1 X_{t-1} + \varepsilon_t \tag{3.4.3}$$

的自相关函数.

解：用 X_{t-k} 乘以式（3.4.3）两边，并取期望，得

$$E(X_t X_{t-k}) = \varphi_1 E(X_{t-1} X_{t-k}) + E(\varepsilon_t X_{t-k}),$$

当 $k=0$ 时，有

$$E(X_t X_t) = \varphi_1 E(X_{t-1} X_t) + E(\varepsilon_t X_t), \tag{3.4.4}$$

由平稳性知，$X_t = \displaystyle\sum_{j=0}^{\infty} G_j \varepsilon_{t-j}$，故

$$\begin{aligned}
E(\varepsilon_t X_t) &= \sum_{j=0}^{\infty} G_j E(\varepsilon_{t-j} \varepsilon_t) \\
&= G_0 E(\varepsilon_t^2) \\
&= \sigma^2.
\end{aligned}$$

于是式（3.4.4）为

$$\gamma_0 = \varphi_1 \gamma_1 + \sigma^2, \tag{3.4.5}$$

当 $k=1$ 时，有

$$E(X_t X_{t-1}) = \varphi_1 E(X_{t-1} X_{t-1}) + E(\varepsilon_t X_{t-1})$$

$$\gamma_1 = \varphi_1 \gamma_0. \tag{3.4.6}$$

将式 (3.4.6) 代入式 (3.4.5), 得

$$\gamma_0 = \frac{\sigma^2}{1 - \varphi_1^2}, \tag{3.4.7}$$

当 $k=2$ 时, 有

$$E(X_t X_{t-2}) = \varphi_1 E(X_{t-1} X_{t-2}) + E(\varepsilon_t X_{t-2})$$

$$\gamma_2 = \varphi_1 \gamma_1,$$

以此类推, 得

$$\gamma_k = \varphi_1 \gamma_{k-1} \quad k = 1, 2, \cdots \tag{3.4.8}$$

式 (3.4.8) 是一阶齐次差分方程, 求解得

$$\gamma_k = c\varphi_1^k, \tag{3.4.9}$$

将式 (3.4.7) 代入式 (3.4.9), 得

$$c = \frac{\sigma^2}{1 - \varphi_1^2},$$

故 AR(1) 模型的自协方差函数为

$$\gamma_k = \frac{\sigma^2}{1 - \varphi_1^2} \varphi_1^k \quad k = 0, \pm 1, \pm 2, \cdots \tag{3.4.10}$$

自相关函数为

$$\rho_k = \varphi_1^k \quad k = 0, \pm 1, \pm 2, \cdots \tag{3.4.11}$$

由平稳性知, $|\varphi_1| < 1$. 可见, AR(1) 模型的自相关函数随着 k 的增大, 呈现指数衰减趋于 0, 称这一现象为拖尾性.

例 **3.4.2** 求 AR(2) 模型

$$X_t = \varphi_1 X_{t-1} + \varphi_2 X_{t-2} + \varepsilon_t \tag{3.4.12}$$

的自相关函数.

解: 同样, 用 X_{t-k} 乘以式 (3.4.12) 两边, 并取期望, 可得自协方差函数为

$$\gamma_0 = \frac{1 - \varphi_2}{(1 + \varphi_2)(1 - \varphi_1 - \varphi_2)(1 + \varphi_1 - \varphi_2)} \sigma^2,$$

$$\gamma_1 = \frac{\varphi_1 \gamma_0}{1 - \varphi_2},$$

$$\gamma_k = \varphi_1 \gamma_{k-1} + \varphi_2 \gamma_{k-2}, k = 2, 3, \cdots \tag{3.4.13}$$

于是自相关函数为

$$\rho_0 = 1, \rho_1 = \frac{\varphi_1}{1 - \varphi_2},$$

$$\rho_k = \varphi_1 \rho_{k-1} + \varphi_2 \rho_{k-2}, k = 2, 3, \cdots \tag{3.4.14}$$

由于在平稳性条件下，二阶齐次差分方程（3.4.14）的特征根的模全部都小于1. 所以，AR(2)模型的自相关函数也是随着 k 的增大，指数衰减趋于 0，呈现拖尾性.

一般地，AR$(p)(p \geqslant 1)$ 模型为

$$X_t = \varphi_1 X_{t-1} + \varphi_2 X_{t-2} + \cdots + \varphi_p X_{t-p} + \varepsilon_t. \tag{3.4.15}$$

在式（3.4.15）两边乘以 X_{t-k}，并取期望，可得

$$\gamma_k = \varphi_1 \gamma_{k-1} + \varphi_2 \gamma_{k-2} + \cdots + \varphi_p \gamma_{k-p}, k \geqslant p, \tag{3.4.16}$$

$$\rho_k = \varphi_1 \rho_{k-1} + \varphi_2 \rho_{k-2} + \cdots + \varphi_p \rho_{k-p}, k \geqslant p, \tag{3.4.17}$$

在平稳性条件下，p 阶齐次差分方程（3.4.17）的特征根的模全部都小于1. 所以，AR$(p)(p \geqslant 1)$ 模型的自相关函数都呈现拖尾性.

混合模型的自相关函数是否也具有拖尾性呢？首先来看 ARMA$(2,1)$ 模型

$$X_t - \varphi_1 X_{t-1} - \varphi_2 X_{t-2} = \varepsilon_t - \theta_1 \varepsilon_{t-1} \tag{3.4.18}$$

在式（3.4.18）两边乘以 X_{t-k}，并取期望，得

$$E(X_t X_{t-k}) - \varphi_1 E(X_{t-1} X_{t-k}) - \varphi_2 E(X_{t-2} X_{t-k}) = E(\varepsilon_t X_{t-k}) - \theta_1 E(\varepsilon_{t-1} X_{t-k})$$

$k = 0$ 时，有

$$\begin{aligned}
\gamma_0 - \varphi_1 \gamma_1 - \varphi_2 \gamma_2 &= \sigma^2 - \theta_1 \sum_{j=0}^{\infty} G_j E(\varepsilon_{t-1} \varepsilon_{t-j}) \\
&= \sigma^2 - \theta_1 G_1 \sigma^2 \\
&= (1 - \varphi_1 \theta_1 + \theta_1^2) \sigma^2,
\end{aligned} \tag{3.4.19}$$

$k = 1$ 时，有

$$\gamma_1 - \varphi_1 \gamma_0 - \varphi_2 \gamma_1 = -\theta_1 \sigma^2, \tag{3.4.20}$$

$k \geqslant 2$ 时，有

$$\gamma_k - \varphi_1 \gamma_{k-1} - \varphi_2 \gamma_{k-2} = 0,$$

于是有

$$\rho_k - \varphi_1 \rho_{k-1} - \varphi_2 \rho_{k-2} = 0, k \geqslant 2. \tag{3.4.21}$$

可见，当 ARMA$(2,1)$ 模型平稳时，随着 k 的增大，ARMA$(2,1)$ 模型的自相关函数将指数衰减趋于 0，也是具有拖尾性.

一般地，ARMA$(p,q)(p \geqslant 1)$ 模型

$$X_t - \varphi_1 X_{t-1} - \cdots - \varphi_p X_{t-p} = \varepsilon_t - \theta_1 \varepsilon_{t-1} - \cdots - \theta_q \varepsilon_{t-q} \tag{3.4.22}$$

两边乘以 X_{t-k}，并取期望，得

$$\begin{aligned}
&E(X_t X_{t-k}) - \varphi_1 E(X_{t-1} X_{t-k}) - \cdots - \varphi_p E(X_{t-p} X_{t-k}) \\
&= E(\varepsilon_t X_{t-k}) - \theta_1 E(\varepsilon_{t-1} X_{t-k}) - \cdots - \theta_q E(\varepsilon_{t-q} X_{t-k})
\end{aligned}$$

易见，当 $k \geqslant \max(p, q+1)$ 时，有

$$\gamma_k - \varphi_1 \gamma_{k-1} - \cdots - \varphi_p \gamma_{k-p} = 0, \tag{3.4.23}$$

和

$$\rho_k - \varphi_1 \rho_{k-1} - \cdots - \varphi_p \rho_{k-p} = 0. \tag{3.4.24}$$

所以,当 ARMA$(p,q)(p \geq 1)$ 模型平稳时,其自相关函数具有拖尾性.

前面计算自协方差函数是由模型方程变形得到,另一种计算自协方差函数的方式,是利用格林函数得到.

设序列 $\{X_t\}$ 平稳,则 $X_t = \sum\limits_{j=0}^{\infty} G_j \varepsilon_{t-j}$,于是对任意非负整数 k,有

$$\begin{aligned}
\gamma_k &= E(X_t X_{t-k}) \\
&= E\left[\left(\sum_{i=0}^{\infty} G_i \varepsilon_{t-i} \right) \left(\sum_{j=0}^{\infty} G_j \varepsilon_{t-k-j} \right) \right] \\
&= \sum_{i=0}^{\infty} \sum_{j=0}^{\infty} G_i G_j E(\varepsilon_{t-i} \varepsilon_{t-k-j}) \\
&= \sum_{j=0}^{\infty} G_{j+k} G_j \sigma^2.
\end{aligned}$$

从而有

$$\gamma_0 = \sigma^2 \sum_{j=0}^{\infty} G_j^2, \tag{3.4.25}$$

$$\rho_k = \frac{\gamma_k}{\gamma_0} = \frac{\sum\limits_{j=0}^{\infty} G_{j+k} G_j}{\sum\limits_{j=0}^{\infty} G_j^2}. \tag{3.4.26}$$

例 3.4.3 求 MA(1) 模型

$$X_t = \varepsilon_t - \theta_1 \varepsilon_{t-1}$$

的自相关函数.

解: MA(1) 模型的格林函数为

$$G_0 = 1, G_1 = -\theta_1, G_j = 0, j \geq 2.$$

由式 (3.4.26),得自相关函数为

$$\rho_0 = 1, \rho_1 = \frac{G_1 G_0}{1 + \theta_1^2} = \frac{-\theta_1}{1 + \theta_1^2},$$
$$\rho_k = 0, k \geq 2. \tag{3.4.27}$$

可见,MA(1) 模型的自相关函数在滞后 1 期以后全部为 0,这种现象称为截尾性. 这时称 MA(1) 模型的自相关函数一步(或一阶)截尾.

例 3.4.4 求 MA(2) 模型

$$X_t = \varepsilon_t - \theta_1 \varepsilon_{t-1} - \theta_2 \varepsilon_{t-2}$$

的自相关函数.

解: MA(2)模型的格林函数为

$$G_0 = 1, G_1 = -\theta_1, G_2 = -\theta_2, G_j = 0, j \geqslant 3,$$

同样由式 (3.4.26), 得自相关函数为

$$\rho_0 = 1, \rho_1 = \frac{G_1 G_0 + G_2 G_1}{1 + \theta_1^2 + \theta_2^2} = \frac{-\theta_1 + \theta_1 \theta_2}{1 + \theta_1^2 + \theta_2^2},$$

$$\rho_2 = \frac{G_2 G_0}{1 + \theta_1^2 + \theta_2^2} = \frac{-\theta_2}{1 + \theta_1^2 + \theta_2^2},$$

$$\rho_k = 0, k \geqslant 3, \tag{3.4.28}$$

可见, MA(2)模型的自相关函数在两步以后截尾.

一般地, MA(q)模型

$$X_t = \varepsilon_t - \theta_1 \varepsilon_{t-1} - \theta_2 \varepsilon_{t-2} - \cdots - \theta_q \varepsilon_{t-q}$$

的格林函数为

$$G_0 = 1, G_1 = -\theta_1, G_2 = -\theta_2, \cdots, G_q = -\theta_q, G_j = 0, j > q.$$

由式 (3.4.26), 得自相关函数为

$$\rho_0 = 1, \rho_1 = \frac{G_1 G_0 + G_2 G_1 + \cdots + G_q G_{q-1}}{1 + \theta_1^2 + \theta_2^2 + \cdots + \theta_q^2} = \frac{-\theta_1 + \theta_2 \theta_1 + \cdots + \theta_q \theta_{q-1}}{1 + \theta_1^2 + \theta_2^2 + \cdots + \theta_q^2}$$

$$\rho_2 = \frac{G_2 G_0 + G_3 G_1 + \cdots + G_q G_{q-2}}{1 + \theta_1^2 + \theta_2^2 + \cdots + \theta_q^2} = \frac{-\theta_2 + \theta_3 \theta_1 + \cdots + \theta_q \theta_{q-2}}{1 + \theta_1^2 + \theta_2^2 + \cdots + \theta_q^2}$$

$$\vdots$$

$$\rho_q = \frac{G_q G_0}{1 + \theta_1^2 + \theta_2^2 + \cdots + \theta_q^2} = \frac{-\theta_q}{1 + \theta_1^2 + \theta_2^2 + \cdots + \theta_q^2}$$

$$\rho_k = 0, k > q \tag{3.4.29}$$

所以, MA(q)模型的自相关函数在 q 步以后截尾.

注 3.4.1 综上可得, 平稳的 AR(p) 模型($p \geqslant 1$) 和 ARMA(p,q)($p \geqslant 1$)模型的自相关函数拖尾, 即它们的自相关函数指数衰减到 0, 而 MA(q)模型的自相关函数 q 步截尾, 即 q 步后等于 0. 自相关函数的截尾性是 MA 模型所特有的, 根据这一理论, 可以将 MA 模型与其他平稳模型区别开来, 即将有限阶的 MA 模型与无限阶的 MA 模型区分开来, 从而识别出 MA 模型.

例 3.4.5 求下列模型的自相关函数.

(1) $X_t - 0.7 X_{t-1} + 0.12 X_{t-2} = \varepsilon_t$;

(2) $X_t = \varepsilon_t - 1.1 \varepsilon_{t-1} + 0.4 \varepsilon_{t-2}$.

解：（1）这里 $\varphi_1 = 0.7$，$\varphi_2 = -0.12$，由式（3.4.14）得

$$\rho_0 = 1, \rho_1 = \frac{\varphi_1}{1 - \varphi_2} = 0.625,$$

$$\rho_k = 0.7\,\rho_{k-1} - 0.12\,\rho_{k-2}, k = 2, 3, \cdots$$

由特征方程

$$\lambda^2 - 0.7\lambda + 0.12 = 0,$$

得特征根为 $\lambda_1 = 0.3$，$\lambda_2 = 0.4$.

故

$$\rho_k = c_1(0.3)^k + c_2(0.4)^k, k = 2, 3, \cdots$$

将 $\rho_0 = 1$，$\rho_1 = 0.625$ 代入得

$$c_1 = -2.25, c_2 = 3.25,$$

所以，所求自相关函数为

$$\rho_k = -2.25\,(0.3)^k + 3.25\,(0.4)^k, k = 0, 1, 2, 3, \cdots$$

（2）这里 $\theta_1 = 1.1$，$\theta_2 = -0.4$，模型的格林函数为

$$G_0 = 1, G_1 = -1.1, G_2 = 0.4, G_j = 0, j \geq 3$$

由式（3.4.28）得

$$\rho_0 = 1, \rho_1 = \frac{G_1 G_0 + G_2 G_1}{1 + \theta_1^2 + \theta_2^2} = \frac{-\theta_1 + \theta_1\theta_2}{1 + \theta_1^2 + \theta_2^2} = -0.65,$$

$$\rho_2 = \frac{G_2 G_0}{1 + \theta_1^2 + \theta_2^2} = \frac{-\theta_2}{1 + \theta_1^2 + \theta_2^2} = 0.17,$$

$$\rho_k = 0, k \geq 3.$$

3.4.2 偏自相关函数

引入偏自相关函数，可以将有限阶的自回归模型 $\mathrm{AR}(p)$ 与无限阶的自回归模型 $\mathrm{AR}(\infty)$ 区分开来，从而识别出 AR 模型. 设时间序列 $\{X_t\}$ 平稳，$k \geq 1$，考虑如下的极值问题

$$\min_{\varphi_{kj} \in \mathbf{R}} E\left(X_t - \sum_{j=1}^{k} \varphi_{kj} X_{t-j}\right)^2$$

由

$$E\left(X_t - \sum_{j=1}^{k} \varphi_{kj} X_{t-j}\right)^2 = E\left[X_t^2 - 2\sum_{j=1}^{k} \varphi_{kj} X_t X_{t-j} + \left(\sum_{j=1}^{k} \varphi_{kj} X_{t-j}\right)^2\right]$$

$$= \gamma_0 - 2\sum_{j=1}^{k} \varphi_{kj}\gamma_j + \sum_{i=1}^{k}\sum_{j=1}^{k} \varphi_{ki}\varphi_{kj}\gamma_{j-i}$$

$$\triangle S. \tag{3.4.30}$$

令 S 对 $\varphi_{k1}, \varphi_{k2}, \cdots, \varphi_{kk}$ 的偏导数等于 0，得到

$$
\begin{pmatrix} \dfrac{\partial S}{\partial \varphi_{k1}} \\[2mm] \dfrac{\partial S}{\partial \varphi_{k2}} \\[2mm] \vdots \\[2mm] \dfrac{\partial S}{\partial \varphi_{kk}} \end{pmatrix} = -2 \begin{pmatrix} \gamma_1 \\ \gamma_2 \\ \vdots \\ \gamma_k \end{pmatrix} + 2 \begin{pmatrix} \gamma_0 & \gamma_1 & \cdots & \gamma_{k-1} \\ \gamma_1 & \gamma_0 & \cdots & \gamma_{k-2} \\ \vdots & \vdots & & \vdots \\ \gamma_{k-1} & \gamma_{k-2} & \cdots & \gamma_0 \end{pmatrix} \begin{pmatrix} \varphi_{k1} \\ \varphi_{k2} \\ \vdots \\ \varphi_{kk} \end{pmatrix} = 0
$$

即有

$$
\begin{pmatrix} \gamma_0 & \gamma_1 & \cdots & \gamma_{k-1} \\ \gamma_1 & \gamma_0 & \cdots & \gamma_{k-2} \\ \vdots & \vdots & & \vdots \\ \gamma_{k-1} & \gamma_{k-2} & \cdots & \gamma_0 \end{pmatrix} \begin{pmatrix} \varphi_{k1} \\ \varphi_{k2} \\ \vdots \\ \varphi_{kk} \end{pmatrix} = \begin{pmatrix} \gamma_1 \\ \gamma_2 \\ \vdots \\ \gamma_k \end{pmatrix}, \tag{3.4.31}
$$

或者

$$
\begin{pmatrix} \rho_0 & \rho_1 & \cdots & \rho_{k-1} \\ \rho_1 & \rho_0 & \cdots & \rho_{k-2} \\ \vdots & \vdots & & \vdots \\ \rho_{k-1} & \rho_{k-2} & \cdots & \rho_0 \end{pmatrix} \begin{pmatrix} \varphi_{k1} \\ \varphi_{k2} \\ \vdots \\ \varphi_{kk} \end{pmatrix} = \begin{pmatrix} \rho_1 \\ \rho_2 \\ \vdots \\ \rho_k \end{pmatrix}. \tag{3.4.32}
$$

由方程（3.4.31）或者式（3.4.32）唯一确定的系数 φ_{kk}（$k=1,2,\cdots$）称为序列 $\{X_t\}$ 的偏自相关函数或偏自相关系数（PACF）. 方程（3.4.31）或者式（3.4.32）常称为 Yule – Walker 方程.

令

$$
\Gamma_k = \begin{pmatrix} \gamma_0 & \gamma_1 & \cdots & \gamma_{k-1} \\ \gamma_1 & \gamma_0 & \cdots & \gamma_{k-2} \\ \vdots & \vdots & & \vdots \\ \gamma_{k-1} & \gamma_{k-2} & \cdots & \gamma_0 \end{pmatrix}, \Lambda_k = \begin{pmatrix} \rho_0 & \rho_1 & \cdots & \rho_{k-1} \\ \rho_1 & \rho_0 & \cdots & \rho_{k-2} \\ \vdots & \vdots & & \vdots \\ \rho_{k-1} & \rho_{k-2} & \cdots & \rho_0 \end{pmatrix} \tag{3.4.33}
$$

称 Γ_k 为序列 $\{X_t\}$ 的自协方差阵，Λ_k 为序列 $\{X_t\}$ 的自相关阵.

注 3.4.2 自相关函数（或系数）ρ_k 反映了序列 $\{X_t\}$ 中，X_{t+k} 与 X_t 之间的线性相关程度. 而偏自相关函数（系数）φ_{kk} 反映的是 X_{t+k} 对 $X_{t+1},X_{t+2},\cdots,X_{t+k-1}$ 线性回归的残差，与 X_t 对 $X_{t+1},X_{t+2},\cdots,X_{t+k-1}$ 线性回归的残差之间的线性相关程度.

例 3.4.6 求 AR(1) 模型

$$
X_t - \varphi_1 X_{t-1} = \varepsilon_t
$$

的偏自相关函数.

解：由例 3.4.1 知，AR(1) 模型自相关函数为

$$
\rho_k = \varphi_1^k, \ k=0,1,2,\cdots
$$

当 $k=1$ 时，Yule – Walker 方程（3.4.32）为

$$\varphi_{11} = \rho_1,$$

得

$$\varphi_{11} = \varphi_1.$$

当 $k=2$ 时，方程（3.4.32）为

$$\begin{cases} \varphi_{21}\rho_0 + \varphi_{22}\rho_1 = \rho_1, \\ \varphi_{21}\rho_1 + \varphi_{22}\rho_0 = \rho_2. \end{cases}$$

得

$$\varphi_{22} = \frac{\begin{vmatrix} \rho_0 & \rho_1 \\ \rho_1 & \rho_2 \end{vmatrix}}{\begin{vmatrix} \rho_0 & \rho_1 \\ \rho_1 & \rho_0 \end{vmatrix}} = \frac{\begin{vmatrix} 1 & \varphi_1 \\ \varphi_1 & \varphi_1^2 \end{vmatrix}}{\begin{vmatrix} 1 & \varphi_1 \\ \varphi_1 & 1 \end{vmatrix}} = 0.$$

以此类推，当 $k=l$ 时，方程（3.4.32）为

$$\begin{cases} \varphi_{l1}\rho_0 + \varphi_{l2}\rho_1 + \cdots + \varphi_{ll}\rho_{l-1} = \rho_1, \\ \varphi_{l1}\rho_1 + \varphi_{l2}\rho_0 + \cdots + \varphi_{ll}\rho_{l-2} = \rho_2, \\ \qquad\qquad\qquad \vdots \\ \varphi_{l1}\rho_{l-1} + \varphi_{l2}\rho_{l-2} + \cdots + \varphi_{ll}\rho_0 = \rho_l. \end{cases}$$

得

$$\varphi_{ll} = \frac{\begin{vmatrix} \rho_0 & \rho_1 & \cdots & \rho_{l-2} & \rho_1 \\ \rho_1 & \rho_0 & \cdots & \rho_{l-3} & \rho_2 \\ \vdots & \vdots & \vdots & \vdots & \vdots \\ \rho_{l-1} & \rho_{l-2} & \cdots & \rho_1 & \rho_l \end{vmatrix}}{\begin{vmatrix} \rho_0 & \rho_1 & \cdots & \rho_{l-2} & \rho_{l-1} \\ \rho_1 & \rho_0 & \cdots & \rho_{l-3} & \rho_{l-2} \\ \vdots & \vdots & \vdots & \vdots & \vdots \\ \rho_{l-1} & \rho_{l-2} & \cdots & \rho_1 & \rho_0 \end{vmatrix}}$$

$$= \frac{\begin{vmatrix} 1 & \varphi_1 & \cdots & \varphi_1^{l-2} & \varphi_1 \\ \varphi_1 & 1 & \cdots & \varphi_1^{l-3} & \varphi_1^2 \\ \vdots & \vdots & \vdots & \vdots & \vdots \\ \varphi_1^{l-1} & \varphi_1^{l-2} & \cdots & \varphi_1 & \varphi_1^l \end{vmatrix}}{\begin{vmatrix} 1 & \varphi_1 & \cdots & \varphi_1^{l-2} & \varphi_1^{l-1} \\ \varphi_1 & 1 & \cdots & \varphi_1^{l-3} & \varphi_1^{l-2} \\ \vdots & \vdots & \vdots & \vdots & \vdots \\ \varphi_1^{l-1} & \varphi_1^{l-2} & \cdots & \varphi_1 & 1 \end{vmatrix}}$$

$$= 0.$$

即有

$$\varphi_{kk} = 0, k = 2, 3, \cdots$$

所以，AR(1)模型的偏自相关函数一步以后截尾.

可以证明 AR(p) 模型的偏自相关函数 p 步以后截尾，即有

$$\varphi_{11} \neq 0, \cdots, \varphi_{pp} \neq 0, \varphi_{kk} = 0, k > p$$

对于 AR(p) 模型，有 $\varphi_{p1} = \varphi_1, \varphi_{p2} = \varphi_2, \cdots, \varphi_{pp} = \varphi_p$.

例 3.4.7 求 AR(2) 模型

$$X_t - X_{t-1} + 0.5X_{t-2} = \varepsilon_t$$

的前五个偏自相关函数.

解： 由例 3.4.2 知，AR(2) 模型的自相关函数有

$$\rho_0 = 1, \rho_1 = \frac{\varphi_1}{1 - \varphi_2} = \frac{2}{3},$$

$$\rho_2 = \rho_1 - 0.5\rho_0 = \frac{1}{6},$$

于是由 Yule – Walker 方程 (3.4.32)，得前两个偏自相关函数为

$k = 1$ 时，$\varphi_{11} = \rho_1 = \dfrac{2}{3}$,

$k = 2$ 时，$\varphi_{22} = \dfrac{\begin{vmatrix} \rho_0 & \rho_1 \\ \rho_1 & \rho_2 \end{vmatrix}}{\begin{vmatrix} \rho_0 & \rho_1 \\ \rho_1 & \rho_0 \end{vmatrix}} = -\dfrac{1}{2}$.

因为 AR(2) 模型的偏自相关函数两步以后截尾，故有 $\varphi_{33} = \varphi_{44} = \varphi_{55} = 0$.

例 3.4.8 求 MA(1) 模型

$$X_t = \varepsilon_t - \theta_1 \varepsilon_{t-1}$$

的偏自相关函数.

解： 由例 3.4.3 知，MA(1) 模型的自相关函数为

$$\rho_0 = 1, \rho_1 = \frac{-\theta_1}{1 + \theta_1^2},$$

$$\rho_k = 0, k \geqslant 2,$$

由 Yule – Walker 方程 (3.4.32)，得

$k = 1$ 时，$\varphi_{11} = \rho_1 = \dfrac{-\theta_1}{1 + \theta_1^2} = \dfrac{-\theta_1(1 - \theta_1^2)}{1 - \theta_1^4}$,

$k=2$ 时，$\varphi_{22} = \dfrac{\begin{vmatrix} \rho_0 & \rho_1 \\ \rho_1 & \rho_2 \end{vmatrix}}{\begin{vmatrix} \rho_0 & \rho_1 \\ \rho_1 & \rho_0 \end{vmatrix}} = \dfrac{\begin{vmatrix} 1 & \dfrac{-\theta_1}{1+\theta_1^2} \\[3mm] \dfrac{-\theta_1}{1+\theta_1^2} & 0 \end{vmatrix}}{\begin{vmatrix} 1 & \dfrac{-\theta_1}{1+\theta_1^2} \\[3mm] \dfrac{-\theta_1}{1+\theta_1^2} & 1 \end{vmatrix}} = \dfrac{-\theta_1^2(1-\theta_1^2)}{1-\theta_1^6},$

$k=3$ 时，$\varphi_{33} = \dfrac{\begin{vmatrix} \rho_0 & \rho_1 & \rho_1 \\ \rho_1 & \rho_0 & \rho_2 \\ \rho_2 & \rho_1 & \rho_3 \end{vmatrix}}{\begin{vmatrix} \rho_0 & \rho_1 & \rho_2 \\ \rho_1 & \rho_0 & \rho_1 \\ \rho_2 & \rho_1 & \rho_0 \end{vmatrix}} = \dfrac{\begin{vmatrix} 1 & \dfrac{-\theta_1}{1+\theta_1^2} & \dfrac{-\theta_1}{1+\theta_1^2} \\[3mm] \dfrac{-\theta_1}{1+\theta_1^2} & 1 & 0 \\[3mm] 0 & \dfrac{-\theta_1}{1+\theta_1^2} & 0 \end{vmatrix}}{\begin{vmatrix} 1 & \dfrac{-\theta_1}{1+\theta_1^2} & 0 \\[3mm] \dfrac{-\theta_1}{1+\theta_1^2} & 1 & \dfrac{-\theta_1}{1+\theta_1^2} \\[3mm] 0 & \dfrac{-\theta_1}{1+\theta_1^2} & 1 \end{vmatrix}} = \dfrac{-\theta_1^3(1-\theta_1^2)}{1-\theta_1^8},$

$\vdots$

可得

$$\varphi_{kk} = \frac{-\theta_1^k(1-\theta_1^2)}{1-\theta_1^{2k+2}}, k \geqslant 1.$$

可见，当 MA(1) 模型可逆时，$|\theta_1| < 1$，从而 MA(1) 模型的偏自相关函数指数衰减趋于 0，呈现拖尾性.

可以证明：MA(q)($q \geqslant 1$) 模型和 ARMA(p,q)($q \geqslant 1$) 模型的偏自相关函数都是呈现拖尾性.

注 3.4.3　综上得到，自回归模型 AR(p) 的偏自相关函数只有有限多个不为 0，或者说只有有限多个逆函数不为 0，这时模型的偏自相关函数呈现截尾性. 而其他模型：MA(q)($q \geqslant 1$) 模型和 ARMA(p,q)($q \geqslant 1$) 模型，当它们可逆时，它们的偏自相关函数被指数函数控制着衰减到 0，有无穷多个偏自相关函数不为 0，或者说有无穷多个逆函数不为 0，这时模型的偏自相关函数呈现拖尾性. 偏自相关函数的截尾性是 AR 模型所特有的，根据这一理论，可以将 AR 模型与其他模型区别开来, 也即是可以识别出 AR 模型.

平稳且可逆模型的自相关函数和偏自相关函数的统计特性, 总结在表 3.4.1 中.

表 3.4.1 ARMA 模型自相关函数和偏自相关函数性质

模型	自相关函数	偏自相关函数
AR(p)	拖尾	p 步截尾
MA(q)	q 步截尾	拖尾
ARMA(p,q)	拖尾	拖尾

例 3.4.9 求 ARMA(1,1)模型

$$X_t - 0.5X_{t-1} = \varepsilon_t - 0.8\varepsilon_{t-1}$$

的前两个自相关函数和偏自相关函数.

解: 模型两边乘以 X_{t-k}, 并取期望, 得

$$E(X_t X_{t-k}) - 0.5E(X_{t-1}X_{t-k}) = E(\varepsilon_t X_{t-k}) - 0.8E(\varepsilon_{t-1}X_{t-k}),$$

$k=0$ 时, 有 $\gamma_0 - 0.5\gamma_1 = \sigma^2 - 0.8G_1 = \sigma^2 - 0.8(\varphi_1 - \theta_1)\sigma^2 = 1.24\sigma^2$,

$k=1$ 时, 有 $\gamma_1 - 0.5\gamma_0 = -0.8\sigma^2$,

$k=2$ 时, 有 $\gamma_2 - 0.5\gamma_1 = 0$,

求解上式得 $\rho_1 = -0.214$, $\rho_2 = -0.107$.

于是, 有

$$\varphi_{11} = \rho_1 = -0.214,$$

$$\varphi_{22} = \frac{\begin{vmatrix} \rho_0 & \rho_1 \\ \rho_1 & \rho_2 \end{vmatrix}}{\begin{vmatrix} \rho_0 & \rho_1 \\ \rho_1 & \rho_0 \end{vmatrix}} = -0.16.$$

习题 3

1. 用后移算子 B 表示下列模型:

(1) $X_t - 0.3X_{t-1} = \varepsilon_t - 0.4\varepsilon_{t-1}$;

(2) $X_t - 2X_{t-1} + X_{t-2} = \varepsilon_t$;

(3) $X_t - 2X_{t-1} + 0.75X_{t-2} = \varepsilon_t - 1.1\varepsilon_{t-1}$.

2. 设 $\{\varepsilon_t\} \overset{\text{i.i.d.}}{\sim} N(0,1)$, 生成下列模型的一组样本序列, 并画出序列图形.

(1) $X_t - 0.5X_{t-1} = \varepsilon_t$;

(2) $X_t = \varepsilon_t - 0.8\varepsilon_{t-1}$.

3. 求解下列差分方程:

（1） $y(k+3)-4y(k+2)+5y(k+1)-2y(k)=0$;

（2） $y(k+2)+y(k+1)+y(k)=0$.

4. 用特征根法判断下列模型是否平稳. 若平稳，求模型的格林函数和平稳解.

（1） $X_t=0.3X_{t-1}+\varepsilon_t$;

（2） $X_t=\varepsilon_t+0.6\varepsilon_{t-1}$;

（3） $X_t-0.8X_{t-1}+0.16X_{t-2}=\varepsilon_t$;

（4） $X_t-0.4X_{t-1}=\varepsilon_t+0.5\varepsilon_{t-1}$.

5. 用参数法判断下列模型是否平稳.

（1） $X_t=1.3X_{t-1}+\varepsilon_t$;

（2） $X_t-2.5X_{t-1}+X_{t-2}=\varepsilon_t-0.5\varepsilon_{t-1}$;

（3） $X_t-\sqrt{3}X_{t-1}+X_{t-2}=\varepsilon_t$;

（4） $X_t-2X_{t-1}+X_{t-2}=\varepsilon_t$.

6. 已知下列格林函数来自平稳模型，试求模型.

（1） $G_j=(0.47)^j$, $j=0,1,2,\cdots$;

（2） $G_j=0.2(0.68)^{j-1}$, $j=1,2,\cdots$;

（3） $G_j=2c(0.5)^j\cos(0.7+j0.4)$, $j=0,1,2,\cdots$.

7. 判断下列模型是否平稳、是否可逆.

（1） $X_t=\varepsilon_t-1.65\varepsilon_{t-1}+0.55\varepsilon_{t-2}$;

（2） $X_t-1.2X_{t-1}=\varepsilon_t-0.87\varepsilon_{t-1}$;

（3） $X_t-2X_{t-1}+X_{t-2}=\varepsilon_t+0.72\varepsilon_{t-1}-0.45\varepsilon_{t-2}$;

（4） $X_t-0.8X_{t-1}+0.16X_{t-2}=\varepsilon_t-0.72\varepsilon_{t-1}+0.45\varepsilon_{t-2}$.

8. 求下列模型的逆函数和逆转形式.

（1） $X_t=\varepsilon_t+0.53\varepsilon_{t-1}$;

（2） $X_t=\varepsilon_t-0.8\varepsilon_{t-1}+0.64\varepsilon_{t-2}$;

（3） $X_t+0.6X_{t-1}=\varepsilon_t-0.7\varepsilon_{t-1}$.

9. 求 ARMA(1,2)模型的格林函数和 ARMA(2,1)模型的逆函数.

10. 已知某模型逆函数为
$$\pi_j=0.4(0.5)^{j-1}, j=1,2,\cdots$$
求该模型.

11. 求下列模型的自相关函数.

（1） $X_t=0.35X_{t-1}+\varepsilon_t$;

（2） $X_t=X_{t-1}-0.5X_{t-2}+\varepsilon_t$;

（3）$X_t - X_{t-1} + 0.25X_{t-2} = \varepsilon_t - 0.7\varepsilon_{t-1}$；

（4）$X_t = \varepsilon_t - 0.47\varepsilon_{t-1}$；

（5）$X_t = \varepsilon_t - 0.8\varepsilon_{t-1} + 0.64\varepsilon_{t-2}$.

12. 试求 ARMA(1,1) 模型的自协方差函数和自相关函数.

13. 试用自相关函数 ρ_1, ρ_2 表示 AR(2) 模型的平稳性条件，并画出以 ρ_1, ρ_2 为坐标的平稳区域.

14. 求下列模型的前两个偏自相关函数.

（1）$X_t - 0.74X_{t-1} + 0.3X_{t-2} = \varepsilon_t$；

（2）$X_t = \varepsilon_t - 0.69\varepsilon_{t-1}$；

（3）$X_t - X_{t-1} + 0.45X_{t-2} = \varepsilon_t - 0.56\varepsilon_{t-1}$.

第4章 平稳线性时间序列样本建模

本章将介绍根据样本数据建立 ARMA 模型的过程，使用的方法主要是 Box 和 Jenkins 等提出的建模方法，即 Box – Jenkins 方法. 在样本数据平稳的条件下，首先判断数据适合的 ARMA 模型类型和模型的阶数. 接着，对确定的模型进行参数估计. 然后，还需要对模型进行诊断，只有通过了诊断检验的模型才能用于预测. 本章最后给出若干建立 ARMA 模型的实际应用案例.

4.1 模型的参数估计

假设一组样本观察值序列来自平稳的 ARMA(p,q)模型，根据该样本序列建立模型，首先需要确定模型的类型和模型的阶数，这一步骤称为模型的识别. 由于识别模型常用的方法中，往往需要用到模型的参数估计，所以，这里先介绍参数估计，下一节再介绍模型的识别. 模型的参数估计是模型统计推断的主要内容之一. ARMA(p,q)模型需要估计的参数一般包括序列$\{X_t\}$的均值μ或者模型的常数项c、模型的系数$\varphi_1,\varphi_2,\cdots,\varphi_p,\theta_1,\theta_2,\cdots,\theta_q$和白噪声$\{\varepsilon_t\}$的方差$\sigma^2$.

4.1.1 均值的估计

上一章模型的理论分析中，为推导简便，都假设序列$\{X_t\}$的均值为零. 实际中，序列均值常常不为零. 如果序列均值非零，有两种常用的处理方式. 一种是估计序列的均值μ，然后将序列零均值化，在这一小节中介绍. 另一种处理方式是根据注 3.1.2，在模型的参数估计中增加对常数项c的估计，将会在 4.3 节中举例说明.

设$X_1,\cdots,X_N$是平稳时间序列$\{X_t\}$的一组样本观察值，定义样本均值为

$$\overline{X}_N = \frac{1}{N}\sum_{t=1}^{N} X_t, \tag{4.1.1}$$

$\overline{X}_N$通常简记为$\overline{X}$. 易见，$\overline{X}$是$E(X_t)=\mu$的无偏估计，还可以证明如下定理.

定理 4.1.1 设序列$\{X_t\}$来自平稳的 ARMA 模型 (3.1.2)，则$N\to\infty$时，

$$\mathrm{Var}(\overline{X}_N) = E(\overline{X}_N-\mu)^2\to0,$$

即$\overline{X}_N$均方收敛于μ.

定理 4.1.2 在定理 4.1.1 的假设下，且设$\{\varepsilon_t\}\overset{\text{i.i.d.}}{\sim}(0,\sigma^2)$，则

$$\overline{X}_N \sim AN(\mu, \frac{v}{N}),$$

其中 $v = \sum_{k=-\infty}^{\infty} \gamma_k$，$\gamma_k$ 为序列 $\{X_t\}$ 的自协方差函数，即 $\overline{X}_N$ 具有渐近正态性. 特别地，序列 $\{X_t\}$ 的均值为 0 时，有 $\overline{X}_N \sim AN(0, \frac{v}{N})$.

注意到

$$
\begin{aligned}
\text{Var}(\overline{X}_N) &= E\Big(\frac{1}{N}\sum_{t=1}^{N} X_t - \mu\Big)^2 \\
&= \frac{1}{N^2}\sum_{t=1}^{N}\sum_{s=1}^{N} E\big[(X_t - \mu)(X_s - \mu)\big] \\
&= \frac{1}{N^2}\sum_{t=1}^{N}\sum_{s=1}^{N} \gamma_{t-s} \\
&= \frac{1}{N^2}\sum_{k=-(N-1)}^{N-1} (N - |k|)\gamma_k \\
&= \frac{1}{N}\sum_{k=-(N-1)}^{N-1} \Big(1 - \frac{|k|}{N}\Big)\gamma_k.
\end{aligned}
$$

当 N 较大时，有

$$\text{Var}(\overline{X}_N) \approx \frac{1}{N}\sum_{k=-\infty}^{\infty} \gamma_k = \frac{v}{N}. \qquad (4.1.2)$$

因此，根据定理 4.1.2 和式（4.1.2），如果样本均值 $\overline{X}_N$ 落在区间 $0 \pm 2\sqrt{\text{Var}(\overline{X}_N)}$ 上，可以认为序列 $\{X_t\}$ 的均值为 0.

如果判断序列 $\{X_t\}$ 的均值不为 0，可以将序列 $\{X_t\}$ 的均值 μ 或者模型的常数项与模型的系数一起估计，也可以先将样本序列 $X_1, \cdots, X_N$ 零均值化，然后再估计模型的系数. 令

$$\widetilde{X}_t = X_t - \overline{X}_N, \, t = 1, 2, \cdots, N \qquad (4.1.3)$$

则序列 $\{\widetilde{X}_t\}_{t=1}^{N}$ 可以看作是来自于零均值平稳序列 $\{X_t\}$ 的观察值，这就是零均值化.

对于不同模型，$\text{Var}(\overline{X}_N)$ 有不同的计算公式，下面是一些低阶模型的结果.

对于 AR(1)模型，由式（3.4.11）知，其自相关函数为

$$\rho_k = \varphi_1^k, \, k = 0, \pm 1, \pm 2, \cdots$$

由式（4.1.2）得

$$\text{Var}(\overline{X}_N) \approx \frac{\gamma_0}{N}\Big(1 + 2\sum_{k=1}^{\infty} \rho_k\Big) = \frac{\gamma_0}{N}\Big(\frac{1 + \rho_1}{1 - \rho_1}\Big). \qquad (4.1.4)$$

同样可得，对于 AR(2)模型有

$$\mathrm{Var}(\overline{X}_N) \approx \frac{\gamma_0(1 + \rho_1)(1 - 2\rho_1^2 + \rho_2)}{N(1 - \rho_1)(1 - \rho_2)},\qquad(4.1.5)$$

对于 MA(1)模型有

$$\mathrm{Var}(\overline{X}_N) \approx \frac{\gamma_0}{N}(1 + 2\rho_1),\qquad(4.1.6)$$

对于 MA(2)模型有

$$\mathrm{Var}(\overline{X}_N) \approx \frac{\gamma_0}{N}(1 + 2\rho_1 + 2\rho_2),\qquad(4.1.7)$$

对于 ARMA(1,1)模型有

$$\mathrm{Var}(\overline{X}_N) \approx \frac{\gamma_0(\rho_1 - \rho_2 + 2\rho_1^2)}{N(\rho_1 - \rho_2)}.\qquad(4.1.8)$$

4.1.2　相关函数的估计

自相关函数和偏自相关函数对模型的建立起着至关重要的作用. 设 $X_1, \cdots,$ X_N 是平稳时间序列 $\{X_t\}$ 的一组样本，估计自协方差函数 γ_k 的样本自协方差函数，一般有如下两个计算公式：

$$\hat{\gamma}_k = \frac{1}{N}\sum_{t=k+1}^{N}(X_t - \overline{X}_N)(X_{t-k} - \overline{X}_N),\ k = 0,1,\cdots,N-1,\qquad(4.1.9)$$

和

$$\widetilde{\gamma}_k = \frac{1}{N-k}\sum_{t=k+1}^{N}(X_t - \overline{X}_N)(X_{t-k} - \overline{X}_N),\ k = 0,1,\cdots,N-1,\qquad(4.1.10)$$

相应地，估计自相关函数 ρ_k 的样本自相关函数有两个计算公式：

$$\hat{\rho}_k = \frac{\hat{\gamma}_k}{\hat{\gamma}_0} = \frac{\displaystyle\sum_{t=k+1}^{N}(X_t - \overline{X}_N)(X_{t-k} - \overline{X}_N)}{\displaystyle\sum_{t=1}^{N}(X_t - \overline{X}_N)^2},\ k = 0,1,\cdots,N-1,\qquad(4.1.11)$$

和

$$\widetilde{\rho}_k = \frac{\widetilde{\gamma}_k}{\widetilde{\gamma}_0} = \frac{N\displaystyle\sum_{t=k+1}^{N}(X_t - \overline{X}_N)(X_{t-k} - \overline{X}_N)}{(N-k)\displaystyle\sum_{t=1}^{N}(X_t - \overline{X}_N)^2},\ k = 0,1,\cdots,N-1,$$

$$(4.1.12)$$

由式 (4.1.2)，得 $\mathrm{Var}(\overline{X}_N)$ 的估计为

$$\mathrm{Var}(\overline{X}_N) \approx \frac{1}{N}\sum_{k=-(N-1)}^{N-1}\hat{\gamma}_k.$$

将$\hat{\gamma}_0$、$\hat{\rho}_k$替代γ_0、ρ_k，由式（4.1.4）~式（4.1.8），得到 AR（1）、AR（2）、MA（1）、MA（2）和 ARMA（1,1）模型 Var（$\overline{X}_N$）的估计.

注 4.1.1　如果已知时间序列$\{X_t\}$的均值为零，则在式（4.1.9）~式（4.1.12）中，令$\overline{X}_N = 0$. 比如这时，$\hat{\gamma}_k = \dfrac{1}{N}\sum_{t=k+1}^{N} X_t X_{t-k}$.

进一步定义

$$\hat{\gamma}_{-k} = \hat{\gamma}_k, \widetilde{\gamma}_{-k} = \widetilde{\gamma}_k, \hat{\rho}_{-k} = \hat{\rho}_k, \widetilde{\rho}_{-k} = \widetilde{\rho}_k, \ k = -1, \cdots, -(N-1),$$

$$\hat{\gamma}_k = 0, \widetilde{\gamma}_k = 0, \hat{\rho}_k = 0, \widetilde{\rho}_k = 0, \ |k| \geqslant N. \tag{4.1.13}$$

注 4.1.2　比较样本自协方差函数式（4.1.9）和式（4.1.10）的性质，可以证明如下结论：

（1）$E(\hat{\gamma}_k) = \left(1 - \dfrac{k}{N}\right)\gamma_k + \left(1 - \dfrac{k}{N}\right)O\left(\dfrac{1}{N}\right)$，$E(\widetilde{\gamma}_k) = \gamma_k + O\left(\dfrac{1}{N}\right)$. 可见，这两个估计都是有偏的，其中$\widetilde{\gamma}_k$是渐近无偏的；

（2）$\mathrm{Var}(\hat{\gamma}_k) = O\left(\dfrac{1}{N}\right)$，$\mathrm{Var}(\widetilde{\gamma}_k) = O\left(\dfrac{1}{N-k}\right)$. 可见，$k \geqslant 1$时，$\hat{\gamma}_k$的方差小于$\widetilde{\gamma}_k$的方差. $\hat{\gamma}_k$的方差随着N的增大变小，而$\widetilde{\gamma}_k$的方差与k有关；

（3）序列$\{\hat{\gamma}_k\}$是非负定的，而序列$\{\widetilde{\gamma}_k\}$不一定非负定. 由定理 3.4.1 知，序列$\{\hat{\gamma}_k\}$是一平稳时间序列的自协方差函数，而序列$\{\widetilde{\gamma}_k\}$不具有这一性质；

（4）如果$\hat{\gamma}_0 > 0$，则对任意非负整数k，有

$$\det(\hat{\boldsymbol{\Gamma}}_k) \neq 0, \tag{4.1.14}$$

其中$\hat{\boldsymbol{\Gamma}}_k$是$(X_1, X_2, \cdots, X_N)^{\mathrm{T}}$的协方差矩，称其为样本自协方差阵，即

$$\hat{\boldsymbol{\Gamma}}_k = \begin{pmatrix} \hat{\gamma}_0 & \hat{\gamma}_1 & \cdots & \hat{\gamma}_{k-1} \\ \hat{\gamma}_1 & \hat{\gamma}_0 & \cdots & \hat{\gamma}_{k-2} \\ \vdots & \vdots & & \vdots \\ \hat{\gamma}_{k-1} & \hat{\gamma}_{k-2} & \cdots & \hat{\gamma}_0 \end{pmatrix} \tag{4.1.15}$$

由上面的结论（3）和（4），易见，样本自相关函数序列$\{\hat{\rho}_k\}$是非负定的. 如果$\hat{\gamma}_0 > 0$，则对任意非负整数k，有

$$\det(\hat{\boldsymbol{\Lambda}}_k) \neq 0, \tag{4.1.16}$$

其中$\hat{\boldsymbol{\Lambda}}_k$称为样本自相关阵，定义为

$$\hat{\boldsymbol{\Lambda}}_k = \begin{pmatrix} \hat{\rho}_0 & \hat{\rho}_1 & \cdots & \hat{\rho}_{k-1} \\ \hat{\rho}_1 & \hat{\rho}_0 & \cdots & \hat{\rho}_{k-2} \\ \vdots & \vdots & & \vdots \\ \hat{\rho}_{k-1} & \hat{\rho}_{k-2} & \cdots & \hat{\rho}_0 \end{pmatrix}. \tag{4.1.17}$$

根据以上的性质，一般都是使用样本自协方差函数$\hat{\gamma}_k$，即式（4.1.9），来估计自协方差函数γ_k；使用样本自相关函数$\hat{\rho}_k$，即式（4.1.11），估计自相关函数ρ_k. 另外，为了减少误差，通常取$N \geqslant 50$，$k \leqslant N/4$.

在 Yule – Walker 方程（3.4.31）或者式（3.4.32）中，用样本自协方差函数$\hat{\gamma}_k$替代自协方差函数γ_k，或者用样本自相关函数$\hat{\rho}_k$替代自相关函数ρ_k，得到的偏自相关函数称为样本偏自相关函数，记为$\hat{\varphi}_{kk}$，$k = 1, 2, \cdots$.

例 4.1.1 设有一组时间序列样本数据：16，12，15，10，9，17，11，16，10，14，求样本均值，以及前三个样本自相关函数和样本偏自相关函数.

解：记题中样本数据为$X_1, X_2, \cdots, X_{10}$，则样本均值为

$$\overline{X}_{10} = \frac{1}{10} \sum_{t=1}^{10} X_t = 13,$$

前三个样本自相关函数为

$$\hat{\rho}_1 = \frac{\hat{\gamma}_1}{\hat{\gamma}_0} = \frac{\sum\limits_{t=2}^{10} (X_t - \overline{X}_{10})(X_{t-1} - \overline{X}_{10})}{\sum\limits_{t=1}^{10} (X_t - \overline{X}_{10})^2}$$

$$= \frac{(16-13)(12-13) + (12-13)(15-13) + \cdots + (10-13)(14-13)}{(16-13)^2 + (12-13)^2 + \cdots + (14-13)^2}$$

$$= -0.53,$$

$$\hat{\rho}_2 = \frac{\sum\limits_{t=3}^{10} (X_t - \overline{X}_{10})(X_{t-2} - \overline{X}_{10})}{\sum\limits_{t=1}^{10} (X_t - \overline{X}_{10})^2} = 0.24,$$

$$\hat{\rho}_3 = \frac{\sum\limits_{t=4}^{10} (X_t - \overline{X}_{10})(X_{t-3} - \overline{X}_{10})}{\sum\limits_{t=1}^{10} (X_t - \overline{X}_{10})^2} = -0.218,$$

前三个样本偏自相关函数为

$$\hat{\varphi}_{11} = \hat{\rho}_1 = -0.53,$$

$$\hat{\varphi}_{22} = \frac{\begin{vmatrix} 1 & \hat{\rho}_1 \\ \hat{\rho}_1 & \hat{\rho}_2 \end{vmatrix}}{\begin{vmatrix} 1 & \hat{\rho}_1 \\ \hat{\rho}_1 & 1 \end{vmatrix}} = -0.057,$$

$$\hat{\varphi}_{33} = \frac{\begin{vmatrix} 1 & \hat{\rho}_1 & \hat{\rho}_1 \\ \hat{\rho}_1 & 1 & \hat{\rho}_2 \\ \hat{\rho}_2 & \hat{\rho}_1 & \hat{\rho}_3 \end{vmatrix}}{\begin{vmatrix} 1 & \hat{\rho}_1 & \hat{\rho}_2 \\ \hat{\rho}_1 & 1 & \hat{\rho}_1 \\ \hat{\rho}_2 & \hat{\rho}_1 & 1 \end{vmatrix}} = -0.169.$$

4.1.3 矩估计

设样本值序列 $X_1, X_2, \cdots, X_N$ 已经零均值化，且来自平稳可逆的 ARMA 模型

$$X_t - \varphi_1 X_{t-1} - \cdots - \varphi_p X_{t-p} = \varepsilon_t - \theta_1 \varepsilon_{t-1} - \cdots - \theta_q \varepsilon_{t-q}, \qquad (4.1.18)$$

或

$$\Phi(B) X_t = \Theta(B) \varepsilon_t,$$

其中 $\{\varepsilon_t\} \sim WN(0, \sigma^2)$，$\Phi(B) = 1 - \sum_{i=1}^{p} \varphi_i B^i$，$\Theta(B) = 1 - \sum_{i=1}^{q} \theta_i B^i$. $\Phi(B)$ 与 $\Theta(B)$ 无公因子.

记 $\boldsymbol{\Phi} = (\varphi_1, \cdots, \varphi_p)^{\mathrm{T}}$，$\boldsymbol{\Theta} = (\theta_1, \cdots, \theta_q)^{\mathrm{T}}$，$\hat{\boldsymbol{\Phi}} = (\hat{\varphi}_1, \cdots, \hat{\varphi}_p)^{\mathrm{T}}$，$\hat{\boldsymbol{\Theta}} = (\hat{\theta}_1, \cdots, \hat{\theta}_q)^{\mathrm{T}}$，$\hat{\boldsymbol{\Phi}}$、$\hat{\boldsymbol{\Theta}}$ 分别表示参数 $\boldsymbol{\Phi}$、$\boldsymbol{\Theta}$ 的估计，$\hat{\sigma}^2$ 为 σ^2 的估计. 常用的参数估计方法有矩估计、极大似然估计和最小二乘估计等.

矩估计法是用样本自协方差函数 $\hat{\gamma}_k$，估计模型（4.1.18）中序列 $\{X_t\}$ 的自协方差函数 γ_k，或者用样本自相关函数 $\hat{\rho}_k$，估计序列 $\{X_t\}$ 的自相关函数 ρ_k，从而得到模型（4.1.18）中参数 $\boldsymbol{\Phi}$、$\boldsymbol{\Theta}$、σ^2 估计的方法. 样本均值 $\overline{X}_N$ 估计序列 $\{X_t\}$ 均值 μ 也属于矩估计.

首先来看 AR(p) 模型参数的矩估计. 这时，模型（4.1.18）中 $q = 0$. 由 Yule – Walker 方程（3.4.32）得

$$\begin{pmatrix} \rho_0 & \rho_1 & \cdots & \rho_{p-1} \\ \rho_1 & \rho_0 & \cdots & \rho_{p-2} \\ \vdots & \vdots & & \vdots \\ \rho_{p-1} & \rho_{p-2} & \cdots & \rho_0 \end{pmatrix} \begin{pmatrix} \varphi_1 \\ \varphi_2 \\ \vdots \\ \varphi_p \end{pmatrix} = \begin{pmatrix} \rho_1 \\ \rho_2 \\ \vdots \\ \rho_p \end{pmatrix}.$$

用样本自相关函数 $\hat{\rho}_k$ 替代自相关函数 $\rho_k (k = 1, \cdots, p)$，并由式（4.1.16），得

$$\hat{\boldsymbol{\Phi}} = \begin{pmatrix} \hat{\varphi}_1 \\ \hat{\varphi}_2 \\ \vdots \\ \hat{\varphi}_p \end{pmatrix} = \begin{pmatrix} \hat{\rho}_0 & \hat{\rho}_1 & \cdots & \hat{\rho}_{p-1} \\ \hat{\rho}_1 & \hat{\rho}_0 & \cdots & \hat{\rho}_{p-2} \\ \vdots & \vdots & & \vdots \\ \hat{\rho}_{p-1} & \hat{\rho}_{p-2} & \cdots & \hat{\rho}_0 \end{pmatrix}^{-1} \begin{pmatrix} \hat{\rho}_1 \\ \hat{\rho}_2 \\ \vdots \\ \hat{\rho}_p \end{pmatrix}. \qquad (4.1.19)$$

当然，也可以使用 Yule – Walker 方程（3.4.31），用样本自协方差函数 $\hat{\gamma}_k$ 替代自

协方差函数 γ_k $(k = 1, \cdots, p)$，以及式（4.1.14）得到

$$\hat{\Phi} = \begin{pmatrix} \hat{\varphi}_1 \\ \hat{\varphi}_2 \\ \vdots \\ \hat{\varphi}_p \end{pmatrix} = \begin{pmatrix} \hat{\gamma}_0 & \hat{\gamma}_1 & \cdots & \hat{\gamma}_{p-1} \\ \hat{\gamma}_1 & \hat{\gamma}_0 & \cdots & \hat{\gamma}_{p-2} \\ \vdots & \vdots & & \vdots \\ \hat{\gamma}_{p-1} & \hat{\gamma}_{p-2} & \cdots & \hat{\gamma}_0 \end{pmatrix}^{-1} \begin{pmatrix} \hat{\gamma}_1 \\ \hat{\gamma}_2 \\ \vdots \\ \hat{\gamma}_p \end{pmatrix}, \tag{4.1.20}$$

又由模型（4.1.18）（$q = 0$），得

$$E(X_t X_t) - \varphi_1(X_t X_{t-1}) - \cdots - \varphi_p(X_t X_{t-p}) = E(X_t \varepsilon_t),$$
$$\gamma_0 - \varphi_1 \gamma_1 - \cdots - \varphi_p \gamma_p = \sigma^2.$$

故有

$$\hat{\sigma}^2 = \hat{\gamma}_0 - \hat{\varphi}_1 \hat{\gamma}_1 - \cdots - \hat{\varphi}_p \hat{\gamma}_p = \hat{\gamma}_0 (1 - \hat{\varphi}_1 \hat{\rho}_1 - \cdots - \hat{\varphi}_p \hat{\rho}_p). \tag{4.1.21}$$

式（4.1.19）~式（4.1.21）即为 $\mathrm{AR}(p)$ 模型参数的矩估计.

例 4.1.2 求 $\mathrm{AR}(1)$ 模型参数的矩估计.

解：由式（4.1.19）得

$$\hat{\varphi}_1 = \hat{\rho}_1,$$

由式（4.1.21）得

$$\hat{\sigma}^2 = \hat{\gamma}_0 (1 - \hat{\varphi}_1 \hat{\rho}_1) = \hat{\gamma}_0 (1 - \hat{\rho}_1^2).$$

例 4.1.3 求 $\mathrm{AR}(2)$ 模型参数的矩估计.

解：由式（4.1.19）得

$$\begin{pmatrix} \hat{\varphi}_1 \\ \hat{\varphi}_2 \end{pmatrix} = \begin{pmatrix} \hat{\rho}_0 & \hat{\rho}_1 \\ \hat{\rho}_1 & \hat{\rho}_0 \end{pmatrix}^{-1} \begin{pmatrix} \hat{\rho}_1 \\ \hat{\rho}_2 \end{pmatrix},$$

$$\hat{\varphi}_1 = \frac{\hat{\rho}_1 - \hat{\rho}_1 \hat{\rho}_2}{1 - \hat{\rho}_1^2}, \quad \hat{\varphi}_2 = \frac{\hat{\rho}_2 - \hat{\rho}_1^2}{1 - \hat{\rho}_1^2},$$

由式（4.1.21）得

$$\hat{\sigma}^2 = \hat{\gamma}_0 (1 - \hat{\varphi}_1 \hat{\rho}_1 - \hat{\varphi}_2 \hat{\rho}_2)$$
$$= \hat{\gamma}_0 \left(1 - \frac{\hat{\rho}_1 - \hat{\rho}_1 \hat{\rho}_2}{1 - \hat{\rho}_1^2} \hat{\rho}_1 - \frac{\hat{\rho}_2 - \hat{\rho}_1^2}{1 - \hat{\rho}_1^2} \hat{\rho}_2 \right).$$

比如，对于 $\mathrm{AR}(2)$ 模型，若已知 $\hat{\rho}_1 = 0.81$，$\hat{\rho}_2 = 0.43$，则可得 $\hat{\varphi}_1 = 1.34$，$\hat{\varphi}_2 = -0.66$，$\hat{\sigma}^2 = 0.2 \hat{\gamma}_0$.

接着来看 $\mathrm{MA}(q)$ 模型参数的矩估计，这时，模型（4.1.18）中 $p = 0$. 由式（3.4.25）、式（3.4.26）和式（3.4.29），可得

$$\gamma_0 = (1 + \theta_1^2 + \theta_2^2 + \cdots + \theta_q^2) \sigma^2, \tag{4.1.22}$$
$$\gamma_k = (-\theta_k + \theta_{k+1}\theta_1 + \theta_{k+2}\theta_2 + \cdots + \theta_q \theta_{q-k}) \sigma^2, \quad k = 1, 2, \cdots, q, \tag{4.1.23}$$

以及

$$\rho_0 = 1, \quad \rho_k = \frac{-\theta_k + \theta_{k+1}\theta_1 + \cdots + \theta_q\theta_{q-k}}{1 + \theta_1^2 + \theta_2^2 + \cdots + \theta_q^2}, \quad k = 1, 2, \cdots, q. \tag{4.1.24}$$

在式（4.1.22）~式（4.1.24）中，用样本自协方差函数 $\hat{\gamma}_k$ 替代自协方差函数 γ_k，以及用样本自相关函数 $\hat{\rho}_k$ 替代自相关函数 ρ_k，则可求得 $\mathrm{MA}(q)$ 模型参数的矩估计 $\hat{\Theta}$ 和 $\hat{\sigma}^2$.

例 4.1.4 求 $\mathrm{MA}(1)$ 模型参数的矩估计.

解： 由式（4.1.22）、式（4.1.23）得

$$\gamma_0 = (1 + \theta_1^2)\sigma^2, \tag{4.1.25}$$

$$\gamma_1 = -\theta_1\sigma^2, \tag{4.1.26}$$

由式（4.1.26）得

$$\theta_1 = -\frac{\gamma_1}{\sigma^2}, \tag{4.1.27}$$

代入式（4.1.25）得

$$\gamma_0 = \left(1 + \frac{\gamma_1^2}{\sigma^4}\right)\sigma^2,$$

$$\sigma^4 - \gamma_0\sigma^2 + \gamma_1^2 = 0. \tag{4.1.28}$$

求解 σ^2 的二次方程（4.1.28），得

$$\sigma^2 = \frac{\gamma_0 \pm \sqrt{\gamma_0^2 - 4\gamma_1^2}}{2} = \frac{\gamma_0(1 \pm \sqrt{1 - 4\rho_1^2})}{2}.$$

代入式（4.1.27）得

$$\theta_1 = \frac{-2\gamma_1}{\gamma_0 \pm \sqrt{\gamma_0^2 - 4\gamma_1^2}} = \frac{-2\rho_1}{1 \pm \sqrt{1 - 4\rho_1^2}}. \tag{4.1.29}$$

根据可逆性条件，有 $|\theta_1| < 1$，故可以排除 θ_1 的多值性，得到

$$\theta_1 = \frac{-2\rho_1}{1 + \sqrt{1 - 4\rho_1^2}},$$

$$\sigma^2 = \frac{\gamma_0(1 + \sqrt{1 - 4\rho_1^2})}{2},$$

从而 θ_1 和 σ^2 的矩估计为

$$\hat{\theta}_1 = \frac{-2\hat{\rho}_1}{1 + \sqrt{1 - 4\hat{\rho}_1^2}},$$

$$\hat{\sigma}^2 = \frac{\hat{\gamma}_0(1 + \sqrt{1 - 4\hat{\rho}_1^2})}{2}.$$

比如，对于 $\mathrm{MA}(1)$ 模型，若已知 $\hat{\rho}_1 = -0.4$，则由式（4.1.29）得

$$\hat{\theta}_1 = 0.5, \ \text{或} \hat{\theta}_1 = 2$$

根据可逆性条件, 得

$$\hat{\theta}_1 = 0.5,$$

$$\hat{\sigma}^2 = 0.8\hat{\gamma}_0.$$

对于 MA(2) 模型, 由式 (4.1.22)、式 (4.1.23) 得

$$\gamma_0 = (1 + \theta_1^2 + \theta_2^2)\sigma^2, \tag{4.1.30}$$

$$\gamma_1 = (-\theta_1 + \theta_2\theta_1)\sigma^2, \tag{4.1.31}$$

$$\gamma_2 = -\theta_2\sigma^2, \tag{4.1.32}$$

由式 (4.1.32) 和式 (4.1.31) 得

$$\theta_2 = -\frac{\gamma_2}{\sigma^2},$$

$$\theta_1 = -\frac{\gamma_1}{\sigma^2 + \gamma_2^2}.$$

代入式 (4.1.30) 得

$$\gamma_0 = \left(1 + \frac{\gamma_1^2}{(\sigma^2 + \gamma_2^2)^2} + \frac{\gamma_2^2}{\sigma^4}\right)\sigma^2.$$

这是一个 σ^2 的四次方程, 因而有四个根, 相应地, θ_1 和 θ_2 有四种解. 但根据可逆性条件, 只有唯一解 θ_1、θ_2 符合要求. 上式中用样本自协方差函数 $\hat{\gamma}_0$、$\hat{\gamma}_1$、$\hat{\gamma}_2$ 替代自协方差函数 γ_0、γ_1、γ_2, 即可求得 MA(2) 模型参数的矩估计 $\hat{\theta}_1$、$\hat{\theta}_2$ 和 $\hat{\sigma}^2$.

一般地, 由式 (4.1.22)、式 (4.1.23) 求 MA(q) 模型参数的矩估计, 需要求解一个 $2q$ 次方程. 这个方程在 $q \geq 3$ 时, 常常只能使用数值方法进行求解. 同样, 方程解的多值性可以根据可逆性条件排除, 只有唯一的 $\theta_1, \cdots, \theta_q$ 符合要求. 用样本自协方差函数 $\hat{\gamma}_k(k = 0, 1, \cdots, q)$ 替代自协方差函数 $\gamma_k(k = 0, 1, \cdots, q)$, 即可求得 MA($q$) 模型参数的矩估计 $\hat{\Theta}$ 和 $\hat{\sigma}^2$.

类似地, 使用式 (4.1.24) 也可以求得唯一的 $\theta_1, \cdots, \theta_q$, 代入式 (4.1.22) 得到 σ^2. 进一步, 用样本自相关函数 $\hat{\rho}_k(k = 1, \cdots, q)$ 替代自相关函数 $\rho_k(k = 1, \cdots, q)$, 得到估计 $\hat{\Theta}$, 用 $\hat{\gamma}_0$ 替代 γ_0 得到估计 $\hat{\sigma}^2$.

最后, 对于 ARMA(p, q) 模型 (4.1.18) ($p \geq 1$, $q \geq 1$) 参数的矩估计, 需要分两步进行. 第一步, 先求出模型自回归部分参数的矩估计 $\hat{\Phi}$. 由式 (3.4.24) 知, 当 $k \geq \max(p, q+1)$ 时, 有

$$\rho_k - \varphi_1\rho_{k-1} - \cdots - \varphi_p\rho_{k-p} = 0.$$

令 $l = \max(p, q+1)$, $k = l, l+1, \cdots, l+p-1$, 并用样本自相关函数 $\hat{\rho}_k$ 替代自相关

函数 ρ_k，得模型自回归部分参数的矩估计为

$$\hat{\boldsymbol{\Phi}} = \begin{pmatrix} \hat{\varphi}_1 \\ \hat{\varphi}_2 \\ \vdots \\ \hat{\varphi}_p \end{pmatrix} = \begin{pmatrix} \hat{\rho}_{l-1} & \hat{\rho}_{l-2} & \cdots & \hat{\rho}_{l-p} \\ \hat{\rho}_l & \hat{\rho}_{l-1} & \cdots & \hat{\rho}_{l-p+1} \\ \vdots & \vdots & & \vdots \\ \hat{\rho}_{l+p-2} & \hat{\rho}_{l+p-3} & \cdots & \hat{\rho}_{l-1} \end{pmatrix}^{-1} \begin{pmatrix} \hat{\rho}_l \\ \hat{\rho}_{l+1} \\ \vdots \\ \hat{\rho}_{l+p-1} \end{pmatrix}. \quad (4.1.33)$$

第二步，再求模型移动平均部分参数的矩估计 $\hat{\Theta}$ 和白噪声方差的矩估计 $\hat{\sigma}^2$. 令

$$Y_t = X_t - \hat{\varphi}_1 X_{t-1} - \cdots - \hat{\varphi}_p X_{t-p},$$

其自协方差函数为

$$E(Y_t Y_{t+k}) = E\big[(X_t - \hat{\varphi}_1 X_{t-1} - \cdots - \hat{\varphi}_p X_{t-p})(X_{t+k} - \hat{\varphi}_1 X_{t+k-1} - \cdots - \hat{\varphi}_p X_{t+k-p}) \big]$$

$$= \sum_{i=0}^{p} \sum_{j=0}^{p} \hat{\varphi}_i \hat{\varphi}_j \gamma_{i-j+k}$$

$$\triangleq \gamma_k(Y_t). \quad (4.1.34)$$

其中 $\hat{\varphi}_0 = -1$. 在式（4.1.34）中，用样本自协方差函数 $\hat{\gamma}_k$ 替代自协方差函数 $\gamma_k (k=0,1,\cdots,k+p)$，得到 $\gamma_k(Y_t)$ 的估计，记为 $\hat{\gamma}_k(Y_t) (k=0,1,\cdots,q)$.

将 $\{Y_t\}$ 序列看作 $MA(q)$ 序列，即设

$$Y_t = \varepsilon_t - \theta_1 \varepsilon_{t-1} - \cdots - \theta_q \varepsilon_{t-q}, \quad (4.1.35)$$

则可以使用前面的方法，求出 $MA(q)$ 模型（4.1.35）参数的矩估计. 即求解下列方程

$$\hat{\gamma}_0(Y_t) = (1 + \theta_1^2 + \theta_2^2 + \cdots + \theta_q^2)\sigma^2, \quad (4.1.36)$$

$$\hat{\gamma}_k(Y_t) = (-\theta_k + \theta_{k+1}\theta_1 + \theta_{k+2}\theta_2 + \cdots + \theta_q\theta_{q-k})\sigma^2, \quad k=1,2,\cdots,q,$$

$$(4.1.37)$$

得到 $ARMA(p,q)$ 模型移动平均部分参数的矩估计 $\hat{\Theta}$ 和白噪声方差的矩估计 $\hat{\sigma}^2$.

于是，由样本序列 $X_1,\cdots,X_N$ 建立的 $ARMA(p,q)$ 模型为

$$X_t - \hat{\varphi}_1 X_{t-1} - \cdots - \hat{\varphi}_p X_{t-p} = \varepsilon_t - \hat{\theta}_1 \varepsilon_{t-1} - \cdots - \hat{\theta}_q \varepsilon_{t-q}$$

其中 $\{\varepsilon_t\} \sim WN(0,\hat{\sigma}^2)$.

例 4.1.5 已知样本序列来自 $ARMA(2,1)$ 模型，且 $\hat{\gamma}_0 = 0.4$，$\hat{\gamma}_1 = 0.36$，$\hat{\gamma}_2 = 0.28$，$\hat{\gamma}_3 = 0.18$，求该模型参数的矩估计，并写出模型.

解： 由已知有 $\hat{\rho}_1 = 0.9$，$\hat{\rho}_2 = 0.7$，$\hat{\rho}_3 = 0.45$，由式（4.1.33）得

$$\begin{pmatrix} \hat{\varphi}_1 \\ \hat{\varphi}_2 \end{pmatrix} = \begin{pmatrix} \hat{\rho}_1 & \hat{\rho}_0 \\ \hat{\rho}_2 & \hat{\rho}_1 \end{pmatrix}^{-1} \begin{pmatrix} \hat{\rho}_2 \\ \hat{\rho}_3 \end{pmatrix} = \begin{pmatrix} 1.636 \\ -0.77 \end{pmatrix}.$$

由式（4.1.34）得

$$\begin{aligned}
\hat{\gamma}_0(Y_t) &= \sum_{i=0}^{2}\sum_{j=0}^{2}\hat{\varphi}_i\hat{\varphi}_j\,\hat{\gamma}_{i-j} \\
&= \hat{\gamma}_0\left[1 + \hat{\varphi}_1^2 + \hat{\varphi}_2^2 + (2\hat{\varphi}_1\hat{\varphi}_2 - 2\hat{\varphi}_1)\,\hat{\rho}_1 - 2\hat{\varphi}_2\,\hat{\rho}_2\right] \\
&= 0.135\,\hat{\gamma}_0,
\end{aligned}$$

$$\begin{aligned}
\hat{\gamma}_1(Y_t) &= \sum_{i=0}^{2}\sum_{j=0}^{2}\hat{\varphi}_i\hat{\varphi}_j\hat{\gamma}_{i-j+1} \\
&= \hat{\gamma}_0\left[\hat{\varphi}_1\hat{\varphi}_2 - \hat{\varphi}_1 + (1 - \hat{\varphi}_2 + \hat{\varphi}_1^2 + \hat{\varphi}_2^2)\,\hat{\rho}_1 + (\hat{\varphi}_1\hat{\varphi}_2 - \hat{\varphi}_1)\,\hat{\rho}_2 - \hat{\varphi}_2\,\hat{\rho}_3\right] \\
&= -0.041\hat{\gamma}_0,
\end{aligned}$$

于是由式（4.1.24）、式（4.1.36）和式（4.1.37）得

$$\frac{\hat{\gamma}_1(Y_t)}{\hat{\gamma}_0(Y_t)} = \frac{-\theta_1}{1 + \theta_1^2},$$

$$\frac{-0.041}{0.135} = \frac{-\theta_1}{1 + \theta_1^2},$$

根据可逆性条件，得到

$$\hat{\theta}_1 = 0.34,$$

又由式（4.1.36）得

$$\hat{\sigma}^2 = \frac{\hat{\gamma}_0(Y_t)}{1 + \hat{\theta}_1^2} = \frac{0.054}{1.1156} = 0.048,$$

故该 ARMA(2,1) 模型为

$$X_t - 1.636X_{t-1} + 0.77X_{t-2} = \varepsilon_t - 0.34\varepsilon_{t-1},$$

其中 $\{\varepsilon_t\} \sim WN(0, 0.048)$.

可以证明，ARMA(p,q) 模型参数的矩估计是相合估计，即当 $N \to \infty$ 时，

$$\hat{\Phi} \xrightarrow{P} \Phi, \quad \hat{\Theta} \xrightarrow{P} \Theta, \quad \hat{\sigma}^2 \xrightarrow{P} \sigma^2$$

一般地，矩估计的结果精度较差，但它们为精度较高的极大似然估计和最小二乘估计的迭代计算，提供了较好的初始值.

4.1.4 极大似然估计

设 ARMA 模型（4.1.18）平稳可逆，且设 $\{\varepsilon_t\} \overset{\text{i. i. d.}}{\sim} N(0, \sigma^2)$，$X_1, X_2, \cdots, X_N$ 是该模型的一组样本序列，并已零均值化.

由模型（4.1.18）的平稳解式（3.2.15）和定理 1.1.4 知，序列 $\{X_t\}$ 是正态序列. 于是，由样本序列 $\{X_t\}_{t=1}^N$ 得似然函数为

$$L(\varphi_i, \theta_j, \sigma^2) = (2\pi)^{-N/2}(\det(\Gamma_N))^{-1/2}\exp\left(-\frac{1}{2}X_N^{\mathrm{T}}\Gamma_N^{-1}X_N\right) \quad (4.1.38)$$

其中 $\Gamma_N = (\gamma_{ij})_{N\times N}$ 表示 $(X_1, X_2, \cdots, X_N)^{\mathrm{T}}$ 的协方差阵，$\gamma_{ij} = E(X_iX_j)$，$\gamma_{ij}(i, j =$

$1,2,\cdots,N)$ 可由 φ_i，$\theta_j(i=1,2,\cdots,p,\ j=1,2,\cdots,q)$，$\sigma^2$ 表示.

实践中更方便使用的是条件极大似然估计，条件似然函数为

$$\widetilde{L}(\varphi_i,\theta_j,\sigma^2) = (2\pi\sigma^2)^{-(N-k+1)/2}\exp\Big[-\frac{1}{2\sigma^2}\sum_{t=k}^{N}(X_t-\varphi_1X_{t-1}-\cdots$$

$$-\varphi_pX_{t-p}+\theta_1\varepsilon_{t-1}+\cdots+\theta_q\varepsilon_{t-q})^2\Big] \tag{4.1.39}$$

其中，当给定初始值 $X_0,X_{-1},\cdots,X_{1-p},\varepsilon_0,\varepsilon_{-1}\cdots,\varepsilon_{1-q}$ 时，取 $k=1$，这是通常的情形；也可以取 $k=p+1$，令 $\varepsilon_t=0$，$t\leqslant p$.

极大化似然函数 $L(\varphi_i,\theta_j,\sigma^2)$ 或者条件似然函数 $\widetilde{L}(\varphi_i,\theta_j,\sigma^2)$，就得到参数 $\boldsymbol{\Phi}=(\varphi_1,\cdots,\varphi_p)^{\mathrm{T}}$、$\boldsymbol{\Theta}=(\theta_1,\cdots,\theta_q)^{\mathrm{T}}$ 和 σ^2 的极大似然估计 $\hat{\boldsymbol{\Phi}}=(\hat{\varphi}_1,\cdots,\hat{\varphi}_p)^{\mathrm{T}}$、$\hat{\boldsymbol{\Theta}}=(\hat{\theta}_1,\cdots,\hat{\theta}_q)^{\mathrm{T}}$ 和 $\hat{\sigma}^2$. 计算过程需要使用数值方法，其中的迭代计算需要一个好的初始值. 比如，可以取矩估计作为初始值.

可以证明，极大似然估计有如下的渐近性质：当 $N\rightarrow\infty$ 时，

$$\sqrt{N}\binom{\hat{\boldsymbol{\Phi}}-\boldsymbol{\Phi}}{\hat{\boldsymbol{\Theta}}-\boldsymbol{\Theta}}\xrightarrow{D}N(0,\Sigma(\boldsymbol{\Phi},\boldsymbol{\Theta})),\ \hat{\sigma}^2\xrightarrow{P}\sigma^2,$$

其中 $\Sigma(\boldsymbol{\Phi},\boldsymbol{\Theta})=(\mathrm{Var}(W))^{-1}$，$W=(U_t,\cdots,,U_{t+1-p},V_t,\cdots,V_{t+1-q})^{\mathrm{T}}$，而 $\{U_t\}$，$\{V_t\}$ 分别是按照模型（4.1.18）中的自回归部分的参数和移动平均部分的参数定义的 $\mathrm{AR}(p)$ 和 $\mathrm{AR}(q)$ 过程，即

$$\boldsymbol{\Phi}(B)U_t=\varepsilon_t,\ \boldsymbol{\Theta}(B)V_t=\varepsilon_t$$

这里 $\{\varepsilon_t\}\overset{\mathrm{i.i.d}}{\sim}(0,\sigma^2)$，$\sigma^2>0$.

注 4.1.3 当 ARMA 模型（4.1.18）中，设序列 $\{\varepsilon_t\}\overset{\mathrm{i.i.d}}{\sim}(0,\sigma^2)$，即忽略 $\{\varepsilon_t\}$ 的分布时，序列 $\{X_t\}$ 不是正态序列，但经常仍然将高斯似然函数（4.1.38）或式（4.1.39）当作似然函数. 极大化这个似然函数得到的估计称为极大伪似然估计，或者就简称为极大似然估计，上面的极大似然估计的渐近性质仍然成立.

4.1.5 最小二乘估计

设 $X_1,X_2,\cdots,X_N$ 是平稳可逆 ARMA 模型（4.1.18）的一组零均值样本，由模型知

$$\varepsilon_t=X_t-\varphi_1X_{t-1}-\cdots-\varphi_pX_{t-p}+\theta_1\varepsilon_{t-1}+\cdots+\theta_q\varepsilon_{t-q},$$

ε_t 也称为残差项，则残差平方和为

$$S(\boldsymbol{\Phi},\boldsymbol{\Theta})=\sum_{t=p+1}^{N}(X_t-\varphi_1X_{t-1}-\cdots-\varphi_pX_{t-p}+\theta_1\varepsilon_{t-1}+\cdots+\theta_q\varepsilon_{t-q})^2.$$

$$\tag{4.1.40}$$

通常设定 $\varepsilon_t = 0$，$t \leqslant p$. 使得 $S(\boldsymbol{\Phi}, \boldsymbol{\Theta})$ 取极小值的 $\hat{\boldsymbol{\Phi}}$、$\hat{\boldsymbol{\Theta}}$，则称为模型（4.1.18）参数 $\boldsymbol{\Phi}$，$\boldsymbol{\Theta}$ 的（条件）最小二乘估计. 该最小二乘估计一般也是通过数值迭代计算得到. 白噪声方差 σ^2 常用的估计公式如下：

$$\hat{\sigma}^2 = \frac{S(\boldsymbol{\Phi}, \boldsymbol{\Theta})}{N - 2p - q}.$$

可以证明：对于自回归 AR(p) 模型，矩估计、（条件）极大似然估计和（条件）最小二乘估计的渐近性质类似. 对于 ARMA 模型（$q \geqslant 1$），（条件）极大似然估计与（条件）最小二乘估计的渐近性质类似，而它们都比矩估计要有效.

在常用的时间序列分析软件包中，比如 EViews、R 语言等，ARMA 模型参数的极大似然估计、最小二乘估计以及这两种方法相结合的估计，都可以方便地实现.

例 4.1.6　我国 2015 年第一季度到 2023 年第二季度银行业景气指数的数据见附录，共 34 个数据. 记该序列为 $\{Y_t\}$，其图形见图 4.1.1.

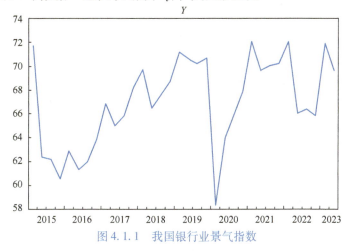

图 4.1.1　我国银行业景气指数

计算得到该序列的样本均值为 $\overline{Y} = 66.99$，显著非零. 于是，将景气指数序列值都减去样本均值 $\overline{Y}$，得到零均值化的景气指数序列，记为 $\{X_t\}$，即 $X_t = Y_t - 66.99$，例 5.1.6 中说明了序列 $\{X_t\}$ 是平稳的. 使用极大似然估计，对序列 $\{X_t\}$ 建立 AR(1) 模型，得到如表 4.1.1 所示的结果.

表 4.1.1　$\{X_t\}$ 建立 AR(1) 模型结果

参数	估计值	标准差	t 检验值	p 值
φ_1	0.5	0.2078	2.4337	0.0207

可见，参数 φ_1 非常显著，于是得到 AR(1) 模型为

$$X_t = 0.5 X_{t-1} + \varepsilon_t.$$

4.2 模型的识别

对于一个观察值序列，从各种模型中选择一个与其吻合的模型结构，就是模型的识别问题，包括识别模型的类型和模型的阶数.

4.2.1 模型类型的识别

这里介绍 Box 和 Jenkins 等提出的识别模型类型的方法，即根据样本自相关函数和样本偏自相关函数的截尾性或拖尾性，初步判断序列所适合的模型类型.

设 $X_1, \cdots, X_N$ 是平稳时间序列 $\{X_t\}$ 的一组样本观察值，并设序列 $\{X_t\}$ 的均值为零. 由表 3.4.1 知如果序列 $\{X_t\}$ 来自 AR(p) 模型，则它的自相关函数拖尾，偏自相关函数 p 步截尾；如果序列 $\{X_t\}$ 来自 MA(q) 模型，则它的自相关函数 q 步截尾，偏自相关函数拖尾；如果序列 $\{X_t\}$ 来自 ARMA(p, q) 模型，则它的自相关函数拖尾，偏自相关函数拖尾.

但是，由于样本的随机性，AR(p) 模型的样本偏自相关函数不会呈现 p 步截尾，而是 p 步后呈现小幅振荡接近于零. 同样，MA(q) 模型的样本自相关函数也不会 q 步截尾，而是 q 步后在零值附近做小值波动. 另一方面，由注 3.4.1 和注 3.4.3 知，所有平稳时间序列都只具有短期相关性，随着延迟阶数的增加，样本自相关函数和样本偏自相关函数都会衰减至零值附近. 那么，什么情况下样本自相关函数和样本偏自相关函数应该看作截尾，什么情况下应该看作拖尾呢？可以根据如下的定理 4.2.1 和定理 4.2.2 来构造判断方法.

定理 4.2.1 设 $X_1, \cdots, X_N$ 是由白噪声 $\{\varepsilon_t\} \overset{i.i.d.}{\sim} (0, \sigma^2)$，生成的平稳 AR($p$) 模型的样本，则对任何 $k > p$，当 $N \to \infty$ 时，有

$$\hat{\varphi}_{kk} \overset{D}{\to} N(0, 1/N),$$

其中 $\hat{\varphi}_{kk}$ 是根据样本 $X_1, \cdots, X_N$ 估计 AR(k) 模型参数所得的 φ_k 的估计.

定理 4.2.2 设 $X_1, \cdots, X_N$ 是由白噪声 $\{\varepsilon_t\} \overset{i.i.d.}{\sim} (0, \sigma^2)$ 生成的 MA(q) 模型的样本，$E(\varepsilon^4) < \infty$，则对任何 $k > q$，当 $N \to \infty$ 时，有

$$\hat{\rho}_k \overset{D}{\to} N(0, \frac{1}{N}(1 + 2\sum_{l=1}^{q} \hat{\rho}_l^2)),$$

特别地，如果 $\{X_t\} \sim WN(0, \sigma^2)$，则

$$\hat{\rho}_k \overset{D}{\to} N(0, \frac{1}{N}).$$

这时，样本自相关函数 $\hat{\rho}_k$ 大概 95% 的可能性落在区间 $\pm 1.96 N^{-1/2}$.

注 4.2.1　如果平稳序列 $X_1, \cdots, X_N$ 的均值不为零，定理 4.2.1 和定理 4.2.2 结论依然成立.

根据定理 4.2.1，若 $X_1, \cdots, X_N$ 来自平稳 AR(p) 模型，则 $k > p$ 时，有

$$P\left(|\hat{\varphi}_{kk}| \leqslant \frac{1}{\sqrt{N}} \right) = 68.3\%,$$

或

$$P\left(|\hat{\varphi}_{kk}| \leqslant \frac{2}{\sqrt{N}} \right) = 95.5\%.$$

于是，构造的判断方法是：

取 $M = [\sqrt{N}]$ 或 $M = \left[\dfrac{N}{10} \right]$，对于每个 $k > 0$，可以分别检验 $\hat{\varphi}_{k+1k+1}, \hat{\varphi}_{k+2k+2}, \cdots,$ $\hat{\varphi}_{k+Mk+M}$ 中满足

$$|\hat{\varphi}_{k+ik+i}| \leqslant \frac{1}{\sqrt{N}}, \ i = 1, 2, \cdots, M$$

的比例是否达到 68.3%. 若 $k = 1, 2, \cdots, p-1$ 都未达到，而 $k = p$ 达到，则可以认为 $\hat{\varphi}_{kk}$ 在 p 步截尾.

同样地，根据定理 4.2.2，若 $X_1, \cdots, X_N$ 来自 MA(q) 模型，则 $k > q$ 时，有

$$P\left(|\hat{\rho}_k| \leqslant \frac{1}{\sqrt{N}} \left(1 + 2 \sum_{l=1}^{q} \hat{\rho}_l^2 \right)^{1/2} \right) = 68.3\%,$$

或

$$P\left(|\hat{\rho}_k| \leqslant \frac{2}{\sqrt{N}} \left(1 + 2 \sum_{l=1}^{q} \hat{\rho}_l^2 \right)^{1/2} \right) = 95.5\%,$$

于是判断的方法是：

对于每个 $k > 0$，可以分别检验 $\hat{\rho}_{k+1}, \hat{\rho}_{k+2}, \cdots, \hat{\rho}_{k+M}$ 中满足

$$|\hat{\rho}_{k+i}| \leqslant \frac{1}{\sqrt{N}} \left(1 + 2 \sum_{l=1}^{k} \hat{\rho}_l^2 \right)^{1/2}, \ i = 1, 2, \cdots, M$$

的比例是否达到 68.3%. 若 $k = 1, 2, \cdots, q-1$ 都未达到，而 $k = q$ 达到，则可以认为 $\hat{\rho}_k$ 在 q 步截尾.

当然，上述检验换成两倍的标准差内占比超过 95.5% 也可得类似结论. 若序列 $\hat{\varphi}_{kk}$ 和 $\hat{\rho}_k$ 都无截尾特征，则考虑对平稳序列 $\{X_t\}$ 建立混合 ARMA 模型.

例 4.2.1　计算例 4.1.6 中零均值化的银行业景气指数 $\{X_t\}$ 的自相关函数 $\hat{\rho}_k$ 和偏自相关函数 $\hat{\varphi}_{kk}$，得到结果见表 4.2.1.

表 4.2.1　银行业景气指数 $\{X_t\}$ 的自相关函数和偏自相关函数

k	$\hat{\rho}_k$	$\hat{\varphi}_{kk}$	k	$\hat{\rho}_k$	$\hat{\varphi}_{kk}$
1	0.489	0.489	6	−0.037	−0.051
2	0.279	0.052	7	0.000	0.057
3	0.085	−0.092	8	0.012	0.009
4	0.053	0.042	9	0.021	−0.003
5	0.006	−0.022	10	−0.041	−0.069

取 $M = [\sqrt{N}] = 5$，$\dfrac{1}{\sqrt{N}} = 0.17$，可见，当 $k = 1$ 时，$|\hat{\varphi}_{k+i,k+i}| < 0.17$，$i = 1$，$2,\cdots,5$，故可以认为 $\hat{\varphi}_{kk}$ 在 1 步后截尾，$\hat{\rho}_k$ 呈现拖尾，初步判断序列 $\{X_t\}$ 适合 AR(1) 模型.

另一方面，当 $k = 1$ 时，$\dfrac{1}{\sqrt{N}}(1 + 2\hat{\rho}_1^2)^{1/2} = 0.21$，在 $\hat{\rho}_{k+i}(i = 1,2,\cdots,5)$ 中，满足 $|\hat{\rho}_{k+i}| < 0.21$ 的有 4 个，占比 $\dfrac{4}{5} = 80\% > 68.3\%$，故也可以认为 $\hat{\rho}_k$ 是 1 步截尾的，$\hat{\varphi}_{kk}$ 呈现拖尾，可以初步判断序列 $\{X_t\}$ 适合 MA(1) 模型. 但是，对 MA(1) 模型进行参数估计时，得到 $\theta_1 = 0.4$，其 p 值为 0.16，没有通过显著性检验. 所以，还是选择 AR(1) 模型.

注 4.2.2　简便起见，有时将自相关函数 $\hat{\rho}_k$ 渐近正态分布的方差也取为 $\dfrac{1}{N}$，这样，自相关函数 $\hat{\rho}_k$ 和偏自相关函数 $\hat{\varphi}_{kk}$ 的渐近分布就一样了，它们的标准差都是 $\dfrac{1}{\sqrt{N}}$. 实际中，判断自相关函数 $\hat{\rho}_k$ 或偏自相关函数 $\hat{\varphi}_{kk}$ 是否截尾，可以根据某步后 $\hat{\rho}_k$ 或 $\hat{\varphi}_{kk}$ 超出一倍的标准差的占比是否大约是 1/3，或者超出两倍的标准差的占比是否大约是 1/20，来做出判断. 例如，做出例 4.2.1 零均值化的银行业景气指数 $\{X_t\}$ 的自相关函数 $\hat{\rho}_k$ 和偏自相关函数 $\hat{\varphi}_{kk}$ 图，如图 4.2.1 所示，在图中加上的两条虚线表示它们两倍的标准差 $\dfrac{2}{\sqrt{N}} = 0.34$. 可以直观地看到，自相关函数 $\hat{\rho}_k$ 和偏自相关函数 $\hat{\varphi}_{kk}$ 都具有一步截尾性.

例 4.2.2　零均值化的 1980 年至 2023 年中国棉花种植面积序列 $\{X_t\}$ 的介绍

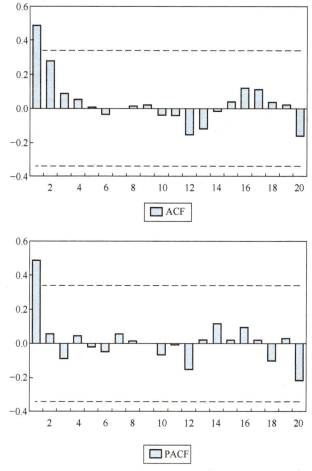

图 4.2.1 景气指数 $\{X_t\}$ 的自相关函数 $\hat{\rho}_k$ 和偏自相关函数 $\hat{\varphi}_{kk}$

见例 5.1.7，序列 $\{X_t\}$ 是平稳的．序列 $\{X_t\}$ 的自相关函数和偏自相关函数见图 4.2.2 和图 4.2.3，它们的标准差为 $\frac{1}{\sqrt{N}} = 0.15$．可见，偏自相关函数一步后超出一倍的标准差的占比不超过 1/3，自相关函数呈现拖尾性，故可初步判断序列适合 AR(1) 模型．

4.2.2 模型的定阶

从模型类型的初步识别中，看到可能有不同的结果．同样，如果对于识别类型后的模型进行定阶，根据不同的定阶方法，也可能得到不同阶数的模型．那么哪个模型是对的呢？事实上，对于一组实际数据而言，不存在所谓真正对的模型．一个比较好的模型需要综合考虑许多的方面，比如，模型的简约性、模型参

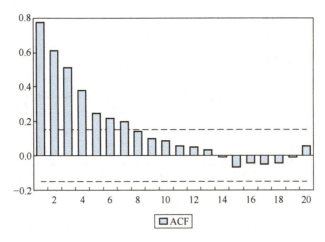

图 4.2.2 棉花种植面积序列 $\{X_t\}$ 的自相关函数图

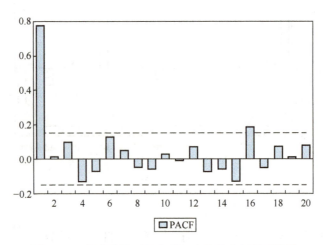

图 4.2.3 棉花种植面积序列 $\{X_t\}$ 的偏自相关函数图

数的显著性、残差方差的大小以及残差的不相关性等. 关于模型的定阶,下面介绍几种常用的方法.

(1)样本相关函数法

如果一组数据适合自回归模型 AR 或者移动平均模型 MA,由上面的分析可知,利用样本自相关函数和样本偏自相关函数,可以在得到该模型类别的同时,也得到该模型的阶数. 如果样本数据适合的是混合模型 ARMA,则需要使用其他的方法来确定混合模型的阶数,比如使用 Pandit-Wu 方法,该方法将会在 4.4节中说明,并且举出使用该方法建立混合模型的例子.

（2）残差方差法

对于一组实际数据 $X_1, X_2, \cdots, X_N$，在确定了模型的类型后，可以从低阶开始拟合模型，如果模型的阶数偏低，是一种不足的拟合，需要升高模型的阶数. 这时随着模型阶数的升高，模型拟合的残差平方和或者残差方差将随之减少；如果模型的阶数达到最优，继续升高模型的阶数，是一种过拟合，这时模型拟合的残差方差变化不大，甚至有所增加. 因此，可以通过计算不同阶数模型拟合的残差方差，来选择使得残差方差达到最小的模型. 如果有多个拟合的残差方差达到极小值，则选择阶数较低的模型，这就是简约性原则.

模型拟合的残差方差，也是模型白噪声方差 σ^2 的估计. 设 $X_1, X_2, \cdots, X_N$ 是一组零均值平稳样本序列，拟合 $ARMA(p, q)$ 模型（4.1.18），先估计参数 $\hat{\varphi}_1$，$\hat{\varphi}_2, \cdots, \hat{\varphi}_p, \hat{\theta}_1, \hat{\theta}_2, \cdots, \hat{\theta}_q$，可以使用矩估计、极大似然估计、最小二乘估计等. 这时，白噪声方差 σ^2 可以统一由如下公式进行估计：

$$\hat{\sigma}^2 = \frac{Q}{N' - \gamma}.$$

其中 N' 为实际观察值个数，即残差序列样本值的个数. 一般地，对于极大似然估计拟合的模型，$N' = N$；对于最小二乘估计拟合的模型，$N' = N - p$. 易见，对于矩估计和极大似然估计，这里 $\hat{\sigma}^2$ 的计算结果将与上一节中的不同，但在样本序列长度 N 较大时，差别不大. 同样，模型的残差平方和 Q 统一计算公式如下：

$$Q = \sum_{t=k}^{N} (X_t - \hat{\varphi}_1 X_{t-1} - \hat{\varphi}_2 X_{t-2} - \cdots - \hat{\varphi}_p X_{t-p} + \hat{\theta}_1 \varepsilon_{t-1} + \hat{\theta}_2 \varepsilon_{t-2} + \cdots + \hat{\theta}_q \varepsilon_{t-q})^2.$$

通常对于极大似然估计拟合的模型，$k = 1$；对于最小二乘估计拟合的模型，$k = p + 1$. $\gamma = p + q$，为模型的参数个数. 如果样本数据不是零均值的，拟合的 $ARMA(p, q)$ 模型中含有均值 μ（见注 3.1.2），则 $\gamma = p + q + 1$. 显然，不同的估计方法往往得到不同的残差方差，但如果 N 很大，这些差异可以忽略.

可以将残差方差随模型阶数的变化用图形表示，称为残差方差图. 如图 4.2.4 所示是例 4.2.2 中零均值化的中国棉花种植面积序列 $\{X_t\}$ 拟合 1~5 阶 AR 模型的残差方差图. 可见，AR(1) 模型的残差方差最小，应考虑选择 AR(1) 模型.

（3）F 检验法

设 $X_1, X_2, \cdots, X_N$ 是一组零均值平稳样本时间序列，F 检验法采用过拟合的方式. 首先，将样本序列 $X_1, X_2, \cdots, X_N$ 拟合 $ARMA(p, q)$ 模型（4.1.18），再假定 $ARMA(p, q)$ 模型中某些高阶系数为零，降低该模型的阶数，并拟合该模型. 然后，根据 F 检验法做出判断：$ARMA(p, q)$ 模型与降低了阶数的模型之间，是否有显著性差异. 如果有显著性差异，则选择 $ARMA(p, q)$ 模型，且说明模型的阶数仍然有升高的可能；如果没有显著性差异，则选择阶数较低的模型，且说明模

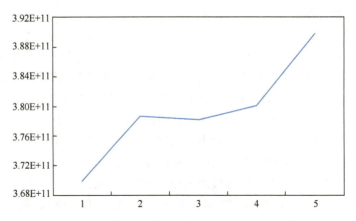

图 4.2.4 零均值棉花种植面积序列拟合 AR 模型的残差方差图

型的阶数还有可能降低.

事实上，这里的 F 检验法来源于多元线性回归中，检验两个回归模型之间是否有显著性差异的 F 检验法. 1967 年，瑞典控制论专家 K. J. Aström，将 F 检验法运用到线性时间序列模型 ARMA 的定阶，下面举例具体说明.

假定零均值平稳样本序列 $X_1, X_2, \cdots, X_N$ 适合模型 $\mathrm{ARMA}(p, q)$ 或者 $\mathrm{ARMA}(p-1, q-1)$，检验假设

$$H_0: \varphi_p = 0, \theta_q = 0, H_1: \varphi_p, \theta_q 不全为 0,$$

检验统计量为

$$F = \frac{Q_1 - Q_0}{2} \Big/ \frac{Q_0}{N - 2p - q} \sim F(2, N - 2p - q),$$

其中 Q_0、Q_1 分别为样本序列拟合 $\mathrm{ARMA}(p, q)$ 模型和 $\mathrm{ARMA}(p-1, q-1)$ 模型的残差平方和，即

$$Q_0 = \sum_{t=P+1}^{N} (X_t - \hat{\varphi}_1 X_{t-1} - \hat{\varphi}_2 X_{t-2} - \cdots - \hat{\varphi}_p X_{t-p} + \hat{\theta}_1 \varepsilon_{t-1} + \hat{\theta}_2 \varepsilon_{t-2} + \cdots + \hat{\theta}_q \varepsilon_{t-q})^2,$$

$$Q_1 = \sum_{t=P}^{N} (X_t - \hat{\varphi}_1 X_{t-1} - \cdots - \hat{\varphi}_{p-1} X_{t-p+1} + \hat{\theta}_1 \varepsilon_{t-1} + \hat{\theta}_2 \varepsilon_{t-2} + \cdots + \hat{\theta}_{q-1} \varepsilon_{t-q+1})^2,$$

这里的参数估计通常使用的是最小二乘估计.

一般地，若将 $\mathrm{ARMA}(p, q)$ 模型与它的 s 个参数设置为 0 的较低阶模型，使用 F 检验法进行比较，这时原假设 H_0 中检验的参数个数为 s，检验统计量 F 的分布为

$$F = \frac{Q_1 - Q_0}{s} \Big/ \frac{Q_0}{N - 2p - q} \sim F(s, N - 2p - q).$$

对于给定的显著性水平 α，$F_\alpha(s, N - 2p - q)$ 为 F 分布的上侧 α 分位数（本

书中的分位数均为上侧分位数). 若 $F > F_\alpha(s, N-2p-q)$，则拒绝原假设，认为 $\text{ARMA}(p-1, q-1)$ 不是适合的模型，$\text{ARMA}(p, q)$ 模型的阶数不能降低，$\text{ARMA}(p, q)$ 模型与 $\text{ARMA}(p-1, q-1)$ 模型之间有着显著性差异，模型的阶数存在继续升高的可能. 否则，接受原假设，认为 $\text{ARMA}(p-1, q-1)$ 模型是适合的模型，$\text{ARMA}(p, q)$ 模型与 $\text{ARMA}(p-1, q-1)$ 模型之间没有显著性差异，模型的阶数存在继续降低的可能.

例 4.2.3 对例 4.1.6 中零均值化的景气指数序列 $\{X_t\}$，使用最小二乘法分别拟合 $\text{AR}(1)$ 和 $\text{AR}(2)$ 模型，得到残差平方和分别为 $Q_1 = 328.98$ 和 $Q_0 = 278.38$，检验假设

$$H_0: \varphi_2 = 0, \ H_1: \varphi_2 \neq 0,$$

检验统计量

$$F = \frac{Q_1 - Q_0}{1} \bigg/ \frac{Q_0}{34 - 2 \times 2} \sim F(1, 30),$$

$$F = \frac{\dfrac{328.98 - 278.38}{1}}{\dfrac{278.38}{34 - 4}} = 5.45.$$

如果取显著性水平 $\alpha = 0.05$，$F_{0.05}(1, 30) = 4.17 < 5.45$，拒绝原假设，认为 $\text{AR}(2)$ 更合适，模型阶数应该升高；如果取显著性水平 $\alpha = 0.025$，$F_{0.025}(1, 30) = 5.57 > 5.45$，接受原假设，认为 $\text{AR}(1)$ 模型与 $\text{AR}(2)$ 模型之间没有显著性差异，应该选择低阶模型 $\text{AR}(1)$. $\text{AR}(2)$ 模型参数最小二乘估计的结果如表 4.2.2 所示.

表 4.2.2 $\{X_t\}$ 建立 $\text{AR}(2)$ 模型结果

参数	估计值	标准差	t 检验值	p 值
φ_1	0.56	0.17	3.34	0.002
φ_2	0.02	0.17	0.13	0.90

可见，参数 φ_2 没有通过显著性检验，所以应该选择 $\text{AR}(1)$ 模型.

(4) 准则函数法

1971 年，日本统计学家赤池 (Akaike) 提出识别 AR 模型阶数的 FPE (Final Prediction Error) 准则，其思想是：计算拟合模型的向前一步预测的均方误差，使得该误差达到最小的模型是最优模型.

设零均值平稳样本序列 $X_1, X_2, \cdots, X_N$ 适合模型 $\text{AR}(p)$，如果用 $\text{AR}(n)$ $(n > p$ 或者 $n < p)$ 模型去拟合，则向前一步预测的均方误差一般都会比 $\text{AR}(p)$ 模型的大. 记 $\hat{X}_{t-1}(1)$ 为 $t-1$ 时刻使用拟合的 $\text{AR}(n)$ 模型对 X_t 的向前一步预测，一般的有

$$\hat{X}_{t-1}(1) = \hat{\varphi}_1 X_{t-1} + \hat{\varphi}_2 X_{t-2} + \cdots + \hat{\varphi}_n X_{t-n}.$$

通常这里的$\hat{\varphi}_1, \hat{\varphi}_2, \cdots, \hat{\varphi}_n$由极大似然估计得到. 可以证明，该一步预测的均方误差有如下结果：

$$E[X_t - \hat{X}_{t-1}(1)]^2 \approx \left(1 + \frac{n}{N}\right)\sigma^2. \tag{4.2.1}$$

可以证明，如果$\hat{\sigma}^2$是白噪声方差σ^2的极大似然估计，当N充分大时有

$$E\left(\frac{N\hat{\sigma}^2}{N-n}\right) \approx \sigma^2.$$

于是，用$N\hat{\sigma}^2/N-n$替代式（4.2.1）中的σ^2得到

$$E[X_t - \hat{X}_t(1)]^2 \approx \frac{N+n}{N-n}\hat{\sigma}^2,$$

定义 FPE 准则函数为

$$\text{FPE}(n) = \frac{N+n}{N-n}\hat{\sigma}^2.$$

如果用 AR 模型从低阶到高阶拟合样本序列，使得 FPE 准则函数达到最小的阶数为n_0，即

$$\text{FPE}(n_0) = \min_{1 \leqslant n \leqslant M(N)} \text{FPE}(n),$$

则 AR(n_0)模型是 FPE 准则下的最优模型，其中$M(N)$通常取为$\left[\frac{1}{3}N\right] \sim \left[\frac{2}{3}N\right]$之间的某个整数.

1973 年，赤池又提出 AIC（Akaike Information Criterion）准则，并推广到 ARMA 模型. AIC 准则已被认为是 20 世纪统计学重要发现之一，AIC 准则确定的模型阶数更接近于真实阶数，是常用的选择模型的标准.

如果使用零均值平稳样本序列$X_1, X_2, \cdots, X_N$拟合 ARMA(n, m)模型，AIC 准则函数定义如下：

$$\text{AIC}(n, m) = \ln\hat{\sigma}^2 + \frac{2(n+m)}{N}, \tag{4.2.2}$$

其中$\hat{\sigma}^2$通常为白噪声方差σ^2的极大似然估计. 若有n_0, m_0使得 AIC 准则函数达到最小，即

$$\text{AIC}(n_0, m_0) = \min_{1 \leqslant n, m \leqslant M(N)} \text{AIC}(n, m),$$

则 ARMA(n_0, m_0)模型是 AIC 准则下的最优模型.

注 4.2.3 如果使用 ARMA 模型从低阶到高阶拟合样本序列，一般阶数较低时，随着n或m的增大，式（4.2.2）中第一项的残差方差$\hat{\sigma}^2$下降较快，第二项虽然增长但较小，AIC 值下降；但随着模型阶数的继续升高，残差方差$\hat{\sigma}^2$下降变缓，式（4.2.2）中第二项的值变大，使得 AIC 值不再下降，转为增长. 式（4.2.2）中

第二项可以视为对模型阶数升高带来模型复杂性的惩罚, 以防止过拟合.

注 4.2.4　如果拟合模型的样本序列不是零均值的, 需要多估计一个序列均值 μ 参数, 这时 AIC 准则函数为

$$\text{AIC}(n,m) = \ln\hat{\sigma}^2 + \frac{2(n+m+1)}{N}.$$

理论上已经证明, 由 AIC 准则估计的模型的阶, 并不依概率收敛到模型真正的阶. 为此, 赤池等学者又提出了 BIC 准则. 如果平稳样本序列 $X_1, X_2, \cdots, X_N$ 适合模型 $\text{ARMA}(p,q)$, 则由 BIC 准则得到的模型阶的估计 $\hat{p}$ 和 $\hat{q}$, 有 $N \to \infty$ 时, $\hat{p} \xrightarrow{P} p$, $\hat{q} \xrightarrow{P} q$.

使用零均值平稳样本序列 $X_1, X_2, \cdots, X_N$ 拟合模型 $\text{ARMA}(n,m)$, BIC 准则函数定义如下:

$$\text{BIC}(n,m) = \ln\hat{\sigma}^2 + \frac{n+m}{N}\ln N, \tag{4.2.3}$$

若有 n_0, m_0 使得 BIC 准则函数达到最小, 即

$$\text{BIC}(n_0, m_0) = \min_{1 \leqslant n, m \leqslant M(N)} \text{BIC}(n,m),$$

则 $\text{ARMA}(n_0, m_0)$ 模型是 BIC 准则下的最优模型.

将式 (4.2.2) 与式 (4.2.3) 比较可见, BIC 准则函数中第二项一般大于 AIC 准则函数中第二项. 因此, BIC 准则函数确定的阶往往低于 AIC 准则函数确定的阶. 但是, 通常来说, 模型的阶数略高并不会有什么损失, 而且有理论表明, AIC 准则估计的模型的阶有着所谓的有效性. 所以, 准则函数定阶法仍然首推 AIC 准则.

例 4.2.4　对例 4.1.6 中零均值化的景气指数序列 $\{X_t\}$, 使用极大似然估计分别拟合 AR(1)、AR(2)、AR(3)、AR(4) 模型, 得到各个模型相应的 AIC 值和 BIC 值, 结果见图 4.2.5. 可见, 由 AIC 准则和 BIC 准则确定的最优模型都是 AR(1).

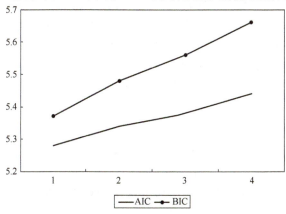

图 4.2.5　1~4 阶 AR 模型 AIC 值和 BIC 值

另一方面，由例 4.2.1 中序列 $\{X_t\}$ 的自相关函数 $\hat{\rho}_k$ 和偏相关函数 $\hat{\varphi}_{kk}$ 表 4.2.1 知，只有一阶、二阶自相关函数较大，其余自相关函数都小于 0.1，于是考虑拟合 MA(1) 和 MA(2) 模型. 将它们拟合的 AIC 值和 BIC 值与 AR(1) 模型的进行比较，如表 4.2.3 所示，AR(1) 模型的 AIC 值和 BIC 值都是较小的，AR(1) 模型仍然是最优的.

表 4.2.3 模型 AIC 值和 BIC 值比较

模型	AIC 值	BIC 值
AR(1) 模型	5.28	5.37
MA(1) 模型	5.36	5.45
MA(2) 模型	5.32	5.46

4.3 模型的诊断检验

使用样本数据拟合一个时间序列模型，通常是按照模型的识别、参数估计和模型的诊断，这样的步骤进行. 模型的诊断是对拟合的模型的有效性进行检验，是建立模型的重要环节，只有通过了诊断检验的模型才是合适的模型，或者称之为适应的模型. 诊断检验也称为适应性检验.

模型的诊断检验，一般就是检验拟合模型的残差是否符合理论上对模型残差的设定. 对于线性时间序列模型，其残差序列的设定是白噪声，即均值为零、方差为常数的不相关序列. 因而，线性时间序列模型的诊断检验是检验残差是否为零均值、同方差和不相关的序列.

4.1.1 节中，已经给出样本序列是否为零均值的检验方法. 对于判断方差是否为常数，这里不做深入的探讨，只要残差的波动幅度基本一致，就视为同方差. 本节假设残差序列已经是零均值、同方差的平稳序列，接下来模型的诊断检验就是检验残差是否满足不相关性. 显然，一个好的线性时间序列拟合模型，应该能够提取观察值序列中几乎所有的样本相关性信息，使得剩余序列（即残差序列）为不相关序列. 反之，如果残差序列中还残留有相关信息未被提取，则拟合的模型不够有效. 下面介绍若干常用的模型诊断检验方法.

4.3.1 散点图法

设平稳时间序列 $X_1, \cdots, X_N$ 拟合 ARMA(p, q) 模型，其残差序列为 $\varepsilon_{p+1}, \cdots, \varepsilon_N$. 做出 ε_t 对 $\varepsilon_{t-j}, j = 1, 2, \cdots$，以及 ε_t 对 $X_{t-j}, j = p+1, p+2, \cdots$ 的散点图. 若两类散点图没有呈现明显的相关性，则可以认为残差序列是不相关序列，模型 ARMA(p, q) 是合适的.

例如，对于例4.1.6中拟合的 AR(1) 模型，分别绘出其残差 ε_t 对 ε_{t-1} 和残差 ε_t 对 X_{t-2} 的散点图（见图4.3.1和图4.3.2）. 可见，两张图呈现的相关性都不是很明显，可以粗略地判断 AR(1) 模型是合适的模型.

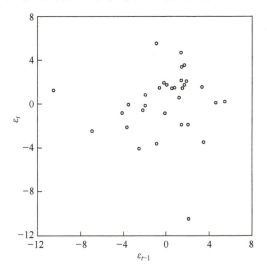

图 4.3.1 ε_t 对 ε_{t-1} 的散点图

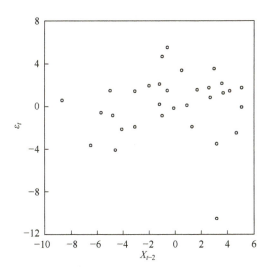

图 4.3.2 ε_t 对 X_{t-2} 的散点图

4.3.2 相关函数法

估计残差 ε_t 与 $\varepsilon_{t-j}(j=1,2,\cdots)$ 或 ε_t 与 $X_{t-j}(j=p+1,p+2,\cdots)$ 之间的相关函

数，如果这些相关函数绝对值除极个别以外，大多数较小，则认为残差序列不相关，即认为模型是合适的；否则认为模型不合适. 一般地，当相关函数的绝对值小于 0. 1 时，可认为相关函数较小.

例如，例 4. 1. 6 中拟合 AR(1) 模型的残差序列的样本自相关函数如图 4. 3. 3 所示. 可见，绝大部分残差序列自相关函数绝对值小于 0. 1. 另外，计算得残差 ε_t 对 X_{t-2} 的相关系数为 0. 069，也小于 0. 1，所以，可以认为残差序列是不相关序列，拟合的 AR(1) 模型是合适的.

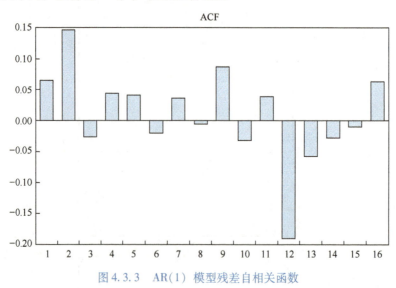

图 4. 3. 3　AR(1) 模型残差自相关函数

4.3.3　正态分布检验法

由 4. 2 节中定理 4. 2. 2 知，如果残差序列 $\{\varepsilon_t\} \sim WN(0,\sigma^2)$ $(t=1,2,\cdots,N)$，当 $N \to \infty$ 时，残差序列样本自相关函数 $\hat{\rho}_k$ 有

$$\hat{\rho}_k \xrightarrow{D} N(0,\frac{1}{N}).$$

由此，可以构造正态分布检验法.

使用平稳样本时间序列 $X_1,\cdots,X_N$ 拟合 ARMA(p,q) 模型，其残差序列 $\{\varepsilon_t\}$ 样本值的个数，对于极大似然估计拟合的模型，通常为 N；而对于最小二乘估计拟合的模型，残差序列样本值个数一般为 $N-p$. 下面都以残差序列样本值个数为 N 为例进行讨论，提出假设

$$H_0: 序列\{\varepsilon_t\}是白噪声, H_1: 序列\{\varepsilon_t\}不是白噪声$$

计算序列 $\{\varepsilon_t\}$ 前 M 个样本自相关函数 $\hat{\rho}_1,\hat{\rho}_2,\cdots,\hat{\rho}_M$，其中 M 不需要取太大，因为由 3. 4 节知，平稳序列的自相关函数是指数衰减趋于零的，通常取 $M=[\sqrt{N}]$ 或

$M = \left[\dfrac{N}{10}\right]$. 一般地，如果这 M 个自相关函数中，满足

$$|\hat{\rho}_k| < 1.96\, N^{-1/2}$$

的个数达到 95%，则接受 H_0，认为序列 $\{\varepsilon_t\}$ 是白噪声；否则，拒绝 H_0，认为序列 $\{\varepsilon_t\}$ 不是白噪声.

例如，检验例 4.1.6 中拟合的 AR(1) 模型的残差序列，这时 $N = 34$，$1.96\, N^{-1/2} = 0.34$，$M = [\sqrt{N}] = 5$. 由图 4.3.3 可得，所有残差序列自相关函数的绝对值都小于 0.34，故接受 H_0，认为是残差序列是白噪声，拟合的 AR(1) 模型是合适的.

4.3.4　χ^2 检验法

上面是分别考察每一个 $\hat{\rho}_k (k = 1,2,\cdots,M, M = [\sqrt{N}]$ 或 $M = \left[\dfrac{N}{10}\right])$ 来检验白噪声，更准确的检验方法是将 M 个 $\hat{\rho}_k$ 一起考察，进行白噪声检验. 对于拟合的 ARMA(p,q) 的残差序列 $\{\varepsilon_t\}$ 及其样本自相关函数 $\hat{\rho}_k$，1970 年 Box 和 Pierce 证明了残差序列是白噪声时，即 H_0 成立时，如下 Q 统计量

$$Q = N \sum_{k=1}^{M} \hat{\rho}_k^2$$

近似服从 $\chi^2(M-p-q)$ 分布. 由此，可以构造 χ^2 检验如下：对于给定的显著性水平 α，如果 $Q \leqslant \chi_\alpha^2(M-p-q)$，则接受 H_0，认为残差序列 $\{\varepsilon_t\}$ 是白噪声；如果 $Q > \chi_\alpha^2(M-p-q)$，则拒绝 H_0，认为残差序列 $\{\varepsilon_t\}$ 不是白噪声.

1978 年，Ljung 和 Box 又证明 Q 统计量的修正

$$\widetilde{Q} = N(N+2) \sum_{k=1}^{M} (N-k)^{-1} \hat{\rho}_k^2$$

更加接近于 $\chi^2(M-p-q)$ 分布. 由 $\widetilde{Q}$ 统计量可以类似地构造白噪声检验方法，该检验方法称为 LB 检验（或 Ljung – Box 检验）. $\widetilde{Q}$ 统计量也被称为 Q 统计量，一般书籍和软件中使用的 Q 统计量都是指 $\widetilde{Q}$ 统计量.

例如，对例 4.1.6 中拟合的 AR(1) 模型，$M = [\sqrt{N}] = [\sqrt{34}] = 5$，计算其残差序列的自相关函数有

$$\hat{\rho}_1 = 0.065, \hat{\rho}_2 = 0.146, \hat{\rho}_3 = -0.026, \hat{\rho}_4 = 0.044, \hat{\rho}_5 = 0.041,$$

得

$$Q = 34 \times \sum_{k=1}^{5} \hat{\rho}_k^2 = 1.01,$$

$$\widetilde{Q} = 34(34+2) \sum_{k=1}^{5} (34-k)^{-1} \hat{\rho}_k^2 = 1.15,$$

取显著性水平 $\alpha = 0.05$，$\chi^2_{0.05}(5-1) = 9.49 > \widetilde{Q} > Q$，所以残差序列是白噪声，AR(1) 模型合适.

另外，上一节中的 F 检验法、准则函数法也是诊断模型合不合适的常用方法，即认为由 F 检验法选择的模型是合适的模型，认为使得准则函数达到最小的模型是合适的模型，详细的过程这里不再赘述.

4.4　建模举例

运用前面三节的知识，对于平稳的样本序列，可以建立 ARMA 模型，本节举例说明建模的过程. 使用的方法包括 Box – Jenkins 方法，以及 Pandit 和 Wu 在 Box – Jenkins 方法的基础上提出的建模方法，即 Pandit – Wu 方法.

4.4.1　Box – Jenkins 方法建模举例

设样本序列是平稳的，Box – Jenkins 方法是首先根据样本自相关函数和样本偏自相关函数的截尾性或拖尾性，判断序列所适合的模型类型. 然后，再对模型进行定阶，接着，对模型的参数进行估计. 最后，对模型进行诊断检验，也即是检验模型的残差是否为白噪声.

例 4.4.1　某省 1962 年至 2022 年人口自然增长率数据（见附录）共 61 个值，记为 $\{X_t\}$（$t = 1,2,\cdots,61$），其图形见图 4.4.1. 例 5.1.9 说明了该序列是平稳的.

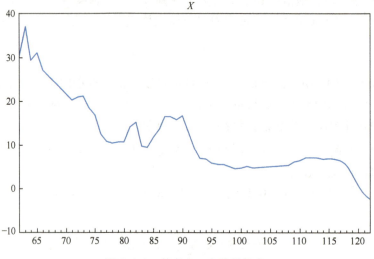

图 4.4.1　某省人口自然增长率

序列 $\{X_t\}$ 的样本均值为 $\overline{X}_{61}=11.76082$，序列均值显然非零．这里不将序列 $\{X_t\}$ 零均值化，而是在模型估计中增加对模型常数项 c 的估计．计算 $\{X_t\}$ 的自相关函数 $\hat{\rho}_k$ 和偏自相关函数 $\hat{\varphi}_{kk}$，得到的结果见表 4.4.1.

表 4.4.1　序列 $\{X_t\}$ 的自相关函数和偏自相关函数

k	$\hat{\rho}_k$	$\hat{\varphi}_{kk}$	k	$\hat{\rho}_k$	$\hat{\varphi}_{kk}$
1	0.905	0.905	6	0.479	−0.041
2	0.786	−0.182	7	0.429	0.033
3	0.694	0.099	8	0.382	−0.040
4	0.602	−0.091	9	0.334	−0.002
5	0.536	0.116	10	0.288	−0.033

取 $M=[\sqrt{N}]=[\sqrt{61}]=7$，$\dfrac{1}{\sqrt{N}}=\dfrac{1}{\sqrt{61}}=0.128$，当 $k=1$ 时，在 $\hat{\varphi}_{k+i,k+i}(i=1,$

$2,\cdots,7)$ 中，满足 $|\hat{\varphi}_{k+i,k+i}|<0.128$ 的有 6 个，占比 $\dfrac{6}{7}=85.7\%>68.3\%$，可以认为偏自相关函数 $\hat{\varphi}_{kk}$ 是 1 步截尾的，而自相关函数 $\hat{\rho}_k$ 呈现拖尾性，故初步判断序列 $\{X_t\}$ 适合 AR(1) 模型．

使用极大似然估计逐次拟合 1～5 阶 AR 模型，得到相应的 AIC 值见图 4.4.2. 可见，AR(1) 模型和 AR(3) 模型的 AIC 值较小，按照模型的简约性原则，选择 AR(1) 模型．

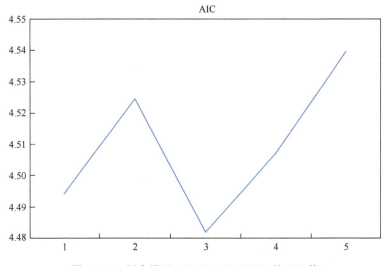

图 4.4.2　拟合模型 AR(1) 至 AR(5) 的 AIC 值

使用极大似然估计，得到 AR(1) 模型参数估计的结果见表 4.4.2.

表 4.4.2 $\{X_t\}$ 将建立 AR(1) 模型结果

参数	估计值	标准差	t 检验值	p 值
c	13.73	13.0026	1.0559	0.2954
φ_1	0.9885	0.0241	41.0297	0.0000

即建立的 AR(1) 模型为

$$X_t = 13.73 + 0.9885 X_{t-1} + \varepsilon_t. \tag{4.4.1}$$

该模型残差序列的样本自相关函数如图 4.4.3 所示. 可见, 大部分残差序列自相关函数绝对值小于 0.1, 可以认为该残差序列是不相关序列.

再使用正态分布检验法检验残差. 取 $M = [\sqrt{N}] = [\sqrt{61}] = 7$, 残差序列前 7 个自相关函数 $\hat{\rho}_k (k = 1, 2, \cdots, 7)$ 为 0.02, 0.067, -0.047, -0.124, -0.078, -0.047, 0.002. 可见, 有

$$|\hat{\rho}_k| < 1.96 N^{-1/2} = 0.251, k = 1, 2, \cdots, 7.$$

所以, 可以认为是该残差序列是白噪声, 拟合的 AR(1) 模型 (4.4.1) 是合适的.

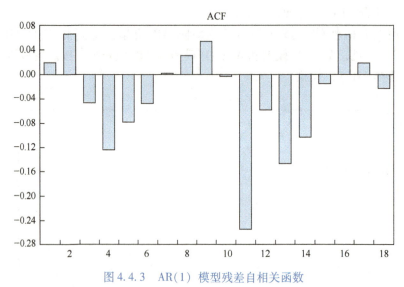

图 4.4.3 AR(1) 模型残差自相关函数

例 4.4.2 1980 年至 2023 年我国社会消费品零售总额原始数据介绍见例 5.1.4, 例 5.2.7 中将该数据进行了平稳化和零均值化, 得到的数据记为 $\{X_t\}$, 共 43 个值. 下面对序列 $\{X_t\}$ 进行建模分析.

序列 $\{X_t\}$ 的自相关函数 $\hat{\rho}_k$ 和偏自相关函数 $\hat{\varphi}_{kk}$ 见表 4.4.3 和图 4.4.4.

表 4.4.3 序列 $\{X_t\}$ 的自相关函数和偏自相关函数

k	$\hat{\rho}_k$	$\hat{\varphi}_{kk}$	k	$\hat{\rho}_k$	$\hat{\varphi}_{kk}$
1	0.537	0.537	6	−0.088	0.129
2	0.300	0.017	7	0.003	0.086
3	0.117	−0.071	8	0.080	0.011
4	−0.130	−0.240	9	0.007	−0.189
5	−0.183	−0.018	10	−0.087	−0.124

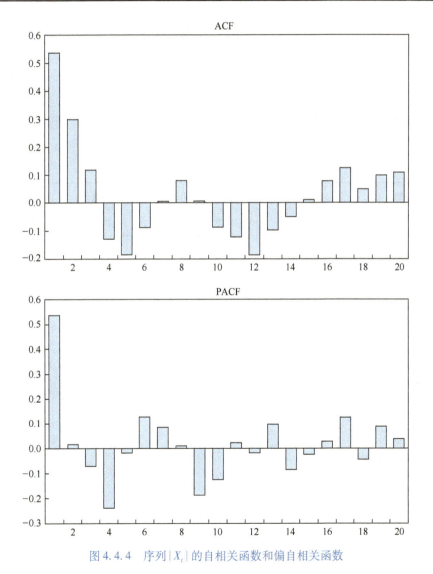

图 4.4.4 序列 $\{X_t\}$ 的自相关函数和偏自相关函数

取 $M = [\sqrt{N}] = [\sqrt{43}] = [6.5574] = 6$，当 $k = 1$ 时，$\dfrac{1}{\sqrt{N}}(1 + 2\hat{\rho}_1^2)^{1/2} = 0.191$，

在 $\hat{\rho}_{k+i}(i = 1, 2, \cdots, 6)$ 中，满足 $|\hat{\rho}_{k+i}| < 0.191$ 的有 5 个，占比 $\dfrac{5}{6} = 83.3\% > 68.3\%$。

故可以认为 $\hat{\rho}_k$ 是 1 步截尾的，$\hat{\varphi}_{kk}$ 呈现拖尾，初步判断序列 $\{X_t\}$ 适合 MA(1) 模型。

序列 $\{X_t\}$ 分别拟合 MA(1) 和 MA(2) 模型，得到残差平方和分别为 $Q_1 = 0.13618$ 和 $Q_0 = 0.12954$。F 检验统计量的值为

$$F = \frac{\dfrac{Q_1 - Q_0}{1}}{\dfrac{Q_0}{43 - 2}} = 2.10.$$

又 $F_{0.05}(1, 41) > F_{0.05}(1, 60) = 4 > 2.10$，故 MA(1) 模型与 MA(2) 模型之间没有显著性差异，选择低阶模型 MA(1)。

使用极大似然估计，对序列 $\{X_t\}$ 建立 MA(1) 模型的结果见表 4.4.4。可见，参数 θ_1 显著。

表 4.4.4　$\{X_t\}$ 建立 MA(1) 模型结果

参数	估计值	标准差	t 检验值	p 值
θ_1	-0.458	0.118	3.878	0.0004

即建立的 MA(1) 模型为

$$X_t = \varepsilon_t + 0.458\varepsilon_{t-1}, \tag{4.4.2}$$

另外，取 $M = [\sqrt{43}] = 6$，$\dfrac{1}{\sqrt{N}} = \dfrac{1}{\sqrt{43}} = 0.152$，当 $k = 1$ 时，在 $\hat{\varphi}_{k+i,k+i}(i = 1, 2, \cdots, 6)$ 中，满足 $|\hat{\varphi}_{k+i,k+i}| < 0.152$ 的有 5 个，占比 $\dfrac{5}{6} = 83.3\% > 68.3\%$。故也可以认为偏自相关函数 $\hat{\varphi}_{kk}$ 是 1 步截尾的，而自相关函数 $\hat{\rho}_k$ 呈现拖尾性，可初步判断序列 $\{X_t\}$ 也适合 AR(1) 模型。

序列 $\{X_t\}$ 拟合 AR(1) 模型的残差平方和为 $Q_2 = 0.12467$，拟合 AR(2) 模型的残差平方和为 $Q_3 = 0.12407$。于是 F 检验值为

$$F_1 = \frac{\dfrac{Q_2 - Q_3}{1}}{\dfrac{Q_3}{43 - 2 \times 2}} = 0.1886,$$

又 $F_{0.05}(1, 39) > F_{0.05}(1, 40) = 4.08 > 0.1886$，故 AR(1) 模型与 AR(2) 模型之间没有显著性差异，应选择 AR(1) 模型。

对序列 $\{X_t\}$ 使用极大似然估计拟合 AR(1) 模型, 结果见表 4.4.5. 可见参数 φ_1 显著.

表 4.4.5　$\{X_t\}$ 建立 AR(1) 模型结果

参数	估计值	标准差	t 检验值	p 值
φ_1	0.537	0.1156	4.6454	0.0000

即建立的 AR(1) 模型为

$$X_t - 0.537X_{t-1} = \varepsilon_t. \tag{4.4.3}$$

比较 MA(1) 模型 (4.4.2) 和 AR(1) 模型 (4.4.3) 的 AIC 值、BIC 值以及拟合优度 R^2. 由表 4.4.6 可见, AR(1) 模型的 AIC 值、BIC 值较小, R^2 较大, 所以 AR(1) 模型更合适.

表 4.4.6　AR(1) 模型与 MA(1) 模型的比较

	AIC 值	BIC 值	R^2
MA(1) 模型	−2.818	−2.736	0.234
AR(1) 模型	−2.899	−2.817	0.295

对 AR(1) 模型 (4.4.3) 进行诊断检验. 分别做出其残差 ε_t 对 ε_{t-1} 和残差 ε_t 对 X_{t-2} 的散点图 (见图 4.4.5 和图 4.4.6). 可见, 两张散点图中相关性都不是很明显, 可以粗略判断 AR(1) 模型是合适的模型.

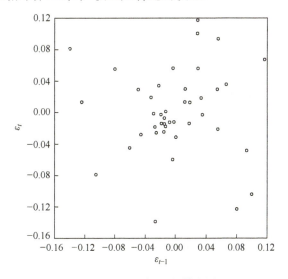

图 4.4.5　ε_t 对 ε_{t-1} 的散点图

再使用 χ^2 检验法对 AR(1) 模型 (4.4.3) 进行诊断检验. 取 $M = [\sqrt{N}] = 6$,

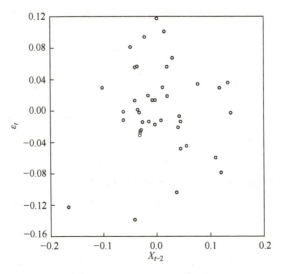

图 4.4.6 ε_t 对 X_{t-2} 的散点图

残差序列前 6 个自相关函数$\hat{\rho}_k (k = 1,2,\cdots,6.)$为

$$\hat{\rho}_1 = -0.013, \hat{\rho}_2 = 0.080, \hat{\rho}_3 = 0.067, \hat{\rho}_4 = -0.150, \hat{\rho}_5 = -0.164, \hat{\rho}_6 = -0.016,$$

于是得

$$Q = 43 \times \sum_{k=1}^{6} \hat{\rho}_k^2 = 2.61,$$

$$\widetilde{Q} = 43(43+2) \sum_{k=1}^{6} (43-k)^{-1} \hat{\rho}_k^2 = 3.026.$$

取显著性水平 $\alpha = 0.05$，$\chi_{0.05}^2(6-1) = 11.07 > \widetilde{Q} > Q$. 所以，残差序列是白噪声，AR(1) 模型合适.

AR(1) 模型 (4.4.3) 拟合序列$\{X_t\}$的效果如图 4.4.7 所示，均方根误差为 0.054486，拟合效果较好.

4.4.2 Pandit – Wu 方法建模举例

Pandit 和 Wu 提出的 Pandit – Wu 方法是直接从低阶到高阶拟合混合模型 ARMA$(p,p-1)$，而不需要首先根据样本的自相关函数和偏自相关函数，判断序列适合的模型类型. 可以证明：

（1）对于任意平稳序列，可以使用自回归移动平均模型 ARMA$(p,p-1)$ 逼近它到任意的精度；

（2）其他的 ARMA 模型都可以作为 ARMA$(p,p-1)$ 模型的特例.

关于拟合模型时自回归部分的阶数 p 的增额，Pandit 和 Wu 认为，增额为 1 是不经济的，较好的办法是增额为 2. 即拟合的模型依次为 ARMA$(2,1)$，

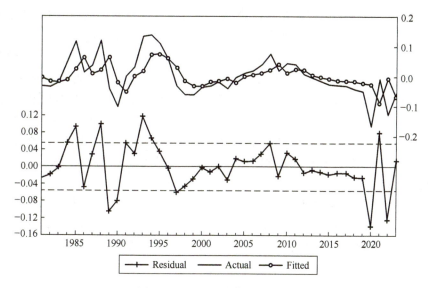

图 4.4.7 AR(1) 模型拟合图

ARMA(4,3)，ARMA(6,5)…. 确定自回归部分阶数的增额为 2，Pandit 和 Wu 给出的另外一个理由是：当假设拟合模型自回归部分的阶数为偶数时，不会错过最优的拟合模型，但如果假设拟合模型自回归部分的阶数为奇数，有可能因为迫使自回归部分的特征方程的特征根有一个为实数，出现不合理的现象，而错过最优的拟合模型. Pandit – Wu 方法建模的其他步骤，包括参数估计、诊断检验等，与 Box – Jenkins 方法是一样的.

若自回归移动平均模型 $ARMA(2p, 2p-1)$ 和 $ARMA(2p+2, 2p+1)$ 之间，有一个模型拟合序列是合适的，Pandit – Wu 方法给出在两者之间做出选择的策略是：依据残差平方和的减小程度来做出判断. 从低阶到高阶，如果残差平方和显著地减小，则选择较高阶的模型；如果残差平方和没有显著地减小，则选择较低阶的模型. 具体地，可以使用 4.2 节中的 F 检验法来进行判断.

检验假设

$$H_0 : \varphi_{2p+2} = \varphi_{2p+1} = \theta_{2p} = \theta_{2p+1} = 0, \quad H_1 : \varphi_{2p+2}, \varphi_{2p+1}, \theta_{2p}, \theta_{2p+1} \text{不全为} 0,$$

检验统计量为

$$F = \frac{Q_1 - Q_0}{4} \Big/ \frac{Q_0}{N - \gamma} \sim F(4, N - \gamma),$$

其中 Q_0，Q_1 分别为样本序列拟合 $ARMA(2p+2, 2p+1)$ 模型和 $ARMA(2p, 2p-1)$ 模型的残差平方和，这里参数估计一般使用的是最小二乘估计. 如果样本序列已经零均值化，$\gamma = 6p + 5$，否则，$\gamma = 6p + 6$，$p \geq 1$.

对于给定的显著性水平 α，若 $F > F_\alpha(4, N - \gamma)$，则拒绝原假设，$ARMA(2p+$

$2, 2p+1)$模型与 ARMA$(2p, 2p-1)$模型之间有显著性差异，认为 ARMA$(2p+2, 2p+1)$是较适合的模型，模型的阶数可能继续升高．若 $F \le F_\alpha(4, N-\gamma)$，则接受原假设，认为 ARMA$(2p+2, 2p+1)$模型与 ARMA$(2p, 2p-1)$模型之间没有显著性差异，ARMA$(2p, 2p-1)$模型是较适合的模型．对于得到的较合适的模型，接着考察该模型的参数是否都显著．如果有不显著的参数，需要尝试删除不显著参数所在项，拟合较低阶的模型．是否删除参数，Pandit–Wu 方法也是根据 F 检验法来判断，事实上，也可以根据 AIC 准则函数、拟合优度R^2 等做出选择．同时，还需要考察这些模型的诊断结果，最终选择残差通过白噪声检验且参数个数较少的模型．

例 4.4.3 对例 4.4.1 中某省人口自然增长率序列 $\{X_t\}$，使用 Pandit–Wu 方法建模．首先拟合 ARMA$(2, 1)$模型，得残差平方和为 $Q_1 = 109.0010$．然后拟合 ARMA$(4, 3)$模型，得残差平方和为 $Q_0 = 90.3267$．F 检验的检验值为

$$F = \frac{\dfrac{Q_1 - Q_0}{4}}{\dfrac{Q_0}{61 - 12}} = 2.53,$$

又 $F_{0.05}(4, 49) = 2.56 > 2.53$，故 ARMA$(2, 1)$模型与 ARMA$(4, 3)$模型之间没有显著性差异，选择较低阶模型 ARMA$(2, 1)$．

使用极大似然估计，得到 ARMA$(2, 1)$模型参数估计的结果见表 4.4.7．

表 4.4.7　建立 ARMA$(2, 1)$模型的结果

参数	估计值	标准差	t 检验值	p 值
c	12.578	12.23859	1.027701	0.3085
φ_1	1.814	0.341348	5.313532	0.0000
φ_2	-0.819	0.338244	-2.422350	0.0187
θ_1	0.739	0.380313	-1.943434	0.0570

即建立的 ARMA$(2, 1)$模型为

$$X_t - 1.814X_{t-1} + 0.819X_{t-2} = 12.578 + \varepsilon_t - 0.739\varepsilon_{t-1}. \tag{4.4.4}$$

该模型残差序列的样本自相关函数（见图 4.4.8）．可见，大部分残差自相关函数绝对值都小于 0.1，可以认为该残差序列是不相关的．

再使用正态分布检验法检验该残差序列．取 $M = 7$，这时该残差序列前 7 个自相关函数$\hat{\rho}_k$($k = 1, 2, \cdots, 7$.)为 -0.051，0.015，-0.073，-0.143，-0.080，-0.042，0.012．可见，有

$$|\hat{\rho}_k| < 1.96N^{-1/2} = 0.251, \ k = 1, 2, \cdots, 7.$$

所以，可以认为是该残差序列是白噪声，拟合的 ARMA$(2, 1)$模型（4.4.4）也

是合适的.

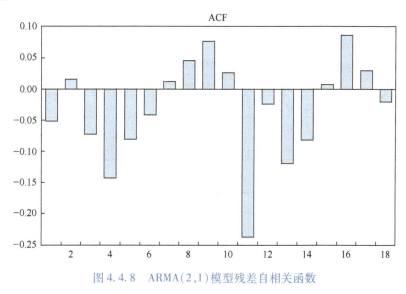

图 4.4.8　ARMA(2,1)模型残差自相关函数

比较 AR(1) 模型 (4.4.1) 和 ARMA(2,1)模型 (4.4.4) 的 AIC 值、BIC 值以及拟合优度R^2. 由表4.4.8 可知, AR(1) 模型的 AIC 值和 BIC 值较小, ARMA(2,1)模型的R^2较大. 考虑到参数使用的简约性原则, AR(1) 模型更合适.

表 4.4.8　**AR(1) 模型与 ARMA(2,1)模型的比较**

	AIC 值	BIC 值	R^2
AR(1) 模型	4.494	4.598	0.9386
ARMA(2,1) 模型	4.538	4.711	0.9398

例4.4.4　例5.1.8 中说明了1952～2023 年全国就业人员数据一阶差分后的序列$\{Z_t\}$是平稳的, 对该序列使用 Pandit – Wu 方法建模. 序列$\{Z_t\}$的样本均值为$\overline{Z}_t = 750.8732$, 序列均值非零. 将序列$\{Z_t\}$零均值化, 令

$$X_t = Z_t - 750.8732,$$

对序列$\{X_t\}$首先拟合 ARMA(2,1)模型, 得残差平方和为 $Q_1 = 94124167$. 接着拟合 ARMA(4,3)模型, 得残差平方和为 $Q_0 = 88675807$. F 检验的检验值为

$$F = \frac{\dfrac{Q_1 - Q_0}{4}}{\dfrac{Q_0}{71 - 11}} = 0.92.$$

又$F_{0.05}(4,60) = 2.53 > 0.92$, 故 ARMA(2,1)模型与 ARMA(4,3)模型之间没有显著性差异, 于是选择模型 ARMA(2,1).

使用极大似然估计，得到 ARMA(2,1)模型参数估计的结果见表4.4.9. 可见，ARMA(2,1)模型中参数 φ_2 较不显著，删除 φ_2，拟合 ARMA(1,1)模型，得到参数估计的结果见表4.4.10.

表 4.4.9   建立 ARMA(2,1)模型的结果

参数	估计值	标准差	t 检验值	p 值
φ_1	0.843	0.4265	1.9771	0.0521
φ_2	0.061	0.1629	0.3725	0.7107
θ_1	0.748	0.4545	−1.6452	0.1046

表 4.4.10   建立 ARMA(1,1)模型的结果

参数	估计值	标准差	t 检验值	p 值
φ_1	0.916	0.2514	3.6436	0.0005
θ_1	0.779	0.3392	−2.2977	0.0247

即建立的 ARMA(1,1)模型为

$$X_t - 0.916X_{t-1} = \varepsilon_t - 0.779\varepsilon_{t-1}, \tag{4.4.5}$$

为判断 ARMA(1,1)模型与 ARMA(2,1)模型之间是否有显著性差异，使用 F 检验法. 序列 $\{X_t\}$ 拟合 ARMA(1,1)模型的残差平方和为 $Q_2 = 94439331$，得 F 检验值为

$$F_1 = \frac{\dfrac{Q_2 - Q_1}{1}}{\dfrac{Q_1}{71 - 5}} = 0.22.$$

由 $F_{0.05}(1,66) > F_{0.05}(1,120) = 3.92 > 0.22$，故 ARMA(1,1)模型与 ARMA(2,1)模型之间没有显著性差异，应选择模型 ARMA(1,1).

使用 χ^2 检验法对 ARMA(1,1)模型 (4.4.5) 进行诊断检验. 取 $M = [\sqrt{71}] = 8$，残差序列前8个自相关函数 $\hat{\rho}_k(k = 1,2,\cdots,8)$ 为

$$\hat{\rho}_1 = -0.040, \ \hat{\rho}_2 = 0.017, \ \hat{\rho}_3 = -0.007, \ \hat{\rho}_4 = -0.006,$$
$$\hat{\rho}_5 = 0.031, \ \hat{\rho}_6 = 0.078, \ \hat{\rho}_7 = 0.003, \ \hat{\rho}_8 = 0.047.$$

于是得

$$Q = 71 \times \sum_{k=1}^{8} \hat{\rho}_k^2 = 0.798,$$

$$\widetilde{Q} = 71(71 + 2) \sum_{k=1}^{8} (71 - k)^{-1} \hat{\rho}_k^2 = 0.890.$$

取显著性水平 $\alpha = 0.05$，$\chi_{0.05}^2(8 - 1 - 1) = 12.59 > \widetilde{Q} > Q$. 所以，可以认为残差序列是白噪声，ARMA(1,1)模型 (4.4.5) 合适.

习题 4

1. 已知 MA(1) 模型的一阶样本自相关函数为 $\hat\rho_1 = -0.35$，求该模型参数 θ_1 的矩估计.

2. 设 $t = 1$，2，3，4，5，6 的数据序列如下：
$$8.1，5.3，3.4，6.5，4.2，7$$
（1）求序列的均值，并将序列零均值化（零均值化后的序列记为 $\{X_t\}$）；
（2）设 $\{X_t\}$ 适合建立 AR(1) 模型，求模型系数 φ_1 的矩估计；
（3）求模型白噪声方差 σ^2 的矩估计.

3. 已知 AR(3) 模型的前三个样本自相关函数为
$$\hat\rho_1 = 0.806，\ \hat\rho_2 = 0.428，\ \hat\rho_3 = 0.07.$$
（1）求模型系数 φ_1，φ_2，φ_3 的矩估计，并写出模型；
（2）判断模型的平稳性和可逆性；
（3）求模型的前两个偏自相关函数.

4. 下表是一组长度为 39 的零均值平稳序列前 10 期的自相关函数和偏自相关函数，请对该序列识别合适的 ARMA 模型，并说明选择模型的理由.

k	1	2	3	4	5
$\hat\rho_k$	-0.614	0.186	0.094	-0.077	0.051
$\hat\varphi_{kk}$	-0.614	-0.307	0.093	0.175	0.041
k	6	7	8	9	10
$\hat\rho_k$	-0.083	0.104	0.073	-0.021	-0.074
$\hat\varphi_{kk}$	0.002	-0.092	0.036	0.011	-0.024

5. 对于某长度为 71 的零均值平稳样本序列，拟合 ARMA(2,1) 模型得到残差平方和为 27.48，拟合 ARMA(4,3) 模型得到残差平方和为 22.15，试用 F 检验法判别拟合的这两个模型哪个较合适（显著性水平 $\alpha = 0.05$）.

6. 已知序列 $X_1, X_2, \cdots, X_{30}$ 是零均值平稳样本序列，其数据由下表给出. 已初步判断该序列适合 AR(1) 或 MA(1) 模型，试用 AIC 准则和 BIC 准则进一步选择模型.

t	1	2	3	4	5	6
X_t	-2	0.6	-1	0.2	-0.2	-0.6
t	7	8	9	10	11	12
X_t	1.1	-0.3	-1	0.4	1	-1.4

（续）

t	13	14	15	16	17	18
X_t	2	−0.7	0.4	−0.4	0.2	0.7
t	19	20	21	22	23	24
X_t	−0.2	−0.1	0.8	0.2	−1.7	1.6
t	25	26	27	28	29	30
X_t	−1.5	0.7	−0.1	−0.5	0.6	−0.2

7. 时间序列 $\{X_t\}$ 的一组样本数据如下，画出 X_t 对 X_{t-1} 的散点图，并判断该序列是否为白噪声.

−1.47，−0.75，−0.59，−0.48，−0.07，−0.74，0.69，0.44，−1.2，−0.28，1.27，−0.72，1.05，0.65，−0.07，−0.13，−0.07，0.84，0.27，−0.24，0.73，0.74，−1.56，0.45，−0.42，−0.31，0.37，−0.57，0.26，0.21

8. 一组长度为 60 的时间序列样本数据拟合 AR(1) 模型，得到残差自相关函数如下：

$\hat{\rho}_1 = −0.016$，$\hat{\rho}_2 = −0.076$，$\hat{\rho}_3 = 0.106$，$\hat{\rho}_4 = −0.033$，$\hat{\rho}_5 = −0.07$，$\hat{\rho}_6 = 0.04$，$\hat{\rho}_7 = −0.103$

试判断该残差序列是否为白噪声（$\alpha = 0.05$）.

9. 对下面表格中的序列 $\{X_t\}$，分别使用 Box - Jenkins 方法和 Pandit - Wu 方法建立合适的模型.

t	X_t	t	X_t	t	X_t	t	X_t
1	0.125	14	−0.054	27	0.038	40	0.041
2	0.03	15	−0.017	28	0.01	41	0.164
3	0.059	16	−0.017	29	0.027	42	0.491
4	0.017	17	−0.009	30	0.111	43	0.34
5	0.004	18	0.001	31	0.04	44	1.015
6	−0.011	19	0.013	32	0.033	45	0.894
7	0.002	20	0	33	0.033	46	0.508
8	0.026	21	−0.001	34	0.046	47	0.185
9	0.004	22	0.002	35	0.257	48	−0.054
10	0.032	23	0.001	36	0.086	49	−0.095
11	0.208	24	0.009	37	0.183	50	0.027
12	0.057	25	0.006	38	0.468	51	0.047
13	−0.092	26	0.004	39	0.445	52	−0.054

（续）

t	X_t	t	X_t	t	X_t	t	X_t
53	0.08	59	−0.056	65	0.131	71	0.095
54	0.264	60	0.264	66	0.19	72	0.214
55	0.127	61	0.447	67	0.155	73	0.022
56	0.107	62	0.227	68	0.207		
57	0.349	63	0.233	69	0.291		
58	0.449	64	0.184	70	0.258		

第5章　非平稳时间序列分析

上一章介绍的 ARMA 模型的建立，是在样本数据平稳的条件下进行的．那么如何判断样本数据是否平稳？如果数据不平稳又怎样将它平稳化？以及有哪些常见的非平稳时间序列模型等，是这一章讨论的内容．本章将介绍常用的样本数据平稳性检验方法和平稳化方法，并且介绍三种常见的非平稳时间序列模型：ARIMA 模型、组合模型和乘积季节模型．

5.1　平稳性检验

对于采集来准备研究的样本数据，当然首先应该像 1.3 节中那样，对它们进行整理，比如补充缺失值、处理异常值等，然后再考虑使用它们建立模型．线性时间序列模型要求序列平稳，所以建立该类模型的第一步，是检查样本时间序列是否为平稳序列．判断样本序列是否平稳常见的方法有图形判别法、相关函数判别法、参数检验法、单位根检验法等．

5.1.1　图形判别法

设 $X_1, \cdots, X_N$ 是一组样本时间序列，在横坐标为时间，纵坐标为序列值的平面直角坐标系中，绘制序列 $\{X_t\}_{t=1}^N$ 的图形．如果序列图形呈现趋势性或者周期性，则可以判断该序列是不平稳的．否则，可以认为该序列是平稳的．这种判断方法简单、直观，但带有一定的主观性，不同的人可能得到不同的结论．

　　例 5.1.1　由图 1.1.1 可以看到，1985 年至 2021 年的中国人口出生率年度时间序列，呈现明显的下降趋势，因而可以粗略判断该序列是不平稳的．

　　例 5.1.2　我国 2018 年 1 月至 2024 年 4 月工业生产者出厂价格指数的月度数据（见附录）共 76 个值，记为 $\{Y_t\}$ 序列，得到序列 $\{Y_t\}$ 的图形见图 5.1.1．

可见，我国工业生产者出厂价格指数在 2018 年 2020 年间呈整体下降趋势，随后开始增长，并在 2021 年间突破 112，而后又呈现整体下降趋势，并在 2023 年达到近 6 年的最低点．该序列在不同的时段呈现不同的线性趋势性，因此，可以判断该序列是不平稳的．

5.1.2　相关函数判别法

由 3.4 节知，当 ARMA(p, q) 模型平稳时，其自相关函数和偏自相关函数具

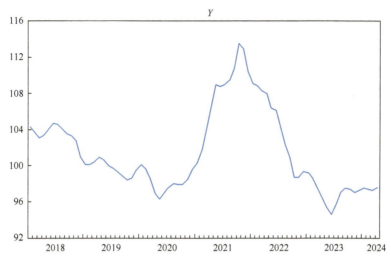

图 5.1.1　工业生产者出厂价格指数月度数据

有拖尾性或者截尾性. 因此, 如果样本时间序列的自相关函数或者偏自相关函数既不是截尾的, 也不是拖尾的, 而是呈现缓慢衰减、周期性等情况, 则可以判断该序列是不平稳的.

例 **5.1.3**　对于例 1.1.1 中 1985 年至 2021 年的中国人口出生率年度序列, 求得其自相关函数和偏自相关函数见图 5.1.2 和图 5.1.3. 可见, 其自相关函数和偏自相关函数有着衰减缓慢的现象, 因而可以判断该序列有一定的非平稳性.

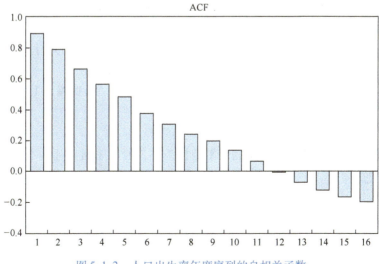

图 5.1.2　人口出生率年度序列的自相关函数

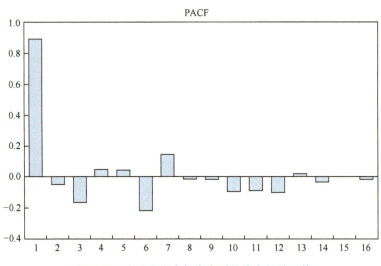

图 5.1.3　人口出生率年度序列的偏自相关函数

5.1.3　参数检验法

在 3.2.4 节中，已经给出 ARMA(p,q) 模型平稳的充分必要条件的参数形式，它由 $p+1$ 个不等式构成．设 $X_1,\cdots,X_N$ 是一组样本时间序列，事实上，不管序列 $\{X_t\}_{t=1}^{N}$ 是否平稳，都可以形式上建立合适的 ARMA 模型．参数检验法就是对形式上建立的 ARMA 模型，检验其自回归部分的参数，是否满足 3.2.4 节中给出的参数形式的平稳性条件．如果参数满足平稳性条件，则可以判断序列 $\{X_t\}_{t=1}^{N}$ 平稳，否则认为该序列是非平稳的．

例 5.1.4　1980 年至 2023 年我国社会消费品零售总额记为时间序列 Z_t，原始数据见附录，共 44 个数据．序列 $\{Z_t\}$ 的图形见图 5.1.4．

对该序列建立 AR(1) 模型，使用最小二乘估计，得到表 5.1.1 中的结果．即建立的 AR(1) 模型为

$$Z_t = 4087.6 + 1.0587Z_{t-1} + \varepsilon_t,$$

因为参数 $|\varphi_1| = 1.0587 > 1$，不满足平稳性条件，所以序列 $\{Z_t\}$ 是不平稳的．

5.1.4　单位根检验法

由定理 3.2.2 知，ARMA(p,q) 模型

$$X_t - \varphi_1 X_{t-1} - \varphi_2 X_{t-2} - \cdots - \varphi_p X_{t-p} = \varepsilon_t - \theta_1 \varepsilon_{t-1} - \theta_2 \varepsilon_{t-2} - \cdots - \theta_q \varepsilon_{t-q}$$

平稳的充分必要条件是模型自回归部分对应的特征方程

$$\lambda^p - \varphi_1 \lambda^{p-1} - \varphi_2 \lambda^{p-2} - \cdots - \varphi_p = 0$$

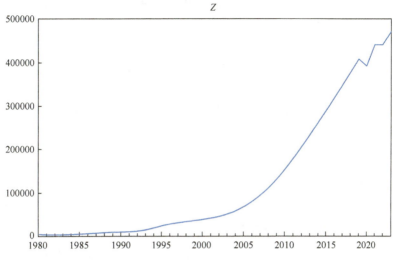

图 5.1.4 我国社会消费品零售总额时间序列

表 5.1.1 序列 $\{Z_t\}$ 建立 AR(1) 模型的结果

参数	估计值	标准差	t 检验值	p 值
c	4087.6	2130.6	1.9185	0.0620
φ_1	1.0587	0.0117	90.818	0.0000

的特征根 $\lambda_j (j = 1, 2, \cdots, p)$ 满足:

$$|\lambda_j| < 1 \quad (j = 1, 2, \cdots, p)$$

由此产生单位根检验法. 常见的单位根检验方法有 DF 检验 (Dickey – Fuller Test)、ADF 检验 (Augmented Dickey – Fuller Test) 等.

(1) DF 检验

DF 检验是最早的单位根检验方法, 1979 年由 Dickey 和 Fuller 提出, 该检验针对只有一阶自相关的时间序列.

首先, 设序列 $\{X_t\}$ 来自模型

$$X_t = \varphi_1 X_{t-1} + \varepsilon_t, \tag{5.1.1}$$

其中 $\{\varepsilon_t\} \overset{\text{i.i.d.}}{\sim} N(0, \sigma^2)$. 设 $X_1, \cdots, X_N$ 是序列 $\{X_t\}$ 的一组样本值.

模型 (5.1.1) 自回归部分对应的特征方程的特征根只有一个, 即为 $\lambda_1 = \varphi_1$. 由 3.2.1 节的分析可知, 当 $|\varphi_1| > 1$ 或者 $\varphi_1 = -1$ 时, 序列 $\{X_t\}$ 发散到无穷或者在两个常数间振荡, 这时样本序列 $\{X_t\}_{t=1}^{N}$ 将呈现出较明显的非平稳特征, 因而可以直接判断样本序列是不平稳的. 由此, 判断样本序列 $\{X_t\}_{t=1}^{N}$ 是否平稳的难点是在 $\varphi_1 \le 1$ 时. 于是, DF 检验是检验假设

$$H_0 : \varphi_1 = 1, \ H_1 : \varphi_1 < 1 \qquad (5.1.2)$$

如果将式（5.1.1）两边减去 X_{t-1}，得

$$\nabla X_t = \rho X_{t-1} + \varepsilon_t,$$

其中 $\rho = \varphi_1 - 1$. 于是，上面的假设式（5.1.2）可以改写成

$$H_0 : \rho = 0, \ H_1 : \rho < 0,$$

由样本 $X_1, \cdots, X_N$，使用最小二乘法估计 ρ，得到的估计记为 $\hat{\rho}$. 原假设 H_0 成立时，构造检验统计量 τ 如下：

$$\tau = \frac{\hat{\rho}}{S(\hat{\rho})}, \qquad (5.1.3)$$

其中 $S(\hat{\rho})$ 为 $\hat{\rho}$ 的标准差.

Dickey 和 Fuller 研究 τ 统计量的分布发现，该分布与普通最小二乘估计中，参数显著性检验的 t 统计量分布不同，它不是 t 分布. 最终，通过蒙特卡罗随机模拟方法，获得 τ 统计量的分位数. 于是，对于给定的显著性水平 α，如果 $\tau < \tau_{1-\alpha}$，则拒绝 H_0，认为样本序列 $\{X_t\}_{t=1}^N$ 平稳. 否则，接受 H_0，认为样本序列 $\{X_t\}_{t=1}^N$ 存在单位根，不是平稳的.

（2）ADF 检验

1981 年，Dickey 和 Fuller 将 DF 检验推广到有着高阶自相关的序列，得到 ADF 检验. 设序列 $\{X_t\}$ 来自模型

$$X_t = \varphi_1 X_{t-1} + \varphi_2 X_{t-2} + \cdots + \varphi_p X_{t-p} + \varepsilon_t, \qquad (5.1.4)$$

其中 $\{\varepsilon_t\} \overset{i.i.d.}{\sim} N(0, \sigma^2)$. 设 $X_1, \cdots, X_N$ 是序列 $\{X_t\}$ 的一组样本值.

首先将式（5.1.4）两边减去 X_{t-1}，得

$$X_t - X_{t-1} = (\varphi_1 - 1) X_{t-1} + \varphi_2 X_{t-2} + \cdots + \varphi_p X_{t-p} + \varepsilon_t$$

然后等式右边加减一项 $\varphi_p X_{t-p+1}$，得到

$$\nabla X_t = (\varphi_1 - 1) X_{t-1} + \varphi_2 X_{t-2} + \cdots + (\varphi_{p-1} + \varphi_p) X_{t-p+1} - \varphi_p \nabla X_{t-p+1} + \varepsilon_t,$$

接着等式右边加减一项 $(\varphi_{p-1} + \varphi_p) X_{t-p+2}$，得到

$$\nabla X_t = (\varphi_1 - 1) X_{t-1} + \varphi_2 X_{t-2} + \cdots + (\varphi_{p-2} + \varphi_{p-1} + \varphi_p) X_{t-p+2} -$$
$$(\varphi_{p-1} + \varphi_p) \nabla X_{t-p+2} - \varphi_p \nabla X_{t-p+1} + \varepsilon_t.$$

如此类似操作下去，得到式（5.1.4）的等价式子如下

$$\nabla X_t = \gamma X_{t-1} - \sum_{i=1}^{p-1} \beta_i \nabla X_{t-i} + \varepsilon_t, \qquad (5.1.5)$$

其中，$\gamma = \varphi_1 + \varphi_2 + \cdots + \varphi_p - 1$，$\beta_i = \sum_{j=i}^{p-1} \varphi_{j+1}$，$i = 1, \cdots, p-1$.

模型（5.1.4）自回归部分对应的特征方程为

$$\lambda^p - \varphi_1 \lambda^{p-1} - \varphi_2 \lambda^{p-2} - \cdots - \varphi_p = 0. \qquad (5.1.6)$$

特征方程的特征根有 p 个，设为 $\lambda_1, \lambda_2, \cdots, \lambda_p$. 事实上，只有当 $\lambda_1, \lambda_2, \cdots, \lambda_p$ 中有

一个特征根等于1或者接近于1，且其余特征根的模小于1时，样本序列$\{X_t\}_{t=1}^N$的平稳性较难判断，而特征根$\lambda_1,\lambda_2,\cdots,\lambda_p$取其他值的情况时，样本序列$\{X_t\}_{t=1}^N$将呈现较为明显的非平稳特征，可以直接判断样本序列是不平稳的. 关于这一点，在下一节中会进一步说明.

由此，判断样本序列$\{X_t\}_{t=1}^N$是否平稳的难点在于特征方程（5.1.6）是否存在一个特征根等于1，还是所有特征根的模小于1. 若有一个特征根等于1，将$\lambda=1$代入式（5.1.6）得

$$\varphi_1+\varphi_2+\cdots+\varphi_p=1,$$

又由式（5.1.5），于是，ADF检验是检验假设

$$H_0:\gamma=0,\ H_1:\gamma<0. \tag{5.1.7}$$

由样本$X_1,\cdots,X_N$，对方程（5.1.5）中的参数γ，使用最小二乘法得到估计$\hat{\gamma}$. 原假设H_0成立时，构造检验统计量$\widetilde{\tau}$如下：

$$\widetilde{\tau}=\frac{\hat{\gamma}}{S(\hat{\gamma})}, \tag{5.1.8}$$

其中$S(\hat{\gamma})$为$\hat{\gamma}$的标准差.

同样，可以通过蒙特卡罗随机模拟方法，获得$\widetilde{\tau}$统计量的分位数. 对于给定的显著性水平α，如果$\widetilde{\tau}<\widetilde{\tau}_{1-\alpha}$，则拒绝$H_0$，认为样本序列$\{X_t\}_{t=1}^N$平稳. 否则，接受$H_0$，认为样本序列$\{X_t\}_{t=1}^N$存在单位根，不是平稳的.

注 5.1.1 实际中并不知道模型（5.1.4）的阶p是多少，通常根据 AIC 准则、BIC 准则等，在一定的范围内搜索确定. 显然，ADF 检验包含了 DF 检验.

注 5.1.2 虽然 ADF 检验作为标准的平稳性检验方法最为常用. 但是 ADF 检验是针对线性相关数据设计的检验，用于非线性相关数据的平稳性检验时，功效较低，可能将非线性平稳序列判断为非平稳序列.

注 5.1.3 如果时间序列数据有着明显的不平稳特征，比如，有着明显的趋势或者周期，当然可以直接判断该序列是不平稳序列，无须使用 ADF 检验. 另外，根据假设检验的原理，当假设（5.1.7）中原假设改为$H_0:\gamma\geq0$，ADF 单位根检验结果不变.

例 5.1.5 对例 1.1.1 中 1985 年至 2021 年的中国人口出生率年度序列，进行 ADF 检验. 得到检验的 p 值为 0.0153，在显著性水平 $\alpha=0.01$ 下，检验统计量$\widetilde{\tau}=-2.46>\widetilde{\tau}_{1-0.01}=-2.63$，故可以认为该序列没有通过 ADF 单位根检验，认为该序列是不平稳的. 但在显著性水平 $\alpha=0.05$ 下，检验统计量$\widetilde{\tau}=-2.46<\widetilde{\tau}_{1-0.05}=-1.95$，也可以认为该序列是平稳的.

例 5.1.6 对例 4.1.6 中零均值化后的景气指数序列$\{X_t\}$进行 ADF 检验. 得到检验的 p 值为 0.0014，在显著性水平 $\alpha=0.01$ 下，检验统计量$\widetilde{\tau}=-3.36<\widetilde{\tau}_{1-0.01}=-2.64$. 故该序列通过 ADF 单位根检验，可以认为该序列是平稳的.

例 5.1.7 1980 至 2023 年中国棉花种植面积数据（见附录）记为 $\{Y_t\}$ 序列，共 44 个数据，其图形见图 5.1.5，其样本均值为 $\overline{Y} = 4690250$，显著非零. 令 $X_t = Y_t - 4690250$，对序列 $\{X_t\}$ 进行 ADF 单位根检验，得到检验的 p 值为 0.0899，故在显著性水平 $\alpha = 0.1$ 下，可以认为该序列是平稳的.

图 5.1.5 中国棉花种植面积数据

例 5.1.8 1952 年至 2023 年全国就业人员数据（见附录）记为序列 $\{Y_t\}$，共 72 个值，其图形见图 5.1.6.

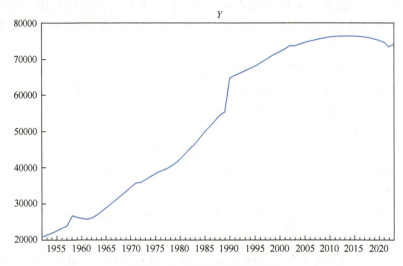

图 5.1.6 全国就业人员序列

对序列 $\{Y_t\}$ 进行 ADF 单位根检验，得到检验的 p 值为 0.9974，因而序列 $\{Y_t\}$ 不是平稳的. 对序列 $\{Y_t\}$ 进行一阶差分，差分后的序列记为 $\{Z_t\}$，即

$$Z_t = Y_t - Y_{t-1}, \ t = 2, 3, \cdots, 72.$$

再对序列 $\{Z_t\}$ 进行 ADF 检验，得到 p 值为 0.0017，所以序列 $\{Z_t\}$ 是平稳的.

例 5.1.9 某省 1962 年至 2022 年人口自然增长率数据（见附录）共 61 个值，对其进行 ADF 检验，得到检验的 p 值为 0.0001，在显著性水平 $\alpha = 0.01$ 下，统计量 $\widetilde{\tau} = -4.159 < \widetilde{\tau}_{1-0.01} = -2.605$. 所以，可以认为该序列是平稳的.

5.2 平稳化方法

对于非平稳的时间序列，有许多方法可以将它们平稳化. 这些方法大致可分为两类，一类是通过差分、取对数等方法，将非平稳序列直接变换成为平稳序列；另一类是先对非平稳序列拟合一个确定性模型，然后在序列中剔除掉确定性这部分，剩下的序列往往就是平稳序列. 这一节介绍第一类平稳化方法，第二类方法将在 5.4 节中介绍.

5.2.1 序列趋势和周期的判断

序列不平稳的原因是复杂的，这里我们处理一些较为简单但又典型的情况. 对于不平稳序列，如果能够判断出序列不平稳的主要原因是存在多项式趋势，则可能通过差分，将序列中多项式趋势消除，使之平稳化；如果能够判断出序列不平稳的主要原因是存在某个周期，则可能通过使用间隔为该周期的差分，即季节差分，将序列中该周期性消除，使之平稳化；如果能够判断出序列不平稳的主要原因是存在指数趋势，则可以先对序列取对数，然后再做进一步分析.

怎样可以做出上述的判断呢？当然，最简单的方法是观察时间序列的图形，从图形上直接判断序列可能具有的趋势或周期. 下面介绍另外一种判断方法：根据 ARMA 模型的特征根来判断. 上一节中已经谈到，对于任意样本时间序列 X_1，$\cdots, X_N$，不论它是否平稳，一般都可以形式上建立合适的 ARMA 模型. 只不过这时建立的 ARMA 模型，可能是平稳的，也可能是不平稳的. 分析建立的 ARMA 模型自回归部分特征方程的特征根，除了可以判断该序列是否平稳，还可能对不平稳序列的不平稳原因做出一些判断，下面列举几个这样的情况.

（1）常数趋势判断

如果样本序列 $\{X_t\}$ 拟合的 AR 模型只有一个特征根，且近似为 1，即建立的模型近似为

$$X_t = X_{t-1} + \varepsilon_t. \tag{5.2.1}$$

此时，序列 t 时刻的值 X_t 除了随机扰动 ε_t，就等于上一时刻的值 X_{t-1}，序列 $\{X_t\}$ 围绕某个常数上下波动，呈现出常数趋势. 这时，序列 $\{X_t\}$ 可能是不平稳的，不平稳的原因是存在一个近似于 1 的特征根，因而可以尝试做一阶差分，或者将序列减去一个常数，使该序列平稳化. 减去的常数一般就是样本序列的均值，即将存在常数趋势的序列零均值化，可能得到平稳序列. 或者，也可以先不将序列零均值化，而是在建立的模型中增加常数项，使得建立的模型平稳.

例 5. 2. 1 对例 4. 1. 6 我国银行业景气指数序列 $\{Y_t\}$ 建立 AR(1) 模型，使用最小二乘估计，得到如下 AR(1) 模型 (5.2.2).

$$Y_t = 0.9975 Y_{t-1} + \varepsilon_t. \tag{5.2.2}$$

模型 (5.2.2) 只有一个特征根：$\lambda_1 = 0.9975$，且接近于 1，因而序列 $\{Y_t\}$ 可能不平稳，可能存在常数趋势. 对序列 $\{Y_t\}$ 进行 ADF 检验，得到检验的 p 值为 0.5853，在显著性水平 $\alpha = 0.1$ 下，检验统计量 $\widetilde{\tau} = -0.26 > \widetilde{\tau}_{1-0.1} = -1.61$，故该序列是不平稳的. 例 5. 1. 6 中已经说明，零均值化后的景气指数序列 $\{X_t\}$ 是平稳的.

一般地，如果样本序列 $\{X_t\}$ 拟合 ARMA 模型，得到的模型自回归部分的特征方程的特征根中，只有一个近似于 1，其余特征根的绝对值（或者模）明显小于 1，则序列 $\{X_t\}$ 可能不平稳，且可能通过做一阶差分，或者减去一个常数，使该序列平稳化.

（2）多项式趋势判断

如果样本序列 $\{X_t\}$ 拟合 ARMA 模型，得到的模型自回归部分特征方程的特征根中，只有两个特征根近似为 1，其余特征根的绝对值（或者模）明显小于 1. 这时，序列 $\{X_t\}$ 可能是不平稳的，且可能呈现出线性趋势. 序列 $\{X_t\}$ 不平稳的原因是存在两个近似于 1 的特征根，可以尝试做一阶或者两阶差分，使该序列平稳化.

例 5. 2. 2 设序列 $\{X_t\}$ 样本值为 $2, 3, 4, \cdots, 31$，序列呈现出线性趋势. 使用最小二乘估计，拟合 AR(2) 模型，得到参数估计的结果见表 5. 2. 1.

表 5. 2. 1 $\{X_t\}$ 拟合 AR(1) 模型结果

参数	估计值	标准差	t 检验值	p 值
φ_1	2.000000	8.61×10^{-16}	2.32×10^{15}	0.0000
φ_2	-1.000000	9.05×10^{-16}	-1.10×10^{15}	0.0000

可见，建立的 AR(2) 模型为

$$X_t - 2X_{t-1} + X_{t-2} = \varepsilon_t, \tag{5.2.3}$$

该模型自回归部分的特征方程的特征根为 $\lambda_1 = \lambda_2 = 1$.

如果忽略模型（5.2.3）中随机扰动ε_t，得到差分方程

$$X_t - 2X_{t-1} + X_{t-2} = 0,\qquad(5.2.4)$$

求解方程（5.2.4）得

$$X_t = c_1 + c_2 t,$$

这说明序列$\{X_t\}$可能存在线性趋势.

一般地，如果样本序列$\{X_t\}$拟合 ARMA 模型，得到的自回归部分的特征方程的特征根中，只有k个近似为1，其余特征根的绝对值（或者模）明显小于1. 这时，序列$\{X_t\}$可能是不平稳的，可能呈现出$k-1$次多项式趋势. 序列$\{X_t\}$不平稳的原因是存在k个近似于1的特征根，可以尝试做$k-1$阶或者k阶差分，使该序列平稳化.

（3）周期的判定

如果样本序列$\{X_t\}$拟合 ARMA 模型，得到的模型自回归部分特征方程的特征根中，有一对共轭复根，且它们的模接近于1，其余特征根的绝对值（或者模）明显小于1. 这时，序列$\{X_t\}$可能是不平稳的，且可能呈现出周期变化. 若序列$\{X_t\}$不平稳的原因是存在周期，可以尝试做季节差分，将该序列平稳化. 做季节差分的关键是需要知道周期的长度，利用这对模接近于1的共轭复根，可能做出判定.

不妨以样本序列$\{X_t\}$拟合 $\mathbf{ARMA}(2,1)$ 模型为例进行讨论，这时设得到的模型自回归部分特征方程的特征根是一对共轭复数，且它们的模接近于1，即建立的模型近似为

$$X_t - \varphi_1 X_{t-1} - \varphi_2 X_{t-2} = \varepsilon_t,\qquad(5.2.5)$$

忽略模型（5.2.5）中随机扰动ε_t，模型为齐次差分方程

$$X_t - \varphi_1 X_{t-1} - \varphi_2 X_{t-2} = 0,\qquad(5.2.6)$$

其特征方程为

$$\lambda^2 - \varphi_1 \lambda - \varphi_2 = 0,$$

特征根为

$$\lambda_1, \lambda_2 = \frac{1}{2}(\varphi_1 \pm \sqrt{\varphi_1^2 + 4\varphi_2})$$

$$= \frac{1}{2}\varphi_1 \pm \mathrm{i}\frac{1}{2}\sqrt{-\varphi_1^2 - 4\varphi_2}.\qquad(5.2.7)$$

令特征根λ_1，λ_2的模等于1，则有

$$|\lambda_1| = |\lambda_2| = \sqrt{\left(\frac{1}{2}\varphi_1\right)^2 + \left(\frac{1}{2}\sqrt{-\varphi_1^2 - 4\varphi_2}\right)^2}$$

$$= \sqrt{-\varphi_2} = 1,$$

$$\varphi_2 = -1,\qquad(5.2.8)$$

记特征根λ_1的幅角为ω，则有

$$\cos\omega = \frac{\frac{1}{2}\varphi_1}{\sqrt{-\varphi_2}} = \frac{1}{2}\varphi_1,$$

如果设幅角ω对应的周期为S，则有

$$\omega = \frac{2\pi}{S},$$

$$\cos\omega = \cos\frac{2\pi}{S} = \frac{1}{2}\varphi_1,$$

$$\varphi_1 = 2\cos\frac{2\pi}{S}, \tag{5.2.9}$$

将式（5.2.8）和式（5.2.9）代入式（5.2.7），得到对应于周期S的共轭复根λ_1，λ_2. 反之，对应于复根λ_1，λ_2，ARMA(2,1) 模型（5.2.5）中序列$\{X_t\}$可能存在长度为S的周期.

例如，周期为$S=6$时，

$$\omega = \frac{2\pi}{S} = \frac{2\pi}{6} = \frac{\pi}{3},$$

$$\varphi_1 = 2\cos\frac{2\pi}{S} = 1,$$

代入式（5.2.7）得

$$\lambda_1, \lambda_2 = \frac{1}{2}\varphi_1 \pm i\frac{1}{2}\sqrt{-\varphi_1^2 - 4\varphi_2}$$

$$= \frac{1}{2} \pm i\frac{\sqrt{3}}{2}$$

$$= 0.5 \pm i0.866.$$

所以，如果样本序列$\{X_t\}$拟合 ARMA(2,1) 模型，得到的模型自回归部分特征方程的特征根是一对共轭复根，且接近于$0.5 \pm i0.866$，则序列$\{X_t\}$中可能存在长度为6的周期.

又例如，周期为$S=12$时，

$$\omega = \frac{2\pi}{S} = \frac{2\pi}{12} = \frac{\pi}{6},$$

$$\varphi_1 = 2\cos\frac{2\pi}{S} = \sqrt{3},$$

代入式（5.2.7）得

$$\lambda_1, \lambda_2 = \frac{1}{2}\varphi_1 \pm i\frac{1}{2}\sqrt{-\varphi_1^2 - 4\varphi_2}$$

$$= \frac{\sqrt{3}}{2} \pm i\frac{1}{2}$$

$$= 0.866 \pm i0.5.$$

所以, 如果序列 $\{X_t\}$ 拟合 ARMA(2,1) 模型, 得到的模型自回归部分特征方程的特征根是一对共轭复根, 且接近于 $0.866 \pm i0.5$, 则序列 $\{X_t\}$ 中可能存在长度为 12 的周期.

总之, 在上述情况下, 序列 $\{X_t\}$ 的周期 S 与方程 (5.2.6) 的共轭复根 λ_1, λ_2 一一对应. 表 5.2.2 给出了一些常见周期和它们对应的共轭复根以及参数 φ_1 (参数 φ_2 都是 -1).

表 5.2.2 周期和对应的特征根及参数

周期 S	特征根 λ_1, λ_2	参数 φ_1
2	$-1, -1$	-2
3	$-0.500 \pm i0.866$	-1
4	$\pm i$	0
5	$0.039 \pm i0.951$	0.618
6	$0.500 \pm i0.866$	1
7	$0.624 \pm i0.782$	1.247
8	$0.707 \pm i0.707$	1.414
9	$0.766 \pm i0.463$	1.532
10	$0.809 \pm i0.588$	1.618
12	$0.866 \pm i0.500$	1.732
14	$0.901 \pm i0.434$	1.802
15	$0.914 \pm i0.407$	1.827
20	$0.951 \pm i0.309$	1.902
21	$0.956 \pm i0.295$	1.911
24	$0.966 \pm i0.259$	1.932
25	$0.969 \pm i0.249$	1.937
28	$0.975 \pm i0.222$	1.950
30	$0.978 \pm i0.209$	1.956
38	$0.984 \pm i0.178$	1.968
50	$0.992 \pm i0.126$	1.984
60	$0.995 \pm i0.105$	1.989

例 5.2.3 对例 2.3.1 中某地月平均最低温度序列 $\{Y_t\}$ 建立带常数项的 AR(3) 模型, 使用极大似然估计, 得到三个特征根为 $\lambda_1 = 0.84 + 0.5i$, $\lambda_2 = 0.84 - 0.5i$, $\lambda_3 = -0.54$. 可见, 特征根中有一对共轭复数, 它们的模等于 0.9556, 接近于 1. 所以, 序列 $\{Y_t\}$ 可能不平稳. 查表 5.2.2 知, 序列 $\{Y_t\}$ 不平稳的原因可能是存在 12 个月的周期.

（4）指数趋势判断

样本序列$\{X_t\}$拟合 ARMA 模型，得到的自回归部分特征方程的特征根中，有 k 个实根的绝对值大于 1，其余特征根的绝对值（或者模）明显小于 1. 这时，序列$\{X_t\}$是不平稳的，可能存在 k 个指数增减的趋势. 特别地，如果只有一个实特征根的绝对值大于 1，则序列$\{X_t\}$不平稳的原因可能是存在一个指数趋势，可以尝试取对数，然后结合差分运算等，使该序列平稳化.

例 5.2.4　例 5.1.4 中我国社会消费品零售总额时间序列$\{Z_t\}$，拟合 AR(1) 模型得到的特征根为$\lambda_1 = 1.0587 > 1$. 所以，序列$\{Z_t\}$中可能存在一个指数增长的趋势.

5.2.2　差分法

如果序列的不平稳性是由于其具有（分段）常数趋势或（分段）多项式趋势等，常常可以通过差分，将该序列平稳化. 差分的定义已经在 2.2.1 节中给出，序列$\{Y_t\}$的 d 阶差分为

$$\nabla^d Y_t = (1-B)^d Y_t.$$

例 5.2.5　例 5.1.2 中，我国 2018 年 1 月至 2024 年 4 月工业生产者出厂价格指数的月度数据$\{Y_t\}$，呈现分段线性趋势. 对序列$\{Y_t\}$进行 ADF 检验，得到 p 值为 0.5589，在显著性水平 $\alpha = 0.1$ 下，检验统计量$\tilde{\tau} = -0.341 > \tilde{\tau}_{1-0.1} = -1.614$，故该序列是不平稳的.

对序列$\{Y_t\}$进行一阶差分，差分后的序列记为$\{X_t\}$，即

$$X_t = Y_t - Y_{t-1}, t = 2,3,\cdots,76.$$

再对序列$\{X_t\}$进行 ADF 检验，得到 p 值为 0.0001，在显著性水平 $\alpha = 0.01$ 下，检验统计量$\tilde{\tau} = -4.154 < \tilde{\tau}_{1-0.01} = -2.597$. 所以，序列$\{X_t\}$是平稳的，序列$\{X_t\}$的图形见图 5.2.1.

差分运算会使序列丢失一些信息，不利于模型的拟合效果，因此一般不建议使用高阶差分，常用的是一阶和二阶差分.

5.2.3　季节差分法

实际中有不少数据呈现出周期性，如果判断序列的不平稳性来自于某个周期，则可能通过季节差分，消除周期性影响，使序列平稳化. 设$\{Y_t\}(t = 1,2,\cdots,N)$有周期 S，它的一阶季节差分定义为

$$\nabla_S Y_t = Y_t - Y_{t-s}, t = S+1, S+2, \cdots, N \tag{5.2.10}$$

二阶季节差分定义为

$$\begin{aligned}\nabla_S^2 Y_t &= \nabla_S Y_t - \nabla_S Y_{t-s}\\ &= Y_t - 2Y_{t-s} + Y_{t-2S}, t = 2S+1, 2S+2, \cdots, N\end{aligned} \tag{5.2.11}$$

以此类推，可以定义更高阶的季节差分.

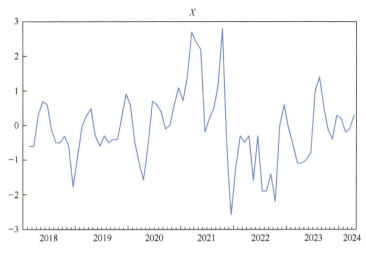

图 5.2.1 一阶差分后的工业生产者出厂价格指数月度数据

例 5.2.6 例 2.3.1 中某地月平均最低温度序列 $\{Y_t\}$ 的 ADF 检验结果为在显著性水平 $\alpha = 0.1$ 下，检验统计量 $\widetilde{\tau} = -0.36 > \widetilde{\tau}_{1-0.1} = -1.61$，故该序列不平稳. 又由例 5.2.3 知，序列 $\{Y_t\}$ 不平稳的原因可能是存在 12 个月的周期. 于是，进行季节差分，令

$$X_t = Y_t - Y_{t-12},$$

序列 $\{X_t\}$ 的 ADF 检验结果为在显著性水平 $\alpha = 0.01$ 下，检验统计量 $\widetilde{\tau} = -4.95 < \widetilde{\tau}_{1-0.01} = -2.63$，所以序列 $\{X_t\}$ 平稳.

序列的不平稳性往往不是由一个因素造成的，如果序列中既含有多项式趋势，又含有周期变化，则可以考虑同时使用普通差分和季节差分，来消除序列的不平稳性.

5.2.4 对数变换与差分结合法

对于存在指数趋势的序列，可以先对序列取对数，然后再进行差分等运算，往往可以使得序列平稳化.

例 5.2.7 例 5.2.4 中说明我国社会消费品零售总额序列 $\{Z_t\}$，可能存在一个指数增长的趋势. 对其进行 ADF 检验，得到在显著性水平 $\alpha = 0.1$ 下，检验统计量 $\widetilde{\tau} = -0.243 > \widetilde{\tau}_{1-0.1} = -1.612$，故该序列是不平稳的.

先对序列 $\{Z_t\}$ 取对数，记得到的序列为 $\{Y_t\}$，令

$$Y_t = \ln Z_t$$

序列 $\{Y_t\}$ 的图形见图 5.2.2，可见呈现线性趋势. 序列 $\{Y_t\}$ 的 ADF 检验结果为在显著性水平 $\alpha = 0.1$ 下，检验统计量 $\widetilde{\tau} = 2.261 > \widetilde{\tau}_{1-0.1} = -1.612$，故序列 $\{Y_t\}$ 也

是不平稳的.

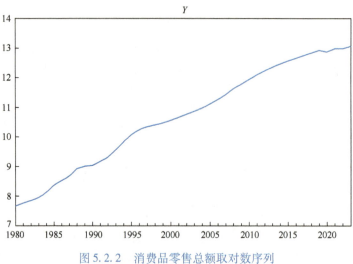

图 5.2.2　消费品零售总额取对数序列

再对序列 $\{Y_t\}$ 进行一阶差分, 差分后的序列记为 $\{W_t\}$, 即

$$W_t = Y_t - Y_{t-1},$$

计算得序列 $\{W_t\}$ 的均值为 0.1255, 令

$$X_t = W_t - 0.1255,$$

对序列 $\{X_t\}$ 进行 ADF 检验, 得到检验的 p 值为 0.001, 在显著性水平 $\alpha = 0.01$ 下, 检验统计量 $\widetilde{\tau} = -3.437 < \widetilde{\tau}_{1-0.01} = -2.621$. 所以, 序列 $\{X_t\}$ 是平稳的, 其图形见图 5.2.3.

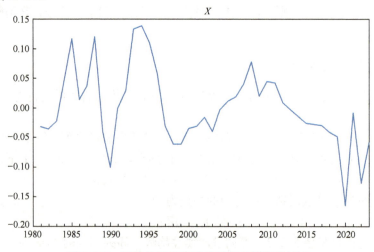

图 5.2.3　平稳化后的消费品零售总额序列 $\{X_t\}$

序列不平稳的原因是复杂的，上述几种平稳化方法适宜于较简单的不平稳情形，并不一定是任意序列平稳化的最佳办法.

5.3 ARIMA 模型

在实际应用中大多数序列都是非平稳的，而且非平稳的原因多种多样，针对不同的非平稳序列应采用不同的方法建立模型，才能取得最佳的效果. 接下来的三节，将介绍三种常见的、与 ARMA 模型相关的非平稳序列建模方法，首先这节介绍的是通过差分将序列平稳化，然后建立 ARMA 模型的方法.

5.3.1 ARIMA 模型的定义

定义 5.3.1 如果时间序列 $\{Y_t\}$ 的 d（d 为非负整数）阶差分 $\nabla^d Y_t$ 是一个平稳的 $\mathrm{ARMA}(p,q)$ 序列（或过程），则称 $\{Y_t\}$ 为 (p,d,q) 阶的自回归求和移动平均序列（或过程），简称为 $\mathrm{ARIMA}(p,d,q)$ 序列（或过程）. 即有序列 $\{Y_t\}$ 满足方程

$$\Phi(B)(1-B)^d Y_t = \Theta(B)\varepsilon_t. \tag{5.3.1}$$

其中 $\Phi(B) = 1 - \sum_{i=1}^{p} \varphi_i B^i, \Theta(B) = 1 - \sum_{i=1}^{q} \theta_i B^i$. 式（5.3.1）称为 (p,d,q) 阶的自回归求和移动平均模型，简称 $\mathrm{ARIMA}(p,d,q)$ 模型.

如果记

$$f(B) = \Phi(B)(1-B)^d$$

则 $\mathrm{ARIMA}(p,d,q)$ 模型（5.3.1）变为

$$f(B)Y_t = \Theta(B)\varepsilon_t. \tag{5.3.2}$$

式（5.3.2）看起来像一个 ARMA 模型，但在 $d \geq 1$ 时，它不是 ARMA 模型，因为它是不平稳的.

例 5.3.1 设 $\{\varepsilon_t\} \overset{\text{i.i.d.}}{\sim} N(0,1)$，图 5.3.1 是由 $\mathrm{ARIMA}(1,1,1)$ 模型

$$(1-0.7B)(1-B)Y_t = (1-0.6B)\varepsilon_t \tag{5.3.3}$$

随机模拟生成的，长度为 100 的序列 $\{Y_t\}$ 的一组样本时间序列. 图 5.3.2 是由 $\mathrm{ARIMA}(1,0,1)$ 模型或者 $\mathrm{ARMA}(1,1)$ 模型

$$(1-0.7B)X_t = (1-0.6B)\varepsilon_t \tag{5.3.4}$$

随机模拟生成的，长度为 100 的序列 $\{X_t\}$ 的一组样本时间序列. 如图 5.3.1 所示，序列 $\{Y_t\}$ 有明显的下降和上升趋势，而如图 5.3.2 所示，序列 $\{X_t\}$ 看上去是平稳的.

$\mathrm{ARIMA}(p,d,q)$ 模型（5.3.1）自回归部分的特征方程有 d 个特征根等于 1，

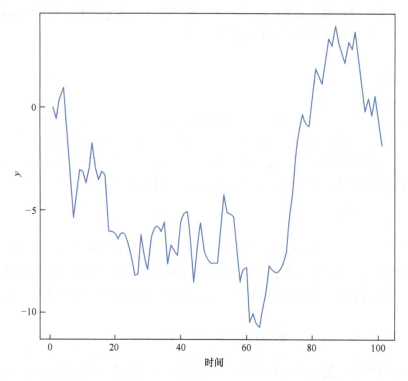

图 5.3.1　ARIMA$(1,1,1)$模型（5.3.3）的序列$\{Y_t\}$的一组样本

其余特征根的绝对值（或者模）小于 1. 由 5.2.1 节中的（2）知，序列$\{Y_t\}$可能存在$d-1$次多项式趋势.

关于 ARIMA(p,d,q)模型的建立，首先是对样本序列进行差分，直至序列平稳，然后对平稳的序列建立 ARMA 模型即可. 得到 ARMA 模型的拟合值后，再反运算就得到原始样本序列的拟合值，即得到 ARIMA 模型的拟合结果.

差分的反运算是求和，这也是 ARIMA 模型称为自回归求和移动平均模型的由来. 具体地，当$d=1$时，序列$\{Y_t\}$的一阶差分为

$$\nabla Y_t = Y_t - Y_{t-1},$$

则有

$$Y_t = \nabla Y_t + Y_{t-1},$$

当$d=2$时，序列$\{Y_t\}$的二阶差分为

$$\begin{aligned}
\nabla^2 Y_t &= \nabla Y_t - \nabla Y_{t-1} \\
&= (Y_t - Y_{t-1}) - (Y_{t-1} - Y_{t-2}) \\
&= Y_t - 2Y_{t-1} + Y_{t-2},
\end{aligned}$$

则有

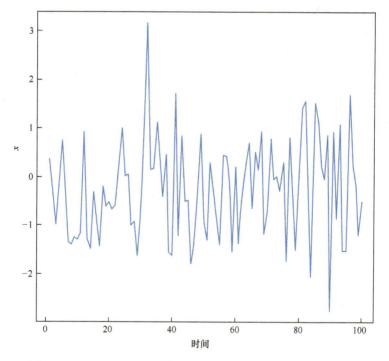

图 5.3.2　ARIMA(1,0,1)模型（5.3.4）的序列$\{X_t\}$的一组样本

$$Y_t = \nabla^2 Y_t + 2Y_{t-1} - Y_{t-2}.$$

一般地，序列$\{Y_t\}$的 d 阶差分为

$$\nabla^d Y_t = (1 - B)^d Y_t$$
$$= \Big[1 + \sum_{k=1}^{d} (-1)^k C_d^k B^k \Big] Y_t,$$

则有

$$Y_t = \nabla^d Y_t - \sum_{k=1}^{d} (-1)^k C_d^k Y_{t-k}.$$

其中C_d^k是二项式系数.

如果$\{Y_t\}$样本序列 d 阶差分后平稳，令$X_t = \nabla^d Y_t$，对$\{X_t\}$序列建立合适的 ARMA 模型，得到X_t的拟合值$\hat{X}_t$，则Y_t的拟合值为

$$\hat{Y}_t = \hat{X}_t - \sum_{k=1}^{d} (-1)^k C_d^k Y_{t-k}.$$

5.3.2　ARIMA 模型举例

实际中很少使用超过 2 阶的差分，常见的是低阶 ARIMA 模型，下面列举一

些 ARIMA(p,d,q)模型（5.3.1）的例子.

（1）当 $d=0$ 时，ARIMA$(p,0,q)$模型就是 ARMA(p,q)模型；

（2）当 $p=0$ 时，ARIMA$(0,d,q)$模型常简记为 IMA(d,q)模型；

（3）当 $q=0$ 时，ARIMA$(p,d,0)$模型常简记为 ARI(p,d)模型；

（4）当 $d=1$，$p=q=0$ 时，ARIMA$(0,1,0)$模型就是 3.2.1 节中的随机游动模型，即有

$$(1-B)Y_t = \varepsilon_t,$$
$$Y_t - Y_{t-1} = \varepsilon_t,$$

（5）当 $d=1$，$p=0$，$q=1$ 时，ARIMA$(0,1,1)$模型为

$$(1-B)Y_t = (1-\theta_1 B)\varepsilon_t,$$

即

$$Y_t - Y_{t-1} = \varepsilon_t - \theta_1 \varepsilon_{t-1}.$$

（6）当 $d=1$，$p=1$，$q=0$ 时，ARIMA$(1,1,0)$模型为

$$(1-\varphi_1 B)(1-B)Y_t = \varepsilon_t,$$

即

$$Y_t - (1+\varphi_1)Y_{t-1} + \varphi_1 Y_{t-2} = \varepsilon_t.$$

（7）当 $d=1$，$p=1$，$q=1$ 时，ARIMA$(1,1,1)$模型为

$$(1-\varphi_1 B)(1-B)Y_t = (1-\theta_1 B)\varepsilon_t,$$

即

$$Y_t - (1+\varphi_1)Y_{t-1} + \varphi_1 Y_{t-2} = \varepsilon_t - \theta_1 \varepsilon_{t-1}.$$

（8）当 $d=2$，$p=0$，$q=1$ 时，ARIMA$(0,2,1)$模型为

$$(1-B)^2 Y_t = (1-\theta_1 B)\varepsilon_t,$$

即

$$Y_t - 2Y_{t-1} + Y_{t-2} = \varepsilon_t - \theta_1 \varepsilon_{t-1}.$$

（9）当 $d=2$，$p=1$，$q=0$ 时，ARIMA$(1,2,0)$模型为

$$(1-\varphi_1 B)(1-B)^2 Y_t = \varepsilon_t,$$

即

$$Y_t - (2+\varphi_1)Y_{t-1} + (2\varphi_1+1)Y_{t-2} - \varphi_1 Y_{t-3} = \varepsilon_t.$$

例 5.3.2 我国 2018 年 1 月至 2024 年 4 月工业生产者出厂价格指数月度数据的介绍见例 5.1.2，共 76 个值，记为序列 $\{Y_t\}$. 在例 5.2.5 中对序列 $\{Y_t\}$进行了一阶差分，差分后的序列是平稳的，记为序列 $\{X_t\}$，共 75 个值. 下面对序列 $\{X_t\}$进行建模分析.

序列 $\{X_t\}$的直方图（见图 5.3.3）. 可见，序列 $\{X_t\}$的样本均值为 $\overline{X}_{75} = -0.090667$，可以初步认为序列 $\{X_t\}$是零均值的.

序列 $\{X_t\}$的自相关函数 $\hat{\rho}_k$ 和偏自相关函数 $\hat{\varphi}_{kk}$（见图 5.3.4 和图 5.3.5），图

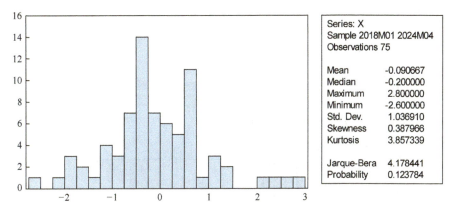

图 5.3.3 一阶差分后的工业生产者出厂价格指数直方图

中自相关函数和偏自相关函数两倍的标准差都取为 $\dfrac{2}{\sqrt{N}} = \dfrac{2}{\sqrt{75}} = 0.23$. 可见, 偏自相关函数 $\hat{\varphi}_{kk}$ 是 12 步截尾的, 而自相关函数 $\hat{\rho}_k$ 呈现拖尾性, 故可初步判断序列 $\{X_t\}$ 适合 AR(12) 模型.

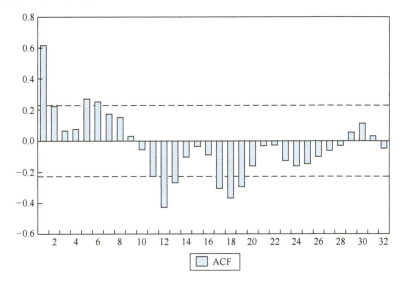

图 5.3.4 序列 $\{X_t\}$ 的自相关函数

使用极大似然估计分别拟合 1~12 阶 AR 模型, 得到各个模型的 AIC 值, 结果见图 5.3.6. AIC 值分别在 AR(2)、AR(6) 和 AR(12) 模型达到极小值, 由模型的简约性原则, 初步选择的最优模型是 AR(2).

序列 $\{X_t\}$ 拟合 AR(1) 模型的残差平方和为 $Q_1 = 49.1026$, 拟合 AR(2) 模

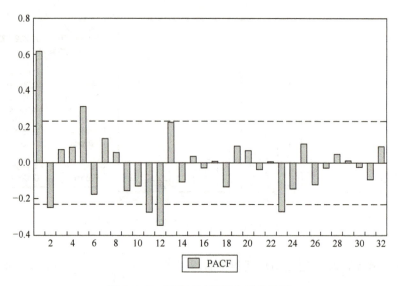

图 5.3.5 序列 $\{|X_t|\}$ 的偏自相关函数

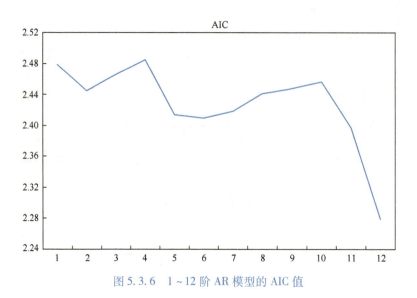

图 5.3.6 1~12 阶 AR 模型的 AIC 值

型的残差平方和为 $Q_0 = 46.0781$. 于是,F 检验值为

$$F = \frac{\dfrac{Q_1 - Q_0}{1}}{\dfrac{Q_0}{75 - 2 \times 2}} = 4.66,$$

取显著性水平 $\alpha = 0.05$,由 $F_{0.05}(1,71) = 3.976 < 4.66$,得 AR(1) 模型与 AR(2)

模型之间有显著性差异, 模型阶数可能继续升高.

序列 $\{X_t\}$ 拟合 AR(3) 模型的残差平方和为 $Q_2 = 45.4534$, 由 F 检验值

$$F_1 = \frac{\dfrac{Q_0 - Q_2}{1}}{\dfrac{Q_2}{75 - 2 \times 3}} = 0.95,$$

又 $F_{0.05}(1, 69) > F_{0.05}(1, 71) = 3.976 > 0.95$, 得 AR(2) 模型与 AR(3) 模型之间没有显著性差异, 故模型 AR(2) 是合适的. 使用极大似然估计, AR(2) 模型参数估计的结果见表 5.3.1.

表 5.3.1 $\{X_t\}$ 拟合 AR(2) 模型结果

参数	估计值	标准差	t 检验值	p 值
φ_1	0.765	0.0825	9.2705	0.0000
φ_2	-0.241	0.0909	-2.6483	0.0099

即建立的 AR(2) 模型为

$$X_t - 0.765 X_{t-1} + 0.241 X_{t-2} = \varepsilon_t. \tag{5.3.5}$$

考虑使用 Pandit – Wu 方法来建立模型. 首先将序列 $\{X_t\}$ 拟合 ARMA(2,1) 模型, 得残差平方和为 $Q_3 = 42.9713$. 然后拟合 ARMA(4,3) 模型, 得残差平方和为 $Q_4 = 29.2913$. 于是, F 检验的检验值为

$$F_2 = \frac{\dfrac{Q_3 - Q_4}{4}}{\dfrac{Q_4}{75 - 2 \times 4 - 3}} = 7.47,$$

又 $F_{0.05}(4, 64) < F_{0.05}(4, 60) = 2.53 < 7.47$, 故 ARMA(2,1) 模型与 ARMA(4,3) 模型之间有显著性差异, ARMA(4,3) 模型是较适合的模型, 模型的阶数可能继续升高.

序列 $\{X_t\}$ 拟合 ARMA(6,5) 模型的残差平方和为 $Q_5 = 25.7898$, 得 F 检验值

$$F_3 = \frac{\dfrac{Q_4 - Q_5}{4}}{\dfrac{Q_5}{75 - 2 \times 6 - 5}} = 1.97,$$

由 $F_{0.05}(4, 58) > F_{0.05}(4, 60) = 2.53 > 1.97$, 故 ARMA(6,5) 与 ARMA(4,3) 之间没有显著性差异, 应选取 ARMA(4,3) 模型.

使用极大似然估计, 结果显示 ARMA(4,3) 模型不可逆. 在 $q \leq p \leq 4$ 的范围内搜索, 比较 ARMA(p, q) 模型, 在满足模型可逆且参数显著的条件下, 得到

ARMA(1,1)模型是其中 AIC 值最小的模型. 表 5.3.2 是 ARMA(1,1)模型参数极大似然估计的结果.

表 5.3.2　$\{X_t\}$拟合 ARMA(1,1)模型结果

参数	估计值	标准差	t 检验值	p 值
φ_1	0.336	0.1213	2.7707	0.0071
θ_1	−0.468	0.1214	3.8554	0.0002

即建立的 ARMA(1,1)模型为

$$X_t - 0.336X_{t-1} = \varepsilon_t + 0.468\varepsilon_{t-1}. \tag{5.3.6}$$

进一步比较 AR(2)模型 (5.3.5) 和 ARMA(1,1)模型 (5.3.6)，得到如表 5.3.3 所示的结果. 可见，ARMA(1,1)模型的 AIC 值、BIC 值和拟合优度R^2都更优，所以，对于序列$\{X_t\}$最终选择的模型是 ARMA(1,1)模型 (5.3.6). 该模型的残差自相关函数图 (见图 5.3.7) 与图 5.3.4 相比，残差自相关函数的绝对值大多数小于 0.1，可认为残差接近于白噪声.

表 5.3.3　AR(2) 模型与 ARMA(1,1)模型的比较

	AIC 值	BIC 值	R^2
AR(2) 模型	2.4444	2.5371	0.4176
ARMA(1,1) 模型	2.4353	2.5280	0.4233

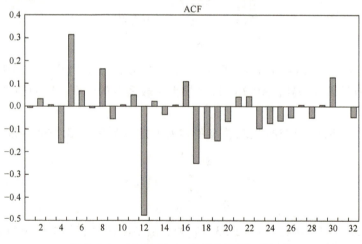

图 5.3.7　ARMA(1,1)模型残差自相关函数

前面初步认为序列$\{X_t\}$是零均值的，现在根据序列适合 ARMA(1,1)模型，

进一步检验样本均值是否为零. 在 4.1.1 节中，已经给出对于 ARMA($1,1$)模型 $\mathrm{Var}(\overline{X}_N)$ 的计算公式为

$$\mathrm{Var}(\overline{X}_N) \approx \frac{\gamma_0(\rho_1 - \rho_2 + 2\rho_1^2)}{N(\rho_1 - \rho_2)},$$

这里 $N = 75$，$\gamma_0 = 1.061$，$\rho_1 = 0.616$，$\rho_2 = 0.226$，得

$$\mathrm{Var}(\overline{X}_{75}) = 0.0417, \sqrt{\mathrm{Var}(\overline{X}_{75})} = 0.204.$$

可见，样本均值 $\overline{X}_{75} = -0.090667$，落在区间 $0 \pm 2\sqrt{\mathrm{Var}(\overline{X}_{75})}$ 上，故可以认为序列 $\{X_t\}$ 的均值为零.

由以上得到，对于工业生产者出厂价格指数月度序列 $\{Y_t\}$ 最终合适的模型为 ARIMA($1,1,1$)模型，即

$$(1 - 0.336B)(1 - B)Y_t = (1 + 0.468B)\varepsilon_t.$$

利用序列 $\{X_t\}$ 建立的模型 ARMA($1,1$)模型（5.3.6）的拟合值序列 $\{\hat{X}_t\}$ 进行反算，得到工业生产者出厂价格指数月度序列 $\{Y_t\}$ 的拟合值序列 $\{\hat{Y}_t\}$，即有

$$\hat{Y}_t = \hat{X}_t + Y_{t-1}, t = 2, 3, \cdots, 76$$

拟合效果如图 5.3.8 所示，其中 Y 表示实际值，$Y1$ 表示拟合值. 2024 年 1 月至 4 月工业生产者出厂价格指数的拟合值和相对误差见表 5.3.4. 可见，误差较小，模型拟合效果不错.

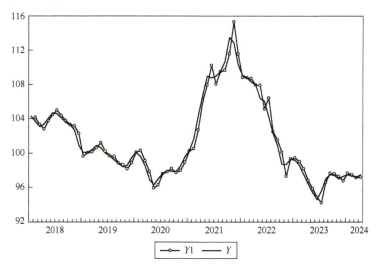

图 5.3.8 工业生产者出厂价格指数序列 $\{Y_t\}$ 的拟合图

表 5.3.4   2024 年 1 月至 4 月工业生产者出厂价格指数拟合结果

月份	时刻 t	$\hat{X}_t$	$\hat{Y}_t$	实际值Y_t	相对误差（%）
2024 年 1 月	73	0.3647	97.6647	97.5	0.17
2024 年 2 月	74	-0.0098	97.4902	97.3	0.20
2024 年 3 月	75	-0.1562	97.1438	97.2	-0.06
2024 年 4 月	76	-0.0073	97.1927	97.5	-0.32

5.4 组合模型

对非平稳时间序列建立合适的模型的另一种常见方法是对序列先拟合一个确定性模型，并使得去掉确定性部分的剩余序列为一个平稳序列. 即对于非平稳时间序列$\{Y_t\}$，常常可以建立如下的组合模型

$$Y_t = f(t) + X_t, \tag{5.4.1}$$

其中序列$\{f(t)\}$是序列$\{Y_t\}$中确定性部分，一般为时间t的函数；序列$\{X_t\}$为序列$\{Y_t\}$中随机性部分，且序列$\{X_t\}$为平稳序列.

5.4.1 组合模型的类型

对于出现趋势或者周期的随机时间序列，前面的章节中已有例子表明，可能通过差分、季节差分等，消除序列的趋势或者周期，使得序列平稳化. 然后，再对平稳化后的序列建立平稳可逆的 ARMA 模型. 但是，这种处理序列中趋势或者周期的方法并不一定总是最好的方法，有的时候甚至不可行. 例如，设序列$\{Y_t\}$来自于如下模型

$$Y_t = c_0 + c_1 t + \varepsilon_t. \tag{5.4.2}$$

这时，序列$\{Y_t\}$存在线性趋势，如果对序列$\{Y_t\}$进行一阶差分，则序列$\{Y_t\}$来自于模型

$$Y_t - Y_{t-1} = c_1 + \varepsilon_t - \varepsilon_{t-1}. \tag{5.4.3}$$

显然，模型（5.4.3）是不可逆的. 此时，对于存在线性趋势的序列$\{Y_t\}$，不适合差分后建立 ARMA 模型，而应该对它建立由确定性部分$f(t) = c_0 + c_1 t$与随机性部分ε_t组成的组合模型.

为了叙述方便，这里将周期也当作一种趋势，称为周期趋势，而差分包含季节差分. 上面的结论说明，包含趋势的序列可分为两种情况. 一种情况下，序列中的趋势需要拟合确定性函数，去掉确定性部分后的剩余序列，适合建立平稳可逆的 ARMA 模型. 另一种情况下，序列中的趋势可以通过差分去掉，然后剩余

序列适合建立平稳可逆的 ARMA 模型. 通常, 将前一种情况下序列中的趋势称为确定性趋势, 后一种情况下序列中的趋势称为随机趋势. 在实际中, 随机趋势存在的可能性更大, 所以差分一般是有效的. 由于样本数据的随机性, 对于同一组样本数据可能两种处理趋势的方式都可行, 需要进一步的比较选择.

易见, 将 $\{f(t)\}$ 替换成其他多项式、周期函数或者指数函数, 将 $\{\varepsilon_t\}$ 替换成平稳可逆的 ARMA 序列 $\{X_t\}$, 可以得到许多的组合模型. 根据 2.2 节和 2.3 节中的确定性模型, 可列举一些组合模型如下.

(1) 确定性部分是多项式形式的组合模型, 例如:
$$Y_t = c_0 + c_1 t + c_2 t^2 + \cdots + c_n t^n + X_t,$$

(2) 确定性部分是指数函数形式的组合模型, 例如:
$$Y_t = a \mathrm{e}^{bt} + X_t,$$
$$Y_t = \sum_{j=1}^{k} a_j \mathrm{e}^{b_j t} + X_t,$$
$$Y_t = a \mathrm{e}^{c_1 t + c_2 t^2 + \cdots + c_n t^n} + X_t,$$

(3) 确定性部分是三角函数形式的组合模型, 例如:
$$Y_t = c_1 \sin(wt) + c_2 \cos(wt) + X_t,$$
$$Y_t = \sum_{j=1}^{k} A_j \mathrm{e}^{b_j t} \sin(jwt + \varphi_j) + X_t.$$

5.4.2 组合模型的建立

设序列 $\{Y_t\}$ 非平稳, 且适合建立组合模型 (5.4.1), 则一般对序列 $\{Y_t\}$ 建立组合模型的步骤如下.

(1) 判断与序列 $\{Y_t\}$ 中的趋势相符合的确定性部分函数 $f(t)$ 的形式;

(2) 选择函数 $f(t)$, 与 2.2 节和 2.3 节类似, 使用最小二乘法拟合序列 $\{Y_t\}$. 从序列 $\{Y_t\}$ 中减去拟合的序列 $\{f(t)\}$, 直至剩余序列 $\{X_t\}$ 平稳;

(3) 对剩余序列 $\{X_t\}$ 拟合适应的平稳可逆的 ARMA 模型;

(4) 将上面分别得到的确定性部分 $f(t)$ 函数与随机性部分 ARMA 模型组合起来, 常常以各自拟合得的参数估计值作为初始值, 使用非线性最小二乘法估计组合模型的参数, 得到最终的模型.

例 5.4.1 1980 至 2023 年中国棉花种植面积序列 $\{Y_t\}$ 的介绍见例 5.1.7, 其零均值化的序列 $\{X_t\}$ 是平稳的, 例 4.2.2 通过序列 $\{X_t\}$ 的自相关函数和偏自相关函数初步判断序列适合 AR(1) 模型, 残差方差图 4.2.4 再次说明 AR(1) 模型是最优的选择. 使用最小二乘估计建立的 AR(1) 模型为
$$X_t = 0.843 X_{t-1} + \varepsilon_t. \tag{5.4.4}$$
该模型残差序列的自相关函数图 5.4.1 表明模型是合适的. 于是, 对序列 $\{Y_t\}$ 建

立的模型为

$$Y_t - 4690250 = 0.843(Y_{t-1} - 4690250) + \varepsilon_t,$$
$$Y_t = 736369.25 + 0.843Y_{t-1} + \varepsilon_t. \tag{5.4.5}$$

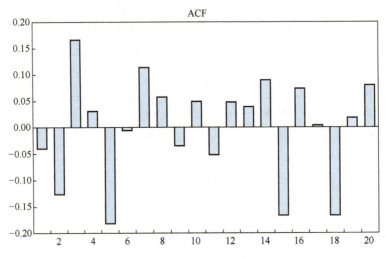

图 5.4.1　AR(1) 模型 (5.4.4) 残差序列自相关函数图

由图 5.1.5 观察到棉花种植面积序列 $\{Y_t\}$ 有线性趋势，下面对 $\{Y_t\}$ 序列建立组合模型. 首先用线性多项式拟合序列 $\{Y_t\}$，即设 $f(t) = c_0 + c_1 t$，得到如表5.4.1 所示的结果.

表 5.4.1　$f(t)$ 拟合 Y_t 的结果

参数	估计值	标准差	t 检验值	p 值
c_0	6045208	214098.6	28.2356	0.0000
c_1	−60220.38	8286.824	−7.2670	0.0000

即有

$$f(t) = 6045208 - 60220.38t \tag{5.4.6}$$

令 $W_t = Y_t - f(t)$，序列 $\{W_t\}$ 为剩余序列，其图形见图 5.4.2，序列 $\{W_t\}$ 没有明显的趋势，初步判断是平稳的. 对序列 $\{W_t\}$ 进行 ADF 检验，得到检验的 p 值为 0.0008，故该序列是平稳的. 序列 $\{W_t\}$ 的均值为 -3.92×10^{-10}，可以认为序列 $\{W_t\}$ 是零均值的.

序列 $\{W_t\}$ 的自相关函数和偏自相关函数见图 5.4.3. 可见，偏自相关函数呈现 1 步截尾，而自相关函数呈现拖尾性，故初步判断序列 $\{W_t\}$ 适合 AR(1) 模型.

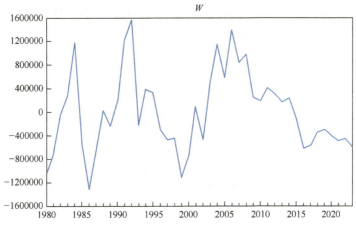

图 5.4.2　剩余序列 $\{W_t\}$ 的图形

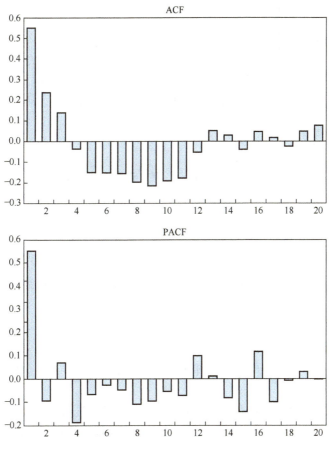

图 5.4.3　序列 $\{W_t\}$ 的自相关函数和偏自相关函数

序列 $\{W_t\}$ 拟合 AR(1) 模型的残差平方和为 $Q_1 = 1.30 \times 10^{13}$，拟合 AR(2) 模型的残差平方和为 $Q_0 = 1.28 \times 10^{13}$，得 F 检验值为

$$F = \frac{\dfrac{Q_1 - Q_0}{1}}{\dfrac{Q_0}{44 - 2 \times 2}} = 0.625,$$

又 $F_{0.05}(1,40) = 4.08 > 0.625$，故 AR(1) 模型与 AR(2) 模型之间没有显著性差异，应选择 AR(1) 模型。这里使用最小二乘估计建立的 AR(1) 模型为

$$W_t = 0.562 W_{t-1} + \varepsilon_t. \tag{5.4.7}$$

该模型残差序列的自相关函数（见图 5.4.4），可以认为模型是合适的。

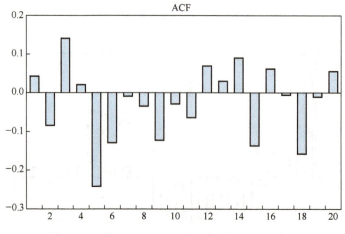

图 5.4.4　模型（5.4.7）残差序列自相关函数图

将上面分别得到的确定性部分（5.4.6）与随机性部分（5.4.7）组合起来，使用非线性最小二乘法估计组合模型的参数，得到最终的模型为

$$Y_t = 6160690 + 70959.807t + 0.565[Y_{t-1} - 6160690 - 70959.807(t-1)],$$

即有

$$Y_t = 2722745 - 30899.59t + 0.565 Y_{t-1}. \tag{5.4.8}$$

组合模型（5.4.8）的残差自相关函数（见图 5.4.5）可以认为该模型是适应的。

将 AR(1) 模型（5.4.5）与组合模型（5.4.8）进行比较，由表 5.4.2 知，组合模型效果更好。1980 至 2023 年中国棉花种植面积序列 $\{Y_t\}$ 拟合组合模型效果见图 5.4.6。

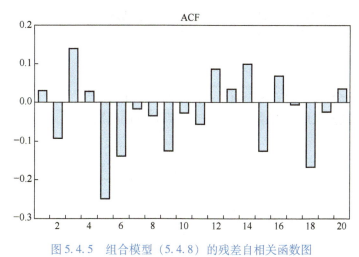

图 5.4.5　组合模型（5.4.8）的残差自相关函数图

表 5.4.2　**AR(1) 模型（5.4.5）与组合模型（5.4.8）的比较**

	AIC 值	BIC 值	R^2
AR(1) 模型	29.51993	29.56089	0.65560
组合模型	29.39882	29.52170	0.72198

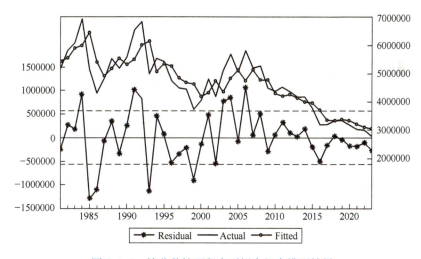

图 5.4.6　棉花种植面积序列拟合组合模型结果

5.5　乘积季节模型

对于季节时间序列，2.3 节中已经使用确定性的方法进行分析建模. 这一节中将运用第 3、4、5 章中的随机方法，对季节序列进行研究，主要讨论一种常见的季节时间序列的随机模型：乘积季节模型.

5.5.1 一般的乘积季节模型

为了观察季节序列不同周期中相同周期点变化的规律，与 2.3 节一样，可以先将季节序列按照周期来排列. 设季节序列 $\{Y_t\}$ 的周期为 S，则可以将序列 $\{Y_t\}$ 用表 5.5.1 表示.

表 5.5.1　序列 $\{Y_t\}$ 按周期排列表

周期	周期点							
	1	2	3	4	5	6	$\cdots$	S
1	Y_1	Y_2	Y_3	Y_4	Y_5	Y_6	$\cdots$	Y_S
2	Y_{S+1}	Y_{S+2}	Y_{S+3}	Y_{S+4}	Y_{S+5}	Y_{S+6}	$\cdots$	Y_{2S}
3	Y_{2S+1}	Y_{2S+2}	Y_{2S+3}	Y_{2S+4}	Y_{2S+5}	Y_{2S+6}	$\cdots$	Y_{3S}
$\vdots$	$\vdots$	$\vdots$	$\vdots$	$\vdots$	$\vdots$	$\vdots$	$\vdots$	$\vdots$

表 5.5.1 中的每一列是由不同周期中相同周期点构成的序列，如果这些序列都有着多项式趋势，可以尝试季节差分，将相同周期点序列的不平稳性消除. 比如，假设序列 $\{Y_t\}$ 经过 D 阶季节差分后，表 5.5.1 中每列数据都平稳，即令

$$X_t = \nabla_S^D Y_t = (1 - B^S)^D Y_t,$$

则序列 $\{X_t\}$ 相同周期点构成的序列是平稳的.

进一步，季节时间序列常常具有这样的特点：不同周期的相同周期点之间有着较强的相关性. 因此，考虑对上面的序列 $\{X_t\}$ 建立相同周期点之间的自回归移动平均模型. 比如，对序列 $\{X_t\}$ 建立相同周期点之间的一阶自回归模型为

$$X_t - u_1 X_{t-S} = e_t,$$

即

$$\nabla_S^D Y_t - u_1 \nabla_S^D Y_{t-S} = e_t,$$
$$(1 - u_1 B^S) \nabla_S^D Y_t = e_t,$$

相同周期点之间的一阶移动平均模型为

$$X_t = e_t - v_1 e_{t-S},$$

即

$$\nabla_S^D Y_t = (1 - v_1 B^S) e_t,$$

相同周期点之间一般的自回归移动平均模型为

$$U(B^S) X_t = V(B^S) e_t,$$

即

$$U(B^S) \nabla_S^D Y_t = V(B^S) e_t. \tag{5.5.1}$$

其中 $U(B^S) = 1 - \sum_{i=1}^{n} u_i B^{iS}$, $V(B^S) = 1 - \sum_{i=1}^{m} v_i B^{iS}$.

模型 (5.5.1) 中序列 $\{e_t\}$, 是序列 $\{X_t\}$ 消除了不同周期相同周期点之间相关性的剩余序列, 序列 $\{e_t\}$ 不一定是不相关序列, 因为同一周期的不同周期点之间也可能有相关性. 于是, 可假设序列 $\{e_t\}$ 适合如下的 ARIMA(p,d,q) 模型

$$\Phi(B) \nabla^d e_t = \Theta(B) \varepsilon_t, \tag{5.5.2}$$

其中 $\Phi(B) = 1 - \sum_{i=1}^{p} \varphi_i B^i$, $\Theta(B) = 1 - \sum_{i=1}^{q} \theta_i B^i$, $\{\varepsilon_t\}$ 序列为白噪声.

将算子 $\Phi(B) \nabla^d$ 作用于式 (5.5.1) 的两端, 得到

$$\Phi(B) \nabla^d U(B^S) \nabla_S^D Y_t = \Phi(B) \nabla^d V(B^S) e_t,$$

再将式 (5.5.2) 代入即有

$$\Phi(B) U(B^S) \nabla^d \nabla_S^D Y_t = \Theta(B) V(B^S) \varepsilon_t. \tag{5.5.3}$$

定义 5.5.1 设 d, D, m, n, p, q 是非负整数, $Z_t \triangleq (1-B)^d (1-B^S)^D Y_t$, 如果 $\{Z_t\}$ 是平稳且可逆的 ARMA 序列, $\{\varepsilon_t\}$ 序列是白噪声, 则称满足方程 (5.5.3) 的序列 $\{Y_t\}$ 是周期为 S 的 $(p,d,q) \times (m,D,n)_S$ 阶的乘积季节序列 (或过程), 称式 (5.5.3) 为 $(p,d,q) \times (m,D,n)_S$ 阶的乘积季节模型, 或者称为 SARIMA$(p, d,q) \times (m,D,n)_S$ 模型.

当 $m=0$, $D=0$, $n=0$ 时, SARIMA 模型 (5.5.3) 就是 ARIMA(p,d,q) 模型. SARIMA 模型其实是 ARIMA 模型的推广, 其建模的步骤与 ARIMA 模型类似. 首先求 d 和 D, 使得差分后的数据平稳, 然后根据 Box – Jenkins 方法、AIC 准则等识别模型, 使用极大似然估计、最小二乘估计等得到模型的参数, 最后 ARMA 模型的诊断检验也适用于 SARIMA 模型.

5.5.2 常用的乘积季节模型

模型 (5.5.3) 在实际应用中, 一般 D 不超过 1, m 和 n 不超过 3. 也就是说, 常用的乘积季节模型是低阶的 SARIMA 模型.

例 5.5.1 SARIMA$(1,0,0) \times (0,1,1)_S$ 模型为

$$(1-\varphi_1 B)(1-B^S) Y_t = (1-v_1 B^S) \varepsilon_t, \tag{5.5.4}$$

展开式 (5.5.4), 得

$$Y_t - \varphi_1 Y_{t-1} - Y_{t-S} + \varphi_1 Y_{t-S-1} = \varepsilon_t - v_1 \varepsilon_{t-S}. \tag{5.5.5}$$

可见, 模型 (5.5.5) 形式上是一个 ARMA$(S+1, S)$ 模型, 且除了延迟 1、S、$S+1$ 期自回归系数和延迟 S 期移动平均系数不为 0 外, 其余系数都为 0. 事实上, SARIMA 模型一般为疏系数模型.

例 5.5.2 SARIMA$(0,1,1) \times (0,1,1)_S$ 模型为

$$(1-B)(1-B^S)Y_t = (1-\theta_1 B)(1-v_1 B^S)\varepsilon_t, \qquad (5.5.6)$$

展开式 (5.5.6)，得

$$Y_t - Y_{t-1} - Y_{t-S} + Y_{t-S-1} = \varepsilon_t - \theta_1\varepsilon_{t-1} - v_1\varepsilon_{t-S} + \theta_1 v_1\varepsilon_{t-S-1}. \qquad (5.5.7)$$

模型 (5.5.7) 形式上是一个 ARMA$(S+1,S+1)$ 模型，如果令

$$X_t = (1-B)(1-B^S)Y_t,$$

则模型 (5.5.7) 变为

$$\begin{aligned}
X_t &= (1-\theta_1 B)(1-v_1 B^S)\varepsilon_t \\
&= \varepsilon_t - \theta_1\varepsilon_{t-1} - v_1\varepsilon_{t-S} + \theta_1 v_1\varepsilon_{t-S-1}. \qquad (5.5.8)
\end{aligned}$$

式 (5.5.8) 是一个平稳且可逆的 MA$(S+1)$ 模型，也是一个 $(0,0,1) \times$ $(0,0,1)_S$ 阶的乘积季节模型. 由 3.4 节式 (3.4.25)、式 (3.4.29)，得序列 $\{X_t\}$ 的自相关函数为

$$\begin{aligned}
\gamma_0 &= (1+\theta_1^2+v_1^2+\theta_1^2 v_1^2)\sigma^2 \\
&= (1+\theta_1^2)(1+v_1^2)\sigma^2,
\end{aligned}$$

$$\begin{aligned}
\rho_1 &= \frac{-\theta_1 - \theta_1 v_1^2}{(1+\theta_1^2)(1+v_1^2)} \\
&= \frac{-\theta_1}{1+\theta_1^2},
\end{aligned}$$

$$\rho_2 = \rho_3 = \cdots = \rho_{S-2} = 0,$$

$$\rho_{S-1} = \frac{\theta_1 v_1}{(1+\theta_1^2)(1+v_1^2)},$$

$$\begin{aligned}
\rho_S &= \frac{-v_1 - \theta_1^2 v_1}{(1+\theta_1^2)(1+v_1^2)} \\
&= \frac{-v_1}{1+v_1^2},
\end{aligned}$$

$$\rho_{S+1} = \frac{\theta_1 v_1}{(1+\theta_1^2)(1+v_1^2)},$$

$$\rho_k = 0, \; k > S+1.$$

可见，模型 (5.5.8) 的自相关函数 $S+1$ 步截尾，不为 0 的自相关函数只有 ρ_1，ρ_{S-1}，ρ_S 和 ρ_{S+1}，且 $\rho_{S-1} = \rho_{S+1} = \rho_1 \rho_S$，这些都可以作为识别该类模型的依据.

当 $S=12$ 时的模型 (5.5.6) 就是 Box 和 Jenkins 等提出，成功应用于国际航线月度旅客数据的较早的乘积季节模型. 该模型同时考虑了旅客数据各年同月之间的相关关系和同年各月之间的相关关系.

上面分析的是季节性 MA 序列 $\{X_t\}$，其自相关函数 $S+1$ 步呈现截尾，

偏自相关函数呈现拖尾. 同样，如果是季节性 AR 序列，其自相关函数将呈现拖尾，偏自相关函数呈现截尾. 进一步，如果序列的自相关函数或者偏自相关函数衰减时，在间隔某周期的整倍数点上出现绝对值较大的峰值，则可以考虑建立 SARIMA 模型.

例 5.5.3　2014 年 1 月至 2023 年 12 月全国居民消费价格指数（CPI）的月度数据见附录，共 120 个数据，记为 $\{Y_t\}$ 序列，其图形见图 5.5.1. 可见，序列 $\{Y_t\}$ 有一定的周期性，周期长度为 12. 对序列 $\{Y_t\}$ 进行 ADF 检验，得到检验的 p 值为 0.4746，故序列 $\{Y_t\}$ 不平稳.

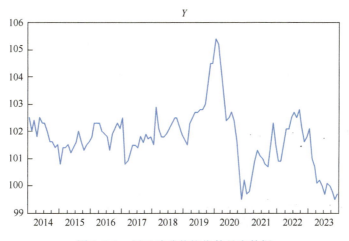

图 5.5.1　居民消费价格指数月度数据

对序列 $\{Y_t\}$ 进行一阶季节差分，令

$$X_t = Y_t - Y_{t-12},\ t = 13,14,\cdots,120. \tag{5.5.9}$$

再对序列 $\{X_t\}$ 进行 ADF 检验，得到检验的 p 值为 0.0388，故在显著性水平 0.05 下，序列 $\{X_t\}$ 通过平稳性检验，可以认为序列 $\{X_t\}$ 是平稳的. 序列 $\{X_t\}$ 的自相关函数和偏自相关函数（见图 5.5.2）. 可见，自相关函数呈现拖尾，偏自相关函数呈现 13 步截尾，且偏自相关函数在间隔 12 的整倍数点上出现绝对值较大的峰值，延迟 1 阶的偏自相关函数也较大，故可以考虑建立周期为 12 且含有一阶自回归的 SARIMA 模型.

$\{X_t\}$ 序列的均值为 -0.194468，先将 $\{X_t\}$ 序列零均值化，令

$$Z_t = X_t + 0.194468, \tag{5.5.10}$$

对序列 $\{Z_t\}$ 建立周期为 12 的 $(1,0,0) \times (1,0,0)_{12}$ 阶的乘积季节模型如下

$$(1 - 0.892B)(1 + 0.649\,B^{12})Z_t = \varepsilon_t, \tag{5.5.11}$$

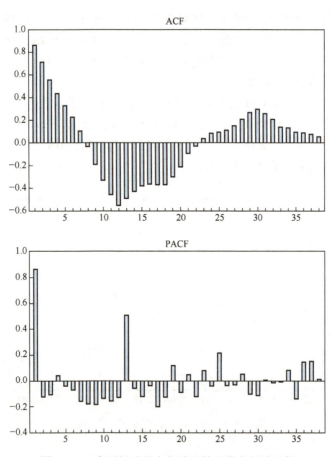

图 5.5.2　序列 $\{X_t\}$ 的自相关函数和偏自相关函数

其中参数由极大似然估计得到，具体的估计结果见表 5.5.2.

表 5.5.2　序列 $\{Z_t\}$ 建立乘积季节模型结果

参数	估计值	标准差	t 检验值	p 值
φ_1	0.892	0.0391	22.8102	0.0000
u_1	-0.649	0.0657	-9.8916	0.0000

将式 (5.5.9)、式 (5.5.10) 代入式 (5.5.11)，得居民消费价格指数月度序列 $\{Y_t\}$ 周期为 12 的 $(1,0,0) \times (1,1,0)_{12}$ 阶的乘积季节模型为

$$(1-0.892B)(1+0.649B^{12})((1-B^{12})Y_t+0.194468)=\varepsilon_t,$$

即

$$(1-0.892B)(1+0.649B^{12})(1-B^{12})Y_t=-0.0346+\varepsilon_t. \qquad (5.5.12)$$

模型 (5.5.12) 的拟合优度为 $R^2=0.8688$，拟合效果较好. 该模型残差的自相关函数（见图 5.5.3），可见大部分自相关函数绝对值小于 0.1，可以认为该模型是合适的. 再使用正态分布检验法检验残差. 取 $M=[\sqrt{108}]=10$，残差序

列前 10 个自相关函数 $\hat{\rho}_k(k=1,2,\cdots,10)$ 为

$$\hat{\rho}_1=0.098, \hat{\rho}_2=0.120, \hat{\rho}_3=-0.133, \hat{\rho}_4=0.024, \hat{\rho}_5=-0.009,$$
$$\hat{\rho}_6=0.078, \hat{\rho}_7=0.096, \hat{\rho}_8=-0.013, \hat{\rho}_9=0.013, \hat{\rho}_{10}=-0.150.$$

易见

$$|\hat{\rho}_k|<1.96N^{-1/2}=0.1886, \ k=1,2,\cdots,10.$$

所以残差序列是白噪声，模型（5.5.12）是适应的.

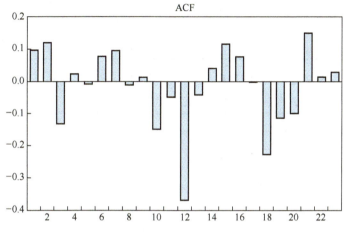

图 5.5.3 模型（5.5.12）残差自相关图

习题 5

1. 试对例 1.1.2 中的 2019 年 10 月至 2022 年 9 月我国食品类居民消费价格指数数据，至少使用两种方法检验该序列的平稳性.

2. 下面表格中数据是 1978 年至 2023 年国内生产总值指数（1978 年指数为 100），试判断该序列是否平稳. 如果不平稳，试分析其不平稳的原因，并使用合适的方法将其平稳化.

年份	指数	年份	指数	年份	指数
1978	100	1986	209.6	1994	453
1979	107.6	1987	234.1	1995	502.6
1980	116	1988	260.4	1996	552.5
1981	122	1989	271.3	1997	603.5
1982	132.9	1990	281.9	1998	650.8
1983	147.3	1991	308.1	1999	700.7
1984	169.6	1992	351.9	2000	760.2
1985	192.4	1993	400.7	2001	823.6

（续）

年份	指数	年份	指数	年份	指数
2002	898.8	2010	2073.1	2018	3703
2003	989	2011	2271.1	2019	3923.3
2004	1089	2012	2449.9	2020	4011.2
2005	1213.1	2013	2639.9	2021	4350
2006	1367.4	2014	2835.9	2022	4478.4
2007	1562	2015	3035.6	2023	4713.5
2008	1712.8	2016	3243.5		
2009	1873.8	2017	3468.8		

3. 1951 年至 2023 年我国居民消费价格指数（上一年指数为 100）如下面的表格所示，试对该序列建立一个合适的 ARIMA 模型.

年份	指数	年份	指数	年份	指数
1951	112.5	1976	100.3	2001	100.7
1952	102.7	1977	102.7	2002	99.2
1953	105.1	1978	100.7	2003	101.2
1954	101.4	1979	101.9	2004	103.9
1955	100.3	1980	107.5	2005	101.8
1956	99.9	1981	102.5	2006	101.5
1957	102.6	1982	102	2007	104.8
1958	98.9	1983	102	2008	105.9
1959	100.3	1984	102.7	2009	99.3
1960	102.5	1985	109.3	2010	103.3
1961	116.1	1986	106.5	2011	105.4
1962	103.8	1987	107.3	2012	102.6
1963	94.1	1988	118.8	2013	102.6
1964	96.3	1989	118	2014	102
1965	98.8	1990	103.1	2015	101.4
1966	98.8	1991	103.4	2016	102
1967	99.4	1992	106.4	2017	101.6
1968	100.1	1993	114.7	2018	102.1
1969	101	1994	124.1	2019	102.9
1970	100	1995	117.1	2020	102.5
1971	99.9	1996	108.3	2021	100.9
1972	100.2	1997	102.8	2022	102
1973	100.1	1998	99.2	2023	100.2
1974	100.7	1999	98.6		
1975	100.4	2000	100.4		

4. 试对例 5.1.8 中 1952 年至 2023 年全国就业人员序列 $\{Y_t\}$ 建立组合模型,其中确定性部分函数设为 $f(t) = c_0 + c_1 t + c_2 t^2 + c_3 t^3$.

5. 2015 年 1 月至 2023 年 10 月我国货币供应量 M0 的数据如下表所示.

日期	M0	日期	M0	日期	M0
2015/1/1	6. 304051	2018/1/1	7. 463629	2021/1/1	8. 962524
2015/2/1	7. 289619	2018/2/1	8. 142424	2021/2/1	9. 19246
2015/3/1	6. 194981	2018/3/1	7. 269263	2021/3/1	8. 654364
2015/4/1	6. 077246	2018/4/1	7. 147646	2021/4/1	8. 580337
2015/5/1	5. 907597	2018/5/1	6. 977481	2021/5/1	8. 417772
2015/6/1	5. 860426	2018/6/1	6. 958933	2021/6/1	8. 434697
2015/7/1	5. 901071	2018/7/1	6. 953059	2021/7/1	8. 471756
2015/8/1	5. 906179	2018/8/1	6. 977539	2021/8/1	8. 50592
2015/9/1	6. 102297	2018/9/1	7. 125426	2021/9/1	8. 686709
2015/10/1	5. 990048	2018/10/1	7. 010662	2021/10/1	8. 608578
2015/11/1	6. 032824	2018/11/1	7. 05633	2021/11/1	8. 743341
2015/12/1	6. 321658	2018/12/1	7. 32084	2021/12/1	9. 082515
2016/1/1	7. 252651	2019/1/1	8. 747062	2022/1/1	10. 61889
2016/2/1	6. 94215	2019/2/1	7. 948472	2022/2/1	9. 72277
2016/3/1	6. 465121	2019/3/1	7. 494158	2022/3/1	9. 514192
2016/4/1	6. 440317	2019/4/1	7. 396576	2022/4/1	9. 562649
2016/5/1	6. 278071	2019/5/1	7. 279846	2022/5/1	9. 554686
2016/6/1	6. 281889	2019/6/1	7. 258096	2022/6/1	9. 601117
2016/7/1	6. 327601	2019/7/1	7. 268925	2022/7/1	9. 650919
2016/8/1	6. 34547	2019/8/1	7. 315262	2022/8/1	9. 723103
2016/9/1	6. 506862	2019/9/1	7. 412975	2022/9/1	9. 867206
2016/10/1	6. 421493	2019/10/1	7. 33954	2022/10/1	9. 841671
2016/11/1	6. 49035	2019/11/1	7. 397382	2022/11/1	9. 974012
2016/12/1	6. 830387	2019/12/1	7. 718947	2022/12/1	10. 4706
2017/1/1	8. 659861	2020/1/1	9. 324916	2023/1/1	11. 46013
2017/2/1	7. 172769	2020/2/1	8. 818705	2023/2/1	10. 76026
2017/3/1	6. 860505	2020/3/1	8. 302221	2023/3/1	10. 55913
2017/4/1	6. 83926	2020/4/1	8. 148521	2023/4/1	10. 59045
2017/5/1	6. 733321	2020/5/1	7. 970683	2023/5/1	10. 47567
2017/6/1	6. 697768	2020/6/1	7. 945941	2023/6/1	10. 54192
2017/7/1	6. 712904	2020/7/1	7. 986271	2023/7/1	10. 61297
2017/8/1	6. 755099	2020/8/1	8. 004271	2023/8/1	10. 65154
2017/9/1	6. 974854	2020/9/1	8. 237087	2023/9/1	10. 92532
2017/10/1	6. 823069	2020/10/1	8. 103643	2023/10/1	10. 85654
2017/11/1	6. 862316	2020/11/1	8. 159361		
2017/12/1	7. 06456	2020/12/1	8. 431453		

试对该数据建立合适的乘积季节模型.

第6章 模型的预测

建立模型的主要目的之一是预测或者预报. 如果模型经过诊断后认为是合适的, 则它可以用于对观察值序列的未来进行预测. 事实上, 在4.2节中, 已经使用过基于模型的向前一步预测, 来计算残差平方和、准则函数等, 这一章将更详细地介绍线性时间序列模型的预测理论和计算方法.

6.1 预测的三种形式

设零均值序列 $\{X_t\}$ 来自平稳可逆的 $\mathrm{ARMA}(p,q)$ 模型

$$X_t - \varphi_1 X_{t-1} - \varphi_2 X_{t-2} - \cdots - \varphi_p X_{t-p} = \varepsilon_t - \theta_1 \varepsilon_{t-1} - \theta_2 \varepsilon_{t-2} - \cdots - \theta_q \varepsilon_{t-q} \quad (6.1.1)$$

模型 (6.1.1) 中的参数已知. 事实上, 模型 (6.1.1) 的平稳性条件可以去掉, 下面所有关于预测的分析都可以类似进行. 但可逆性条件要保留, 才能由已知的观察值序列获得唯一的白噪声序列.

如何在 t 时刻及其以前时刻的观察值序列即 $X_t, X_{t-1}, \cdots$ 已知的条件下, 利用模型 (6.1.1) 对 $t+l(l \geqslant 1)$ 时刻的序列值 X_{t+l} 进行预测, 就是模型 (6.1.1) 的预测问题. 由此得到的 $t+l$ 时刻的预测记为 $\hat{X}_t(l)$ 或者 $\hat{X}_{t+l}$, 称为以 t 为时间原点向 (或超) 前 l 步 (或期) 的预测或者预测函数. 通常认为按照均方误差最小准则得到的预测是最优预测, 下面推导和计算的预测 $\hat{X}_t(l)$ 都是指这个最小均方误差预测.

6.1.1 预测的格林函数形式

由模型 (6.1.1) 的逆转形式得

$$X_{t+l} = \varepsilon_{t+l} + \pi_1 X_{t+l-1} + \pi_2 X_{t+l-2} + \cdots + \pi_l X_t + \pi_{l+1} X_{t-1} + \cdots \quad (6.1.2)$$

可见, 在序列 $X_t, X_{t-1}, \cdots$ 已知的条件下, 可以设定 $t+l$ 时刻的预测 $\hat{X}_t(l)$ 是序列 $X_t, X_{t-1}, \cdots$ 的线性组合. 根据均方误差最小准则, 求解预测 $\hat{X}_t(l)$ 就是寻找形如

$$g(X_t, X_{t-1}, \cdots) = \sum_{j=0}^{\infty} c_j X_{t-j} \quad (6.1.3)$$

的函数, 使得预测的均方误差

$$E\left[X_{t+l} - g(X_t, X_{t-1}, \cdots)\right]^2$$

达到最小. 设使得均方误差最小的预测为

$$\hat{X}_t(l) = \sum_{j=0}^{\infty} c_j^* X_{t-j},$$

这里如何求解系数$c_1^*, c_2^*, \cdots$是关键，易见，直接求解并不方便.

由模型（6.1.1）的平稳解形式得

$$X_{t+l} = \sum_{j=0}^{\infty} G_j \varepsilon_{t+l-j}, \tag{6.1.4}$$

如果模型不平稳，也可以从形式上得到（6.1.4）. 由此，预测$\hat{X}_t(l)$也可以表示为白噪声序列的线性组合，即可设

$$\hat{X}_t(l) = \sum_{j=0}^{\infty} g_j \varepsilon_{t-j},$$

于是，预测的均方误差为

$$E[X_{t+l} - \hat{X}_t(l)]^2$$
$$= E\Big[\sum_{j=0}^{\infty} G_j \varepsilon_{t+l-j} - \sum_{j=0}^{\infty} g_j \varepsilon_{t-j}\Big]^2$$
$$= E\Big[\varepsilon_{t+l} + G_1 \varepsilon_{t+l-1} + G_2 \varepsilon_{t+l-2} + \cdots + G_{l-1} \varepsilon_{t+1} + \sum_{j=0}^{\infty}(G_{l+j} - g_j)\varepsilon_{t-j}\Big]^2.$$
$$\tag{6.1.5}$$

显然，当$g_j = G_{l+j}$时，均方误差（6.1.5）达到最小. 所以，X_{t+l}的最小均方误差预测为

$$\hat{X}_t(l) = \sum_{j=0}^{\infty} G_{l+j} \varepsilon_{t-j}. \tag{6.1.6}$$

称式（6.1.6）为预测的格林函数形式.

如果将不相关视为正交，则白噪声序列$\varepsilon_t, \varepsilon_{t-1}, \varepsilon_{t-2}, \cdots$是正交序列，它们是无限维线性空间的一组正交基. 而预测$\hat{X}_t(l)$则是X_{t+l}在该线性空间上的正交投影. 因此，预测（6.1.6）也称为正交投影预测.

记向前l步的预测误差为$e_t(l)$，则由式（6.1.4）和式（6.1.6）得

$$e_t(l) = X_{t+l} - \hat{X}_t(l) = \varepsilon_{t+l} + G_1 \varepsilon_{t+l-1} + G_2 \varepsilon_{t+l-2} + \cdots + G_{l-1} \varepsilon_{t+1}, \tag{6.1.7}$$

特别地，$e_t(1) = X_{t+1} - \hat{X}_t(1) = \varepsilon_{t+1}$.

预测误差的均值为0，即

$$E[e_t(l)] = 0, \tag{6.1.8}$$

故预测是无偏的. 预测误差的方差为

$$D[e_t(l)] = E[\varepsilon_{t+l} + G_1 \varepsilon_{t+l-1} + G_2 \varepsilon_{t+l-2} + \cdots + G_{l-1} \varepsilon_{t+1}]^2$$
$$= (1 + G_1^2 + G_2^2 + \cdots + G_{l-1}^2)\sigma^2. \tag{6.1.9}$$

由式（6.1.5）知，预测$\hat{X}_t(l)$是序列$X_t, X_{t-1}, \cdots$的所有线性组合中预测X_{t+l}的方差最小者. 由式（6.1.9）得，预测误差的方差与预测超前步数l有关，与预测的时间原点t无关. 且预测误差的方差随着预测超前步数的增大而增大或者保持不变，这意味着预测的精度通常随着预测超前步数的增加而下降.

如果 ARMA(p,q)模型（6.1.1）中$\{\varepsilon_t\} \overset{\text{i.i.d.}}{\sim} N(0,\sigma^2)$，由式（6.1.7）得

$$e_t(l) \sim N(0,(1+G_1^2+G_2^2+\cdots+G_{l-1}^2)\sigma^2).$$

使用式（6.1.6）计算预测$\hat{X}_t(l)$，需要计算无穷项求和，而实际中只能做有限次运算，且只能得到有限多个白噪声的值，因此，一般近似计算预测如下：

$$\hat{X}_t(l) \approx \sum_{j=0}^{M} G_{l+j}\varepsilon_{t-j},$$

其中M取为较大的正整数. 如果模型（6.1.1）平稳，格林函数序列$\{G_j\}$指数衰减趋于0，可以取到M使得

$$\sum_{j=M+1}^{\infty} |G_{l+j}\varepsilon_{t-j}| < \varepsilon.$$

其中ε为任意正数. 由参数已知的模型（6.1.1），可以求得格林函数，白噪声可按下式递推计算得到

$$\varepsilon_t = X_t - \varphi_1 X_{t-1} - \varphi_2 X_{t-2} - \cdots - \varphi_p X_{t-p} + \theta_1 \varepsilon_{t-1} + \theta_2 \varepsilon_{t-2} + \cdots + \theta_q \varepsilon_{t-q}$$

其中白噪声序列的初始值可取为0，例如，取$\varepsilon_{t-1} = \varepsilon_{t-2} = \cdots = \varepsilon_{t-q} = 0$.

由预测的格林函数形式（6.1.6）计算预测$\hat{X}_t(l)$是近似计算，且不太方便，下面使用条件期望来求解预测$\hat{X}_t(l)$，同时获得预测的另外两种表示形式：预测的逆函数形式和预测的差分方程形式. 事实上，这三种预测的表达形式：格林函数形式、逆函数形式和差分方程形式，对应于注 3.3.3 中 ARMA(p,q)模型的三种等价的表达形式：平稳解形式、逆转形式和差分方程形式. 从理论上看，这三种预测的表达形式是等价的，然而从计算的角度看，差分方程形式计算预测较简单，其余两种形式计算预测不太方便，但它们有益于分析预测的性质.

6.1.2 条件期望预测

条件期望$E(X_{t+l}|X_t,X_{t-1},\cdots)$表示在$t$时刻及$t$以前时刻的观察值序列$X_t$，$X_{t-1},\cdots$已知的条件下，$t+l(l \geq 1)$时刻的随机变量$X_{t+l}$的期望，它当然是对序列值$X_{t+l}$的一种预测，称之为条件期望预测.

对于模型（6.1.1）中序列$\{X_t\}$和零均值白噪声序列$\{\varepsilon_t\}$，有如下性质：

（1）$k \leq t$ 时，有

$$E(X_k|X_t,X_{t-1},\cdots) = X_k,$$

$$E(\varepsilon_k|X_t,X_{t-1},\cdots) = \varepsilon_k,$$

（2）$k > t$ 时，有

$$E(\varepsilon_k|X_t,X_{t-1},\cdots) = 0.$$

又由式 (6.1.4) 和式 (6.1.6), 得到

$$E(X_{t+l} | X_t, X_{t-1}, \cdots)$$
$$= E(\varepsilon_{t+l} + G_1 \varepsilon_{t+l-1} + G_2 \varepsilon_{t+l-2} + \cdots + G_{l-1} \varepsilon_{t+1} + G_l \varepsilon_t + G_{l+1} \varepsilon_{t-1} + \cdots | X_t, X_{t-1}, \cdots)$$
$$= G_l \varepsilon_t + G_{l+1} \varepsilon_{t-1} + \cdots$$
$$= \hat{X}_t(l). \tag{6.1.10}$$

因此,对于模型(6.1.1)而言, 条件期望预测 $E(X_{t+l} | X_t, X_{t-1}, \cdots)$ 就是最小均方误差预测 $\hat{X}_t(l)$.

如果模型 (6.1.1) 中 $\{\varepsilon_t\} \overset{\text{i. i. d.}}{\sim} N(0, \sigma^2)$, 则在 $X_t, X_{t-1}, \cdots$ 已知的条件下, $t+l(l \geq 1)$ 时刻的随机变量 X_{t+l} 的条件分布为正态分布 $N(\hat{X}_t(l), D[e_t(l)])$. 由此得到, X_{t+l} 预测的 $1 - \alpha$ 的置信区间为

$$\hat{X}_t(l) \pm u_{\alpha/2} \sigma \sqrt{1 + G_1^2 + G_2^2 + \cdots + G_{l-1}^2},$$

其中 $u_{\alpha/2}$ 为标准正态分布上侧 $\frac{\alpha}{2}$ 分位数. 通常取 $\alpha = 0.05$, 得 X_{t+l} 预测的 95% 的置信区间为

$$\hat{X}_t(l) \pm 1.96 \sigma \sqrt{1 + G_1^2 + G_2^2 + \cdots + G_{l-1}^2}. \tag{6.1.11}$$

6.1.3 预测的逆函数形式

由式 (6.1.10) 和式 (6.1.2), 得 X_{t+l} 的最小均方误差预测为

$$\hat{X}_t(l) = E(X_{t+l} | X_t, X_{t-1}, \cdots)$$
$$= E(\varepsilon_{t+l} + \pi_1 X_{t+l-1} + \pi_2 X_{t+l-2} + \cdots + \pi_l X_t + \pi_{l+1} X_{t-1} + \cdots | X_t, X_{t-1}, \cdots)$$
$$= \sum_{j=1}^{l-1} \pi_j \hat{X}_t(l-j) + \sum_{j=l}^{\infty} \pi_j X_{t+l-j}. \tag{6.1.12}$$

称式 (6.1.12) 为预测的逆函数形式.

同样, 使用式 (6.1.12) 计算预测 $\hat{X}_t(l)$, 只能如下近似计算:

$$\hat{X}_t(l) \approx \sum_{j=1}^{l-1} \pi_j \hat{X}_t(l-j) + \sum_{j=l}^{\widetilde{M}} \pi_j X_{t+l-j},$$

由于模型 (6.1.1) 可逆, 逆函数序列 $\{\pi_j\}$ 指数衰减趋于 0, 可以取到 $\widetilde{M}$ 使得

$$\sum_{j=\widetilde{M}+1}^{\infty} |\pi_j X_{t+l-j}| < \varepsilon$$

ε 为任意正数. 零均值序列 $\{X_t\}$ 中过去未知的值可都取为 0, 例如, 可取某个时刻 k, 令 $X_t = 0$, $t < k$.

6.1.4 预测的差分方程形式

ARMA 模型是差分方程, 将 ARMA (p, q) 模型 (6.1.1) 代入条件期望预测

(6.1.10)，就得到预测的差分方程形式. 下面针对不同类型的模型进一步地分析.

（1）自回归模型的预测

对于已知的 AR(1) 模型

$$X_t - \varphi_1 X_{t-1} = \varepsilon_t, \tag{6.1.13}$$

以 t 为原点的最小均方误差预测如下：

$$
\begin{aligned}
\hat{X}_t(1) &= E(X_{t+1} \mid X_t, X_{t-1}, \cdots) \\
&= E(\varphi_1 X_t + \varepsilon_{t+1} \mid X_t, X_{t-1}, \cdots) \\
&= \varphi_1 X_t, \\
\hat{X}_t(2) &= E(X_{t+2} \mid X_t, X_{t-1}, \cdots) \\
&= E(\varphi_1 X_{t+1} + \varepsilon_{t+2} \mid X_t, X_{t-1}, \cdots) \\
&= \varphi_1 \hat{X}_t(1) \\
&= \varphi_1^2 X_t,
\end{aligned}
$$

一般地，有

$$
\begin{aligned}
\hat{X}_t(l) &= E(X_{t+l} \mid X_t, X_{t-1}, \cdots) \\
&= E(\varphi_1 X_{t+l-1} + \varepsilon_{t+l} \mid X_t, X_{t-1}, \cdots) \\
&= \varphi_1 \hat{X}_t(l-1).
\end{aligned}
$$

其中 $l \geqslant 1$，$\hat{X}_t(0) = X_t$. 即有预测函数 $\hat{X}_t(l)$ 满足差分方程

$$\hat{X}_t(l) - \varphi_1 \hat{X}_t(l-1) = 0. \tag{6.1.14}$$

易见，差分方程（6.1.14）与 AR(1) 模型（6.1.13）自回归部分，有相同的特征方程和特征根. 求得特征根为 $\lambda = \varphi_1$，于是齐次差分方程（6.1.14）的通解为

$$\hat{X}_t(l) = c \varphi_1^l,$$

由初始条件 $\hat{X}_t(0) = X_t$ 得 $c = X_t$，故预测函数 $\hat{X}_t(l)$ 为

$$\hat{X}_t(l) = X_t \varphi_1^l, \quad (l \geqslant 0)$$

类似地，对于已知的 AR(p) 模型

$$X_t - \varphi_1 X_{t-1} - \varphi_2 X_{t-2} - \cdots - \varphi_p X_{t-p} = \varepsilon_t \tag{6.1.15}$$

以 t 为原点的最小均方误差预测如下：

$$
\begin{aligned}
\hat{X}_t(1) &= E(X_{t+1} \mid X_t, X_{t-1}, \cdots) \\
&= E(\varphi_1 X_t + \varphi_2 X_{t-1} + \cdots + \varphi_p X_{t+1-p} + \varepsilon_{t+1} \mid X_t, X_{t-1}, \cdots) \\
&= \varphi_1 X_t + \varphi_2 X_{t-1} + \cdots + \varphi_p X_{t+1-p} \\
\hat{X}_t(2) &= E(X_{t+2} \mid X_t, X_{t-1}, \cdots) \\
&= E(\varphi_1 X_{t+1} + \varphi_2 X_t + \cdots + \varphi_p X_{t+2-p} + \varepsilon_{t+2} \mid X_t, X_{t-1}, \cdots) \\
&= \varphi_1 \hat{X}_t(1) + \varphi_2 X_t + \cdots + \varphi_p X_{t+2-p} \\
&= \varphi_1 (\varphi_1 X_t + \varphi_2 X_{t-1} + \cdots + \varphi_p X_{t+1-p}) + \varphi_2 X_t + \cdots + \varphi_p X_{t+2-p} \\
&= (\varphi_1^2 + \varphi_2) X_t + (\varphi_1 \varphi_2 + \varphi_3) X_{t-1} + \cdots + (\varphi_1 \varphi_{p-1} + \varphi_p) X_{t+2-p} + \varphi_1 \varphi_p X_{t+1-p}
\end{aligned}
$$

$$\vdots$$

当 $l \geqslant p$ 时，有

$$\hat{X}_t(l) = E(X_{t+l} \mid X_t, X_{t-1}, \cdots)$$
$$= E(\varphi_1 X_{t+l-1} + \varphi_2 X_{t+l-2} + \cdots + \varphi_p X_{t+l-p} + \varepsilon_{t+l} \mid X_t, X_{t-1}, \cdots)$$
$$= \varphi_1 \hat{X}_t(l-1) + \varphi_2 \hat{X}_t(l-2) + \cdots + \varphi_p \hat{X}_t(l-p)$$

即预测函数 $\hat{X}_t(l)$ 满足差分方程

$$\hat{X}_t(l) - \varphi_1 \hat{X}_t(l-1) - \varphi_2 \hat{X}_t(l-2) - \cdots - \varphi_p \hat{X}_t(l-p) = 0. \qquad (6.1.16)$$

显然，差分方程（6.1.16）与 AR(p) 模型（6.1.15）自回归部分，有相同的特征方程和特征根. 这意味着预测函数 $\hat{X}_t(l)$ 随超前步数 l 变化的情况，由模型（6.1.15）的自回归部分决定. 齐次差分方程（6.1.16）通解中的系数，可由 $X_t, X_{t-1}, \cdots, X_{t+1-p}$ 以及模型（6.1.15）自回归部分的参数确定，从而得到唯一的预测函数 $\hat{X}_t(l)$.

（2）混合模型的预测

设 ARMA(1,1) 模型

$$X_t - \varphi_1 X_{t-1} = \varepsilon_t - \theta_1 \varepsilon_{t-1} \qquad (6.1.17)$$

中参数已知，下面计算以 t 为原点的最小均方误差预测.

$$\hat{X}_t(1) = E(X_{t+1} \mid X_t, X_{t-1}, \cdots)$$
$$= E(\varphi_1 X_t + \varepsilon_{t+1} - \theta_1 \varepsilon_t \mid X_t, X_{t-1}, \cdots)$$
$$= \varphi_1 X_t - \theta_1 \varepsilon_t,$$
$$\hat{X}_t(2) = E(X_{t+2} \mid X_t, X_{t-1}, \cdots)$$
$$= E(\varphi_1 X_{t+1} + \varepsilon_{t+2} - \theta_1 \varepsilon_{t+1} \mid X_t, X_{t-1}, \cdots)$$
$$= \varphi_1 \hat{X}_t(1)$$
$$= \varphi_1 (\varphi_1 X_t - \theta_1 \varepsilon_t),$$

一般地，当 $l > 1$ 时有

$$\hat{X}_t(l) = E(X_{t+l} \mid X_t, X_{t-1}, \cdots)$$
$$= E(\varphi_1 X_{t+l-1} + \varepsilon_{t+l} - \theta_1 \varepsilon_{t+l-1} \mid X_t, X_{t-1}, \cdots)$$
$$= \varphi_1 \hat{X}_t(l-1),$$

即有预测函数 $\hat{X}_t(l)$ 满足差分方程

$$\hat{X}_t(l) - \varphi_1 \hat{X}_t(l-1) = 0. \qquad (6.1.18)$$

可见，差分方程（6.1.18）与 ARMA(1,1) 模型（6.1.17）自回归部分，有相同的特征方程和特征根. 齐次差分方程（6.1.18）的通解为

$$\hat{X}_t(l) = c\varphi_1^l.$$

由 $\hat{X}_t(1) = \varphi_1 X_t - \theta_1 \varepsilon_t$ 得 $c = X_t - \dfrac{\theta_1}{\varphi_1} \varepsilon_t$，故预测函数 $\hat{X}_t(l)$ 为

$$\hat{X}_t(l) = \left(X_t - \frac{\theta_1}{\varphi_1}\varepsilon_t\right)\varphi_1^l, \quad (l \geqslant 1) \tag{6.1.19}$$

其中 ε_t 的值由递推公式得到,

$$\begin{aligned}
\varepsilon_t &= X_t - \varphi_1 X_{t-1} + \theta_1\varepsilon_{t-1} \\
&= X_t - \varphi_1 X_{t-1} + \theta_1(X_{t-1} - \varphi_1 X_{t-2} + \theta_1\varepsilon_{t-2}) \\
&= \vdots
\end{aligned}$$

这里需要知道白噪声序列过去某个时刻的值, 对于未知的白噪声序列值通常取为 0, 比如令 $\varepsilon_{t-j} = 0$ (其中, j 为正整数).

由式 (6.1.19) 知, 模型 (6.1.17) 的自回归部分决定预测函数 $\hat{X}_t(l)$ 随超前步数 l 变化的情况, 而模型 (6.1.17) 的移动平均部分只影响预测函数 $\hat{X}_t(l)$ 中的常数系数.

类似地, 设 ARMA(p,q) 模型 (6.1.1) 中参数已知, 且 $p \geqslant 1$, $q \geqslant 1$, 则可如下计算以 t 为原点的最小均方误差预测.

$$\begin{aligned}
&\hat{X}_t(1) \\
&= E(X_{t+1} \mid X_t, X_{t-1}, \cdots) \\
&= E(\varphi_1 X_t + \varphi_2 X_{t-1} + \cdots + \varphi_p X_{t+1-p} + \varepsilon_{t+1} - \theta_1\varepsilon_t - \theta_2\varepsilon_{t-1} - \cdots - \theta_q\varepsilon_{t+1-q} \mid X_t, X_{t-1}, \cdots) \\
&= \varphi_1 X_t + \varphi_2 X_{t-1} + \cdots + \varphi_p X_{t+1-p} - \theta_1\varepsilon_t - \theta_2\varepsilon_{t-1} - \cdots - \theta_q\varepsilon_{t+1-q}
\end{aligned}$$

$$\begin{aligned}
&\hat{X}_t(2) \\
&= E(X_{t+2} \mid X_t, X_{t-1}, \cdots) \\
&= E(\varphi_1 X_{t+1} + \varphi_2 X_t + \cdots + \varphi_p X_{t+2-p} + \varepsilon_{t+2} - \theta_1\varepsilon_{t+1} - \theta_2\varepsilon_t - \cdots - \theta_q\varepsilon_{t+2-q} \mid X_t, X_{t-1}, \cdots) \\
&= \varphi_1 \hat{X}_t(1) + \varphi_2 X_t + \cdots + \varphi_p X_{t+2-p} - \theta_2\varepsilon_t - \cdots - \theta_q\varepsilon_{t+2-q}
\end{aligned}$$

$$\vdots$$

当 $l > q$ 时, 有

$$\hat{X}_t(l) - \varphi_1\hat{X}_t(l-1) - \varphi_2\hat{X}_t(l-2) - \cdots - \varphi_p\hat{X}_t(l-p) = 0 \tag{6.1.20}$$

其中 $\hat{X}_t(-j) = X_{t-j}(j = 0, 1, 2, \cdots)$.

可见, 差分方程 (6.1.20) 与 ARMA(p,q) 模型 (6.1.1) 自回归部分, 有相同的特征方程和特征根. 因此同样地, 预测函数 $\hat{X}_t(l)$ 随超前步数 l 的变化情况由模型 (6.1.1) 的自回归部分决定. 而模型 (6.1.1) 的移动平均部分最多影响预测函数 $\hat{X}_t(l)$ 的前面 p 个初始值. $\hat{X}_t(q-p+1), \hat{X}_t(q-p+2), \cdots, \hat{X}_t(q)$, 这些初始值决定预测函数 $\hat{X}_t(l)$ 中的常数系数. 具体地, 可设预测函数 $\hat{X}_t(l)$ 形式如下:

$$\hat{X}_t(l) = c_1^{(t)}f_1(l) + c_2^{(t)}f_2(l) + \cdots + c_p^{(t)}f_p(l), \tag{6.1.21}$$

其中 $f_1(l), f_2(l), \cdots, f_p(l)$ 的形式由特征方程

$$\lambda^p - \varphi_1 \lambda^{p-1} - \varphi_2 \lambda^{p-2} - \cdots - \varphi_p = 0$$

的特征根决定，与预测超前步数 l 有关，与预测的时间原点 t 无关. $c_1^{(t)}, c_2^{(t)}, \cdots,$ $c_p^{(t)}$ 与预测超前步数 l 无关，可视为预测函数 $\hat{X}_t(l)$ 中的常数系数，它们由 ARMA (p,q) 模型（6.1.1）中的参数、t 时刻及 t 以前时刻某些 $\{X_t\}$ 序列观察值和白噪声值确定，与预测的时间原点 t 有关.

（3）移动平均模型的预测

对于已知的 MA(1) 模型

$$X_t = \varepsilon_t - \theta_1 \varepsilon_{t-1},$$

得到如下以 t 为原点的最小均方误差预测.

$$\begin{aligned}
\hat{X}_t(1) &= E(X_{t+1} | X_t, X_{t-1}, \cdots) \\
&= E(\varepsilon_{t+1} - \theta_1 \varepsilon_t | X_t, X_{t-1}, \cdots) \\
&= -\theta_1 \varepsilon_t,
\end{aligned}$$

其中 $\varepsilon_t = X_t + \theta_1 \varepsilon_{t-1} = X_t + \theta_1 (X_{t-1} + \theta_1 \varepsilon_{t-2}) = \cdots$，同样由白噪声序列过去某个时刻的值递推得到，对于未知的白噪声序列值可取为 0.

$$\begin{aligned}
\hat{X}_t(2) &= E(X_{t+2} | X_t, X_{t-1}, \cdots) \\
&= E(\varepsilon_{t+2} - \theta_1 \varepsilon_{t+1} | X_t, X_{t-1}, \cdots) \\
&= 0,
\end{aligned}$$

一般地，当 $l > 1$ 时，有

$$\hat{X}_t(l) = 0.$$

类似地，对于已知的 MA(q) 模型

$$X_t = \varepsilon_t - \theta_1 \varepsilon_{t-1} - \theta_2 \varepsilon_{t-2} - \cdots - \theta_q \varepsilon_{t-q},$$

可得到如下以 t 为原点的最小均方误差预测.

$$\begin{aligned}
\hat{X}_t(1) &= E(X_{t+1} | X_t, X_{t-1}, \cdots) \\
&= E(\varepsilon_{t+1} - \theta_1 \varepsilon_t - \theta_2 \varepsilon_{t-1} - \cdots - \theta_q \varepsilon_{t-q+1} | X_t, X_{t-1}, \cdots) \\
&= -\theta_1 \varepsilon_t - \theta_2 \varepsilon_{t-1} - \cdots - \theta_q \varepsilon_{t-q+1}, \\
\hat{X}_t(2) &= E(X_{t+2} | X_t, X_{t-1}, \cdots) \\
&= E(\varepsilon_{t+2} - \theta_1 \varepsilon_{t+1} - \theta_2 \varepsilon_t - \cdots - \theta_q \varepsilon_{t-q+2} | X_t, X_{t-1}, \cdots) \\
&= -\theta_2 \varepsilon_t - \cdots - \theta_q \varepsilon_{t-q+2}, \\
&\qquad\qquad \vdots \\
\hat{X}_t(q) &= E(X_{t+q} | X_t, X_{t-1}, \cdots) \\
&= E(\varepsilon_{t+q} - \theta_1 \varepsilon_{t+q-1} - \cdots - \theta_{q-1} \varepsilon_{t+1} - \theta_q \varepsilon_t | X_t, X_{t-1}, \cdots) \\
&= -\theta_q \varepsilon_t.
\end{aligned}$$

$$(6.1.22)$$

其中 ε_t, ε_{t-1}, $\cdots$, ε_{t-q+1} 由白噪声序列过去多个时刻的值递推得到, 可取白噪声序列多个初始值为 0.

当 $l > q$ 时, 有

$$\hat{X}_t(l) = 0. \tag{6.1.23}$$

事实上, ARMA 模型的预测函数的变化情况与该模型的格林函数也即是记忆函数的变化情况是相似的. 例如, $MA(q)$ 模型的预测只有 q 步有效, 即超过 q 步的预测值都为 0, 而由注 3.2.3 知, $MA(q)$ 模型的记忆函数也只有前 q 个不为 0, 两者是吻合的.

例 6.1.1 设零均值序列 $\{X_t\}$ 来自 ARMA(2,1) 模型

$$X_t - 1.2X_{t-1} + 0.36X_{t-2} = \varepsilon_t - 0.2\varepsilon_{t-1}$$

已知 $X_{t-3} = 0.8$, $X_{t-2} = 1.2$, $X_{t-1} = -0.4$, $X_t = -1$, $\varepsilon_{t-2} = 0$, 求预测值 $\hat{X}_t(1)$, $\hat{X}_t(2)$ 和预测函数 $\hat{X}_t(l)$.

解: 先求出 ε_{t-1}, ε_t 如下,

$$\begin{aligned}
\varepsilon_{t-1} &= X_{t-1} - 1.2X_{t-2} + 0.36X_{t-3} + 0.2\varepsilon_{t-2} \\
&= -0.4 - 1.2 \times 1.2 + 0.36 \times 0.8 + 0.2 \times 0 \\
&= -1.552,
\end{aligned}$$

$$\begin{aligned}
\varepsilon_t &= X_t - 1.2X_{t-1} + 0.36X_{t-2} + 0.2\varepsilon_{t-1} \\
&= -1 - 1.2 \times (-0.4) + 0.36 \times 1.2 + 0.2 \times (-1.552) \\
&= -0.3984,
\end{aligned}$$

于是得

$$\begin{aligned}
\hat{X}_t(1) &= E(X_{t+1} \mid X_t, X_{t-1}, \cdots) \\
&= E(1.2X_t - 0.36X_{t-1} + \varepsilon_{t+1} - 0.2\varepsilon_t \mid X_t, X_{t-1}, \cdots) \\
&= 1.2X_t - 0.36X_{t-1} - 0.2\varepsilon_t \\
&= 1.2 \times (-1) - 0.36 \times (-0.4) - 0.2 \times (-0.3984) \\
&= -0.9763,
\end{aligned}$$

$$\begin{aligned}
\hat{X}_t(2) &= E(X_{t+2} \mid X_t, X_{t-1}, \cdots) \\
&= E(1.2X_{t+1} - 0.36X_t + \varepsilon_{t+2} - 0.2\varepsilon_{t+1} \mid X_t, X_{t-1}, \cdots) \\
&= 1.2\hat{X}_t(1) - 0.36X_t \\
&= 1.2 \times (-0.9763) - 0.36 \times (-1) \\
&= -0.8116,
\end{aligned}$$

$l > 1$ 时, 有

$$\hat{X}_t(l) - 1.2\hat{X}_t(l-1) + 0.36\hat{X}_t(l-2) = 0,$$

其特征方程为

$$\lambda^2 - 1.2\lambda + 0.36 = 0,$$

特征根为

$$\lambda_1 = \lambda_2 = 0.6,$$

故预测函数形式为

$$\hat{X}_t(l) = c_1^{(t)}(0.6)^l + c_2^{(t)}l(0.6)^l.$$

将 $\hat{X}_t(0) = X_t = -1$，$\hat{X}_t(1) = -0.9763$ 代入，得

$$c_1^{(t)} = -1, c_2^{(t)} = -0.6272,$$

所以预测函数为

$$\hat{X}_t(l) = -(0.6)^l - 0.6272l(0.6)^l.$$

例 6.1.2　使用例 4.1.6 中建立的 AR(1) 模型

$$X_t = 0.5X_{t-1} + \varepsilon_t \tag{6.1.24}$$

进行预测，设 $\{\varepsilon_t\} \overset{\text{i. i. d.}}{\sim} N(0, 10.6)$，以 2023 年第二季度为预测的时间原点，求向前一步、两步的预测及其 95% 的置信区间.

解：这时预测的时间原点为 $t = 34$，$X_{34} = 2.61$，向前一步、两步的预测为

$$\begin{aligned}
\hat{X}_{34}(1) &= E(X_{34+1} | X_{34}, X_{33}, \cdots) \\
&= E(0.5X_{34} + \varepsilon_{35} | X_{34}, X_{33}, \cdots) \\
&= 0.5X_{34} \\
&= 0.5 \times 2.61 \\
&= 1.305,
\end{aligned}$$

$$\begin{aligned}
\hat{X}_{34}(2) &= E(X_{34+2} | X_t, X_{t-1}, \cdots) \\
&= E(0.5X_{35} + \varepsilon_{36} | X_{34}, X_{33}, \cdots) \\
&= 0.5\hat{X}_{34}(1) \\
&= 0.6525,
\end{aligned}$$

易见，格林函数 $G_0 = 1$，$G_1 = 0.5$，$\sigma = 3.256$. 于是，X_{34+1} 预测的 95% 的置信区间为

$$\hat{X}_{34}(1) \pm 1.96\sigma,$$

即

$$(-5.077, 7.687)$$

X_{34+2} 预测的 95% 的置信区间为

$$\hat{X}_{34}(2) \pm 1.96\sigma\sqrt{1 + G_1^2},$$

即

$$(-6.482, 7.787)$$

又银行业景气指数序列的样本均值为 $\overline{Y} = 66.99$，故 2023 年第三季度和第四季度银行业景气指数预测为

$$\hat{Y}_{35} = \hat{X}_{34}(1) + \overline{Y} = 68.295,$$

和

$$\hat{Y}_{36} = \hat{X}_{34}(2) + \overline{Y} = 67.643,$$

预测 95% 的置信区间为

$$(-5.077 + \overline{Y}, 7.687 + \overline{Y}) \text{ 即 } (61.913, 74.677)$$

和

$$(-6.482 + \overline{Y}, 7.787 + \overline{Y}) \text{ 即 } (60.508, 74.778)$$

如果以零均值化的景气指数序列 $\{X_t\}$ 的每个实际值所在时刻为原点，求模型（6.1.24）的向前一步预测，则可得预测图（见图 6.1.1）. 事实上，模型的向前一步预测值一般也就是模型的拟合值.

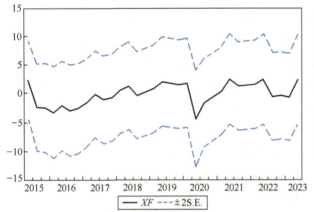

图 6.1.1　模型（6.1.24）的预测图

上面的讨论都是针对 $\mathrm{ARMA}(p,q)$ 模型（6.1.1）中，先将序列 $\{X_t\}$ 零均值化的情形. 如果序列 $\{X_t\}$ 的均值为 μ，$\mu \neq 0$，也可以用序列 $\{X_t - \mu\}$ 替代序列 $\{X_t\}$，先将模型（6.1.1）变为

$$(X_t - \mu) - \varphi_1(X_{t-1} - \mu) - \varphi_2(X_{t-2} - \mu) - \cdots - \varphi_p(X_{t-p} - \mu)$$
$$= \varepsilon_t - \theta_1 \varepsilon_{t-1} - \theta_2 \varepsilon_{t-2} - \cdots - \theta_q \varepsilon_{t-q},$$

即

$$X_t - \varphi_1 X_{t-1} - \varphi_2 X_{t-2} - \cdots - \varphi_p X_{t-p} = c + \varepsilon_t - \theta_1 \varepsilon_{t-1} - \theta_2 \varepsilon_{t-2} - \cdots - \theta_q \varepsilon_{t-q},$$

$$(6.1.25)$$

其中 $c = \mu(1 - \varphi_1 - \varphi_2 - \cdots - \varphi_p)$. 对于模型（6.1.25）的预测，可以如上类似地进行分析. 这时，计算该模型预测最方便的方法，仍然是使用条件期望，通过模型的差分方程形式（6.1.25）得到，即有

$$\hat{X}_t(l) = E(X_{t+l} \mid X_t, X_{t-1}, \cdots)$$

$$= E\Big[\Big(c + \sum_{i=1}^{p} \varphi_i X_{t+l-i} + \varepsilon_{t+l} - \sum_{j=1}^{q} \theta_j \varepsilon_{t+l-j}\Big) \mid X_t, X_{t-1}, \cdots\Big].$$

例如，如果序列 $\{X_t\}$ 的均值为 μ，对于已知的 $\mathrm{MA}(q)$ 模型，可得以 t 为时间原点的最小均方误差预测为

$$\hat{X}_t(l) = \begin{cases} \mu - \displaystyle\sum_{i=l}^{q} \theta_i \varepsilon_{t+l-i}, & l \leqslant q \\ \mu, & l > q \end{cases}$$

易见，模型 (6.1.25) 的格林函数和逆函数与模型 (6.1.1) 的相同，两者的预测误差 $e_t(l)$ 的分析也一样.

6.1.5 最终的预测

由上一小节的分析可知，当预测超前步数 l 足够大时，最终的预测函数由模型 (6.1.1) 的自回归部分决定. 所以，如果模型 (6.1.1) 平稳，当 l 趋于 ∞ 时，最终的预测 $\hat{X}_t(l)$ 将为序列 $\{X_t\}$ 的均值，即 0 或者 μ. 然而，如果模型 (6.1.1) 不平稳，当 l 趋于 ∞ 时，最终的预测 $\hat{X}_t(l)$ 可能为常数，也可能趋于无穷大.

例如，如果 $\mathrm{AR}(1)$ 模型 (6.1.13) 中 $\varphi_1 = 1$，则有

$$X_t - X_{t-1} = \varepsilon_t,$$

这时模型不平稳，其以 t 为原点的最小均方误差预测为

$$\hat{X}_t(1) = E(X_{t+1} \mid X_t, X_{t-1}, \cdots)$$

$$= E(X_t + \varepsilon_{t+1} \mid X_t, X_{t-1}, \cdots)$$

$$= X_t,$$

$$\hat{X}_t(l) = E(X_{t+l} \mid X_t, X_{t-1}, \cdots)$$

$$= E(X_{t+l-1} + \varepsilon_{t+l} \mid X_t, X_{t-1}, \cdots)$$

$$= \hat{X}_t(l-1)$$

$$= \hat{X}_t(1), \quad l \geqslant 2.$$

从而最终的预测 $\hat{X}_t(l)$ 为常数.

又例如，$\mathrm{AR}(1)$ 模型 (6.1.13) 中 $\varphi_1 = 1.5$ 时，有

$$X_t - 1.5 X_{t-1} = \varepsilon_t.$$

该模型不平稳，其以 t 为原点的最小均方误差预测为

$$\hat{X}_t(1) = E(X_{t+1} \mid X_t, X_{t-1}, \cdots)$$
$$= E(1.5X_t + \varepsilon_{t+1} \mid X_t, X_{t-1}, \cdots)$$
$$= 1.5X_t,$$
$$\hat{X}_t(l) = E(X_{t+l} \mid X_t, X_{t-1}, \cdots)$$
$$= E(1.5X_{t+l-1} + \varepsilon_{t+l} \mid X_t, X_{t-1}, \cdots)$$
$$= 1.5\hat{X}_t(l-1)$$
$$= 1.5^{l-1}\hat{X}_t(1)$$
$$= 1.5^l X_t, l \geqslant 2$$

从而当 $l \to \infty$ 时，$\hat{X}_t(l) \to \infty$.

6.2 适时修正预测

一般随着时间的推移，将会获得时间序列新的样本观察值，应当利用这一新的样本信息，来提高序列的预测精度. 如果序列的规律没有发生变化，则不需要重新建立模型，只需要将预测的时间原点移动到最新样本值所在的时刻. 当然，可以像上一节那样，使用条件期望预测等，求得新的预测值. 但事实上还有一种较简单的方法，就是在原来的预测值上进行修正即可.

6.2.1 预测值的修正

设零均值序列 $\{X_t\}$ 来自参数已知的可逆的 $\mathrm{ARMA}(p,q)$ 模型

$$X_t - \varphi_1 X_{t-1} - \varphi_2 X_{t-2} - \cdots - \varphi_p X_{t-p} = \varepsilon_t - \theta_1 \varepsilon_{t-1} - \theta_2 \varepsilon_{t-2} - \cdots - \theta_q \varepsilon_{t-q}.$$
$$(6.2.1)$$

由式（6.1.6）知，分别以 t 和 $t+1$ 为时间原点的 X_{t+l+1} 的最小均方误差预测为

$$\hat{X}_t(l+1) = \sum_{j=0}^{\infty} G_{l+1+j} \varepsilon_{t-j} \qquad (6.2.2)$$
$$= G_{l+1}\varepsilon_t + G_{l+2}\varepsilon_{t-1} + G_{l+3}\varepsilon_{t-2} + G_{l+4}\varepsilon_{t-3} + \cdots$$

$$\hat{X}_{t+1}(l) = \sum_{j=0}^{\infty} G_{l+j} \varepsilon_{t+1-j}$$
$$= G_l\varepsilon_{t+1} + G_{l+1}\varepsilon_t + G_{l+2}\varepsilon_{t-1} + G_{l+3}\varepsilon_{t-2} + G_{l+4}\varepsilon_{t-3} + \cdots$$
$$(6.2.3)$$

将式（6.2.2）与式（6.2.3）相减得

$$\hat{X}_{t+1}(l) = \hat{X}_t(l+1) + G_l\varepsilon_{t+1}, \qquad (6.2.4)$$

其中 $\varepsilon_{t+1} = X_{t+1} - \hat{X}_t(1)$.

式（6.2.4）说明，新样本值 X_{t+1} 基础上的新的预测值 $\hat{X}_{t+1}(l)$，可以由旧的预测值 $\hat{X}_t(l+1)$ 简单地加上一个修正得到. 而这个修正是 t 时刻超前一步预测与 $t+1$ 时刻实际值的误差的 G_l 倍，G_l 与预测超前步数 l 有关. 如果运用计算机计算，使用适时修正预测（6.2.4），可以大大减少数据的存储量，提高计算速度.

同样，如果序列 $\{X_t\}$ 的均值为 μ，$\mu \neq 0$，可将模型（6.2.1）转化为式（6.1.25），进行类似的分析，预测的修正公式（6.2.4）依然成立.

6.2.2 应用举例

例 6.2.1 对于例 6.1.2，现得知 2023 年第三季度银行业景气指数为 67.1，试修正 2023 年第四季度银行业景气指数的预测.

解： 这时，预测的时间原点为 $t = 35$，且 $Y_{35} = 67.1$，$X_{35} = Y_{35} - 66.99 = 0.11$，由预测的修正公式（6.2.4）得

$$\hat{X}_{35}(1) = \hat{X}_{34}(2) + G_1 \varepsilon_{35},$$

又 $\varepsilon_{35} = X_{35} - \hat{X}_{34}(1) = 0.11 - 1.305 = -1.195$，$G_1 = 0.5$，故有

$$\hat{X}_{35}(1) = 0.6525 + 0.5 \times (-1.195) = 0.055,$$

所以，修正后的 2023 年第 4 季度银行业景气指数预测为

$$\hat{Y}_{36} = \hat{X}_{35}(1) + \overline{Y} = 67.045.$$

事实上，2023 年第 4 季度银行业景气指数为 67.2. 修正后的预测误差为 $67.045 - 67.2 = -0.155$，而例 6.1.2 中 2023 年第 4 季度银行业景气指数预测值为 67.643，误差为 $67.643 - 67.2 = 0.443$. 可见，修正后的预测误差变小.

例 6.2.2 考虑 ARMA(1,1) 模型

$$X_t - \varphi_1 X_{t-1} = \varepsilon_t - \theta_1 \varepsilon_{t-1}, \tag{6.2.5}$$

由 $G_1 = \varphi_1 - \theta_1$，得 $l = 1$ 时的适时修正预测为

$$\hat{X}_{t+1}(1) = \hat{X}_t(2) + (\varphi_1 - \theta_1) \varepsilon_{t+1},$$

如果 $\varphi_1 = 1$，则适时修正预测变为

$$\hat{X}_{t+1}(1) = \hat{X}_t(2) + (1 - \theta_1) \varepsilon_{t+1} \tag{6.2.6}$$
$$= \hat{X}_t(2) + (1 - \theta_1)(X_{t+1} - \hat{X}_t(1)),$$

$\varphi_1 = 1$ 时，模型（6.2.5）是 IMA(1,1) 模型

$$X_t - X_{t-1} = \varepsilon_t - \theta_1 \varepsilon_{t-1}. \tag{6.2.7}$$

求得其以 t 为原点的最小均方误差预测如下

$$\hat{X}_t(1) = E(X_{t+1} | X_t, X_{t-1}, \cdots)$$
$$= E(X_t + \varepsilon_{t+1} - \theta_1 \varepsilon_t | X_t, X_{t-1}, \cdots)$$
$$= X_t - \theta_1 \varepsilon_t,$$
$$\hat{X}_t(l) = E(X_{t+l} | X_t, X_{t-1}, \cdots)$$
$$= E(X_{t+l-1} + \varepsilon_{t+l} - \theta_1 \varepsilon_{t+l-1} | X_t, X_{t-1}, \cdots)$$
$$= \hat{X}_t(l-1), l \geqslant 2$$

故当预测原点 t 固定时，模型 (6.2.7) 任意步向前预测都是常数：$X_t - \theta_1 \varepsilon_t \triangleq$ $c_0^{(t)}$. 然后，随着新观察值 X_{t+1} 的获得，通过预测修正公式 (6.2.6)，得到以 $t+1$ 为原点的任意步向前预测常数 $c_0^{(t+1)}$，如此推进下去. 这时，因为 $\hat{X}_t(2) = \hat{X}_t(1)$，预测修正公式 (6.2.6) 可变为

$$\hat{X}_{t+1}(1) = \hat{X}_t(1) + (1 - \theta_1)(X_{t+1} - \hat{X}_t(1)), \tag{6.2.8}$$

注意到在 2.1.2 节中，以任意 t 为原点的一次指数平滑预测是常数. 而且，由式 (2.1.10) 知，序列 $\{X_t\}$ 分别以 $t+1$ 和 t 为原点的一次指数平滑预测 $S_{t+2}^{(1)}$ 和 $S_{t+1}^{(1)}$ 有

$$S_{t+2}^{(1)} = S_{t+1}^{(1)} + \alpha(X_{t+1} - S_{t+1}^{(1)}), \tag{6.2.9}$$

令 $\alpha = 1 - \theta_1$，可见，由式 (6.2.9) 和由式 (6.2.8) 所做预测相同. 也即是说，$\varphi_1 = 1$ 的 ARMA(1,1) 模型 (6.2.7) 等价于一次指数平滑. 下面用另一种方法推导此结论.

由式 (2.1.9) 知，序列 $\{X_t\}$ 以 t 为原点的一次指数平滑预测为

$$S_{t+1}^{(1)} = \alpha \sum_{i=0}^{\infty} (1 - \alpha)^i X_{t-i}, \tag{6.2.10}$$

设该预测与实际值 X_{t+1} 的误差为 ε_{t+1}，则有

$$X_{t+1} = \alpha \sum_{i=0}^{\infty} (1 - \alpha)^i X_{t-i} + \varepsilon_{t+1}, \tag{6.2.11}$$

可见，式 (6.2.11) 是一个 ARMA 模型的逆转形式.

将式 (6.2.11) 变形，得

$$X_{t+1} = \alpha \left[\sum_{i=0}^{\infty} (1 - \alpha)^i B^i \right] X_t + \varepsilon_{t+1}$$
$$= \alpha \frac{1}{1 - (1 - \alpha)B} X_t + \varepsilon_{t+1},$$

即有

$$[1 - (1 - \alpha)B] X_{t+1} = \alpha X_t + [1 - (1 - \alpha)B] \varepsilon_{t+1}$$
$$X_{t+1} - X_t = \varepsilon_{t+1} - (1 - \alpha) \varepsilon_t. \tag{6.2.12}$$

若令 $1 - \alpha = \theta_1$，则模型（6.2.12）与模型（6.2.7）相同，也即一次指数平滑与 $\varphi_1 = 1$ 的 ARMA(1,1)模型等价. 正如 1.2.1 节所述，确定性时间序列分析方法与随机性时间序列分析方法不是对立的，而是可以相互补充的，还可能是互相转换的.

习题 6

1. 分别使用预测的格林函数形式、逆函数形式和差分方程形式，表示模型

$$X_t - 0.7X_{t-1} = \varepsilon_t + 0.8\varepsilon_{t-1}$$

的预测函数 $\hat{X}_t(l)$.

2. 现有一个观察值序列适合 AR(2)模型

$$(1 - 1.8B + 0.8B^2)X_t = a_t$$

已知 $X_{19} = 23.7$，$X_{20} = 23.4$，求 $\hat{X}_{20}(1)$，$\hat{X}_{20}(2)$.

3. 设某地区每年常住人口数（单位：万人）服从 MA(2)模型

$$X_t = 102 + \varepsilon_t - 0.4\varepsilon_{t-1} + 0.3\varepsilon_{t-2}.$$

其中 $\{\varepsilon_t\} \overset{\text{i. i. d.}}{\sim} N(0,16)$，最近两年的常住人口数及一步预测的常住人口数如下表所示.

年份	统计人数	预测人数
2022	148	145
2023	151	153

试求未来两年该地区常住人口数 95% 的置信区间.

4. 如果已知 $X_{21} = 23.1$，试对第 2 题中的预测进行修正.

第7章 非线性时间序列模型

前面第 3 章到第 6 章主要讨论的是线性的随机模型，虽然该类线性模型在随机时间序列分析中起着基础而又重要的作用，但是现实社会中大多数的数据呈现非线性特征，这些特征包括非正态性、延迟变量间的非线性关系、双峰密度函数等. 20 世纪 80 年代开始，非线性的随机模型引起人们极大的关注，这其中非线性参数模型：门限自回归模型（Threshold Autoregressive Model）和条件异方差模型（Autoregressive Conditional Heteroscedastic Model）等的应用尤为广泛. 另外，长短期记忆神精网络（Long Short - Term Memory Network，LSTM）是近些年发展起来的重要非线性时间序列分析方法，它属于现在盛行的机器学习方法. 该方法虽然融入非常多的随机思想，但其基本架构属于函数逼近，可以归属为确定性与随机性相结合的时间序列分析方法.

7.1 门限自回归模型

7.1.1 门限模型的定义

1978 年，H. Tong（汤家豪）首次提出一个非线性模型——门限自回归模型，并把它成功的应用到加拿大山猫年捕获量数据上.

定义 7.1.1 分段数为 $l(l \geqslant 2)$ 的（自激励）门限自回归模型形式如下

$$X_t = \sum_{i=1}^{l} \big[\varphi_{i0} + \sum_{k=1}^{p_i} (\varphi_{ik} X_{t-k}) + \sigma_i \varepsilon_t \big] I(X_{t-d} \in R_i), \qquad (7.1.1)$$

其中 $\{\varepsilon_t\} \overset{\text{i. i. d.}}{\sim} (0,1)$，$d$ 称为延迟参数，X_{t-d} 称为门限变量，$\sigma_i > 0$，p_i，φ_{ik} 是待定参数. $\{R_i\}$ 是实数域上的一个划分，即若 $i \neq j$，$R_i \cap R_j = \varnothing$，$\bigcup_{i=1}^{l} R_i = (-\infty, +\infty)$. 通常取 $R_i = (r_{i-1}, r_i]$，$-\infty = r_0 < r_1 < \cdots < r_l = \infty$，这时 r_i 称为门限（值）. 模型（7.1.1）简记为 TAR(l).

满足模型（7.1.1）的序列 $\{X_t\}$ 是非线性时间序列，正如 1.1 节谈到的那样，研究随机非线性时间序列的性质涉及高阶矩，只要求序列 $\{X_t\}$ 平稳是不够的，一般要求序列 $\{X_t\}$ 满足严平稳条件.

定理 7.1.1 如果满足下列条件，则模型（7.1.1）的解序列 $\{X_t\}$ 严平稳.

(1) $\sigma_1 = \sigma_2 = \cdots = \sigma_l$；

（2）$\displaystyle\max_{1\leqslant i\leqslant l}\sum_{k=1}^{p_i}|\varphi_{ik}|<1.$

7.1.2　模型的识别与参数估计

分段数 l 一般取得比较小，常见的是 $l=2$，3，4. 门限变量 X_{t-d} 和门限值 r_i 可以通过序列变量 X_t 对其延迟变量的散点图，或者序列 $\{X_t\}$ 线性模型的残差对延迟变量的散点图等做出初步的判断. 门限值 r_i 可以取在样本的某个内点上，通过在样本一定的范围搜索得到. 比如，可以在样本 60% 的范围内搜索，将范围内的样本点逐一作为门限值 r_i，然后根据建模拟合的效果来确定. 特别地，当 $l=2$ 时，只需要确定一个门限值 r_1，有文献表明，该门限值常常在序列的均值附近.

设 $X_1,X_2,\cdots,X_N$ 为严平稳模型（7.1.1）的一组观察值. 若分段数 l、门限 r_i 和 p_i 已确定，并设 $d\leqslant\max_{1\leqslant i\leqslant l}p_i$. 记 $\boldsymbol{\Phi}_i=(\varphi_{i1},\varphi_{i2},\cdots,\varphi_{ip_i})^{\mathrm{T}}$，$i=1,2,\cdots,l$. 首先固定 d，对每一个 i，若 $X_{t-d}\in R_i$，运用最小二乘估计得到 $\boldsymbol{\Phi}_i$ 的估计 $\hat{\boldsymbol{\Phi}}_i$，即最小化如下的式子

$$S(\boldsymbol{\Phi}_i,d)=\sum_{t=p_i+1}^{N}\{X_t-(\varphi_{i0}+\varphi_{i1}X_{t-1}+\cdots+\varphi_{ip_i}X_{t-p_i})\}^2 \qquad(7.1.2)$$

得到. 然后，选取 $\hat{d}$，使得

$$\sum_{i=1}^{l}S(\boldsymbol{\Phi}_i,d)$$

达到最小. 一般尽量选取较小的延迟参数 d.

模型（7.1.1）方差 σ_i^2 的估计通常取为

$$\hat{\sigma}_i^2(p_i)=\frac{1}{N_i}S(\hat{\boldsymbol{\Phi}}_i,\hat{d})，\ i=1,2,\cdots,l. \qquad(7.1.3)$$

其中 N_i 是 $X_{p_i+1},X_{p_i+2},\cdots,X_N$ 中满足 $X_{t-d}\in R_i$ 的个数.

反过来，利用式（7.1.3）又可以确定自回归模型的阶 p_i. 将线性模型的 AIC 准则函数推广到门限自回归模型，定义

$$\mathrm{AIC}(\{p_i\})=\sum_{i=1}^{l}\{N_i\log[\hat{\sigma}_i^2(p_i)]+2(p_i+1)\}， \qquad(7.1.4)$$

使得式（7.1.4）中 AIC 值达到最小的一组数 $\{p_i\}$，即为各分段自回归模型的最优阶 $\hat{p}_i$，$i=1,2,\cdots,l$.

设模型（7.1.1）中 $\{X_t\}$ 为严平稳、遍历的序列，且有有限的二阶矩. 设 $\{\varepsilon_t\}$ 为正态变量序列，可以证明对于已知的划分 $\{R_i\}$ 和延迟参数 d，最小二乘估计 $\hat{\boldsymbol{\Phi}}_i$ 的渐近性质如下：

$$N_i^{\frac{1}{2}}(\hat{\boldsymbol{\Phi}}_i - \boldsymbol{\Phi}_i) \xrightarrow{D} N(0, \sigma_i^2 \boldsymbol{\Gamma}_i^{-1})$$

其中

$$\boldsymbol{\Gamma}_i = \begin{pmatrix} 1 & \mu \boldsymbol{I}^{\mathrm{T}} \\ \mu \boldsymbol{I} & E(\boldsymbol{U}_t \boldsymbol{U}_t^{\mathrm{T}}) \end{pmatrix}$$

这里 $\boldsymbol{I}$ 是 $p_i \times 1$ 阶所有分量都为 1 的列向量, $\boldsymbol{U}_t = (\xi_{t-1}, \xi_{t-2}, \cdots, \xi_{t-p_i})^{\mathrm{T}}$, $\mu = E(\xi_t)$, 序列 $\{\xi_t\}$ 满足

$$\xi_t = \varphi_{i0} + \varphi_{i1}\xi_{t-1} + \cdots + \varphi_{ip_i}\xi_{t-p_i} + e_t, \quad \{e_t\} \sim WN(0,1)$$

然而, 划分 $\{R_i\}$ 和延迟参数 d 一般未知, 需要估计, 故不能直接得到上述渐近性质. 但是对于只分为两段的门限自回归模型, 有以下结果.

定理 7.1.2 设模型 (7.1.1) 中序列 $\{X_t\}$ 为严平稳、遍历的, 且有有限的二阶矩. 又设 $l = 2$, $p_1 = p_2 = p$, $\{\varepsilon_t\}$ 为高斯序列. 假定 $(X_1, X_2, \cdots, X_p)$ 的联合密度函数处处为正, 则所有估计 $\hat{\boldsymbol{\Phi}}_1, \hat{\boldsymbol{\Phi}}_2, \hat{\sigma}_1^2, \hat{\sigma}_2^2, \hat{r}, \hat{d}$ 都是强相合的, 即 $\hat{\boldsymbol{\Phi}}_1, \hat{\boldsymbol{\Phi}}_2, \hat{\sigma}_1^2, \hat{\sigma}_2^2, \hat{r}, \hat{d}$ 分别几乎处处收敛到 $\boldsymbol{\Phi}_1, \boldsymbol{\Phi}_2, \sigma_1^2, \sigma_2^2, r, d$.

注 7.1.1 在上述讨论参数估计的渐近性质时, 用到序列的遍历性, 这里不介绍遍历性严格的数学定义, 只需要知道, 对于严平稳的、遍历的序列, 可以从它的一次样本实现中推断出该序列的所有有限维分布, 从而可以确定该序列的所有统计性质和特征. 并且, 严平稳和遍历性是序列模型参数估计中, 保证估计量几乎处处收敛到所估参数的通常条件.

7.1.3 模型的预测

简便起见, 考虑如下的门限模型

$$X_t = \begin{cases} \varphi_{10} + \varphi_{11}X_{t-1} + \sigma_1\varepsilon_t, & X_{t-1} \leqslant r, \\ \varphi_{20} + \varphi_{21}X_{t-1} + \sigma_2\varepsilon_t, & X_{t-1} > r. \end{cases} \tag{7.1.5}$$

其中 $\{\varepsilon_t\} \overset{\text{i.i.d.}}{\sim} (0,1)$. 满足模型 (7.1.5) 的序列 $\{X_t\}$, 以 t 为原点的向前一步预测为

$$\hat{X}_t(1) = E(X_{t+1} \mid X_t),$$

$$= \begin{cases} \varphi_{10} + \varphi_{11}X_t, & X_t \leqslant r, \\ \varphi_{20} + \varphi_{21}X_t, & X_t > r. \end{cases}$$

向前两步预测为 $\hat{X}_t(2) = E(X_{t+2} \mid X_t)$, 理论上推导该式较复杂.

实际中, 若由已知的 X_t 求得 $\hat{X}_t(1)$, 则将 $\hat{X}_t(1)$ 作为 X_{t+1} 的样本观察值, 得向前两步预测为

$$\hat{X}_t(2) = \begin{cases} \varphi_{10} + \varphi_{11}\hat{X}_t(1), & \hat{X}_t(1) \leqslant r, \\ \varphi_{20} + \varphi_{21}\hat{X}_t(1), & \hat{X}_t(1) > r. \end{cases}$$

如此类似, 可求得超前任意步的预测.

7.1.4 示例

例 **7.1.1** 考虑如下的门限模型

$$(1) \quad X_t = \begin{cases} 0.57X_{t-1} + \varepsilon_t, & X_{t-1} \leqslant 0.8, \\ -0.68X_{t-1} + \varepsilon_t, & X_{t-1} > 0.8; \end{cases}$$

$$(2) \quad X_t = \begin{cases} 0.57X_{t-1} + \varepsilon_t, & X_{t-1} \leqslant -0.2, \\ -0.68X_{t-1} + \varepsilon_t, & X_{t-1} > -0.2; \end{cases}$$

其中 $\varepsilon_t \overset{\text{i.i.d.}}{\sim} N(0,1)$.

由模型（1）和模型（2）各随机模拟生成 200 个数据, 绘制出 X_t 对 X_{t-1} 的散点图（见图 7.1.1 和图 7.1.2）. 当门限值为 $r = 0.8$, 散点图显示在 0.8 附近有着不同的线性趋势. 而当门限值为 $r = -0.2$, X_t 对 X_{t-1} 的离散点图则显示出在 -0.2 处, 趋势有着较明显的变化. 由此可见, 序列 X_t 对其延迟变量的散点图, 可以提供门限变量和门限值的很多信息, 甚至可以显示出门限值的大致位置. 这样, 就可以在一定的范围内, 搜索并得到合适的门限变量和门限值.

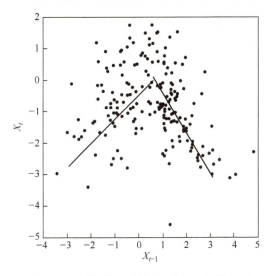

图 7.1.1 门限模型（1） X_t 对 X_{t-1} 的散点图

例 **7.1.2** 1821 至 1934 年加拿大山猫年捕获量数据见附录, 共 114 个值, 经过 $\log_{10}$ 变换的数据记为 $\{X_t\}$, 简称其为加拿大山猫数据. 如果将山猫序列 $\{X_t\}$ 零均值化, 可以得到零均值化序列 $\{X_t\}$ 的 ADF 检验的 p 值为 0.0000, 故可以认为零均值化的序列 $\{X_t\}$ 是平稳的. 但是此处并不先将山猫序列 $\{X_t\}$ 零均值

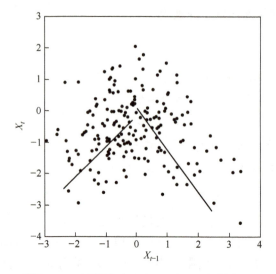

图 7.1.2　门限模型（2）X_t 对 X_{t-1} 的散点图

化，而是在对序列 $\{X_t\}$ 建立模型时增加常数项.

图 7.1.3 是数据 $\{X_t\}$ 的折线图，图 7.1.4 是 X_t 对 X_{t-1} 的散点图，图 7.1.5 是 X_t 对 X_{t-2} 的散点图. 如图 7.1.4 所示，X_t 与 X_{t-1} 之间存在一定的线性关系. 而如图 7.1.5 所示，X_t 与 X_{t-2} 之间存在着非线性关系，且在 $X_{t-2} \in (2.5, 3.5)$ 时，X_t 与 X_{t-2} 之间的关系发生较明显的改变.

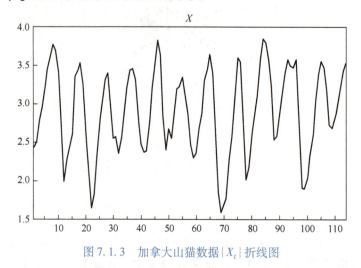

图 7.1.3　加拿大山猫数据 $\{X_t\}$ 折线图

考虑到 X_t 与 X_{t-1} 之间的线性关系，首先来看线性模型，可以得到如下的 AR(12) 模型

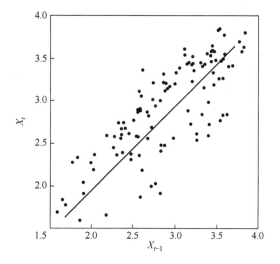

图 7.1.4　加拿大山猫数据 X_t 对 X_{t-1} 散点图

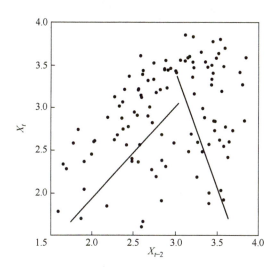

图 7.1.5　加拿大山猫数据 X_t 对 X_{t-2} 散点图

$$X_t = 1.123 + 1.084X_{t-1} - 0.477X_{t-2} + 0.265X_{t-3} -$$
$$0.218X_{t-4} + 0.180X_{t-9} - 0.224X_{t-12} + \varepsilon_t, \tag{7.1.6}$$

其中 $\{\varepsilon_t\} \sim WN(0,0.0396)$.

　　然而，对于山猫数据 $\{X_t\}$ 拟合的线性模型，有文献指出一个"古怪的特征"：大于均值的 X_t 值的残差集合与小于均值的 X_t 值的残差集合，来自不同的正态分布. 这不符合线性模型残差的假设条件，故而线性模型（7.1.6）是不太合适的.

山猫序列 $\{X_t\}$ 的直方图和密度函数见图 7.1.6. 可见, 该序列密度函数具有双峰形态, 从而序列不服从正态分布, 呈现出非线性特征, 因此应考虑对它建立非线性模型.

注意到前面所述的 X_t 与 X_{t-2} 之间的关系, 在 $X_{t-2} \in (2.5, 3.5)$ 时有较明显改变, 故可以取 X_{t-2} 为门限变量, 门限值 r_1 可以在 $(2.5, 3.5)$ 范围内搜索. 加拿大山猫数据成功建立的门限模型有几个, 下面的模型 (7.1.7) 是其中之一.

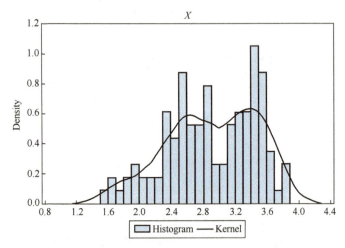

图 7.1.6　加拿大山猫数据 $\{X_t\}$ 的直方图和密度函数

$$X_t = \begin{cases} 0.802 + 1.068X_{t-1} - 0.207X_{t-2} + 0.171X_{t-3} - 0.453X_{t-4} + 0.224X_{t-5} - 0.033X_{t-6} + 0.174\varepsilon_t, & X_{t-2} \leqslant 3.05 \\ 2.296 + 1.425X_{t-1} - 1.080X_{t-2} - 0.091X_{t-3} + 0.237\varepsilon_t, & X_{t-2} > 3.05 \end{cases}$$

$$(7.1.7)$$

其中 $\varepsilon_t \overset{\text{i. i. d.}}{\sim} (0,1)$. 注意到门限值 $r_1 = 3.05$, 而序列 $\{X_t\}$ 的均值为 $\overline{X} = 2.9$, 可见, 门限值在序列 $\{X_t\}$ 的均值附近.

针对加拿大山猫数据的最后 14 个值 $X_{101}, X_{102}, \cdots, X_{114}$, 分别用线性模型 (7.1.6) 和门限模型 (7.1.7) 的向前一步预测值进行拟合, 拟合的残差平方和记为 S^2. 令 $s = (S^2/14)^{1/2}$, 即 s 为均方根误差. 得到模型 (7.1.6) 和模型 (7.1.7) 的 s 分别为 0.138 和 0.120. 可见, 门限模型的拟合效果较好.

另外, 可以证明模型 (7.1.7) 生成的序列 $\{X_t\}$ 具有周期为 9 的稳定极限环. 这一特点与加拿大山猫数据显示出周期约为 9 或 10 的特征吻合. 所以, 门限模型 (7.1.7) 是比线性模型 (7.1.6) 更加合适的模型.

例 7.1.3　设序列 $\{X_t\}$ 满足如下的门限模型

$$X_t = \begin{cases} 1.1 - 0.6X_{t-1} + \varepsilon_t, & X_{t-1} \leqslant 0.5, \\ 0.8 - 0.4X_{t-1} + \varepsilon_t, & X_{t-1} > 0.5, \end{cases} \quad \varepsilon_t \overset{\text{i. i. d.}}{\sim} (0,1).$$

若 $x_t = 0.5$，求 $\hat{x}_t(1)$ 和 $\hat{x}_t(2)$．

解：由 $x_t = 0.5 \leqslant 0.5$，得

$$\hat{x}_t(1) = 1.1 - 0.6 \times 0.5 = 0.8,$$

$\hat{x}_t(1) > 0.5$，于是

$$\hat{x}_t(2) = 0.8 - 0.4 \times 0.8 = 0.48.$$

7.2 条件异方差模型

前面几章讨论的模型事实上都可以归为所谓的条件均值模型，即所有模型都是在序列某些时刻样本值给定的条件下，延迟变量对序列变量均值的回归方程．条件均值模型通常假设模型的残差是零均值、方差为常数的不相关序列．但是，该残差序列的条件方差可能不是常数，这种现象称为条件异方差性或者异方差，为此建立的模型称为条件异方差模型或者（异）方差模型．常见的条件异方差模型有 ARCH 模型、GARCH 模型等．

7.2.1 ARCH 模型

在经济和金融等时间序列中，经常出现这样的现象：时间序列的绝对值较大时，其方差也较大．这种现象就属于（条件）异方差性．1982 年，Engle 提出的 ARCH 模型，正是描述了这一现象的．

定义 7.2.1 $p(p \geqslant 1)$ 阶自回归条件异方差模型形式如下

$$X_t = \sigma_t \varepsilon_t, \quad \sigma_t^2 = c_0 + \varphi_1 X_{t-1}^2 + \cdots + \varphi_p X_{t-p}^2, \tag{7.2.1}$$

其中 $\{\varepsilon_t\} \overset{\text{i.i.d.}}{\sim} (0,1)$，$c_0 \geqslant 0$，$\varphi_i \geqslant 0 (i=1,\cdots,p)$ 是常数，对所有的 t，$\sigma_t > 0$，ε_t 与 $\{X_{t-k}, k \geqslant 1\}$ 独立．该模型记为 ARCH(p)，满足模型（7.2.1）的随机序列（或过程）$\{X_t\}$ 称为 ARCH(p) 序列（或过程）．

模型（7.2.1）中的序列 $\{X_t\}$ 是非线性随机时间序列，关于它的严平稳性有如下定理．

定理 7.2.1 满足模型（7.2.1）且有有限二阶矩的唯一时间序列 $\{X_t\}$ 严平稳的充分必要条件是 $\sum\limits_{i=1}^{p} \varphi_i < 1$，这时，

$$E(X_t) = 0, \quad E(X_t^2) = \frac{c_0}{1 - \sum\limits_{i=1}^{p} \varphi_i},$$

注 7.2.1 设 $\{X_t\}$ 是严平稳的 ARCH(p) 序列，则对任意整数 $k \neq 0$ 成立

$$\text{Cov}(X_t, X_{t-k}) = E(\sigma_t \varepsilon_t \sigma_{t-k} \varepsilon_{t-k}) = E(\varepsilon_t) E(\sigma_t \sigma_{t-k} \varepsilon_{t-k}) = 0,$$

从而严平稳的 ARCH(p)序列$\{X_t\}$是白噪声，即有 $\{X_t\} \sim WN(0, \dfrac{c_0}{1 - \sum\limits_{i=1}^{p} \varphi_i})$.

例 7.2.1 ARCH(1)模型为

$$X_t = \sigma_t \varepsilon_t, \quad \sigma_t^2 = c_0 + \varphi_1 X_{t-1}^2, \tag{7.2.2}$$

这里设 $c_0 > 0$，若 $0 < \varphi_1 < 1$，则序列$\{X_t\}$严平稳，且

$$E(X_t) = 0, \quad E(X_t^2) = \frac{c_0}{1 - \varphi_1}.$$

注意到 ε_t 与 $\{X_{t-k}, k \geqslant 1\}$ 独立，ε_t^2 与 $\sigma_t^2 = c_0 + \varphi_1 X_{t-1}^2$ 独立，于是有

$$\begin{aligned}
&E(X_t \mid X_{t-1}, X_{t-2}, \cdots) \\
&= E(\sigma_t \varepsilon_t \mid X_{t-1}, X_{t-2}, \cdots) \\
&= E(\sigma_t \mid X_{t-1}, X_{t-2}, \cdots) E(\varepsilon_t \mid X_{t-1}, X_{t-2}, \cdots) = 0 \\
&\mathrm{Var}(X_t \mid X_{t-1}, X_{t-2}, \cdots) \\
&= E(\sigma_t^2 \varepsilon_t^2 \mid X_{t-1}, X_{t-2}, \cdots) \\
&= E(\sigma_t^2 \mid X_{t-1}, X_{t-2}, \cdots) E(\varepsilon_t^2 \mid X_{t-1}, X_{t-2}, \cdots) \\
&= E(c_0 + \varphi_1 X_{t-1}^2 \mid X_{t-1}, X_{t-2}, \cdots) \\
&= c_0 + \varphi_1 X_{t-1}^2 = \sigma_t^2.
\end{aligned} \tag{7.2.3}$$

可见，σ_t^2 是在给定 t 以前时刻序列$\{X_{t-k}\}$（$k \geqslant 1$）的条件下，X_t 的条件方差，σ_t 是相应的条件标准差. 虽然序列$\{X_t\}$的方差是常数，但是它的条件方差不是常数. t 时刻的条件方差 σ_t^2 与 $t-1$ 时刻的序列绝对值$|X_{t-1}|$正相关，序列绝对值$|X_{t-1}|$较大时，条件方差 σ_t^2 也会较大. 一般地，当 $k \geqslant 2$ 时有

$$\mathrm{Var}(X_{t+k} \mid X_t, X_{t-1}, \cdots) = \frac{c_0(1 - \varphi_1^k)}{1 - \varphi_1} + \varphi_1^k X_t^2,$$

上式表明，序列绝对值较大时，引起的条件方差较大将会持续一段时间，即较大的波动后面跟着较大的波动. 同样，较小波动后面跟着较小的波动，这些现象称为波动聚集性. 随着时间的推移，即 $k \to \infty$，条件方差趋于序列$\{X_t\}$的方差.

由式（7.2.2）可得

$$X_t^2 = c_0 + \varphi_1 X_{t-1}^2 + \eta_t, \tag{7.2.4}$$

其中 $\eta_t = (\varepsilon_t^2 - 1)(c_0 + \varphi_1 X_{t-1}^2)$.

进一步，设$\{\varepsilon_t\} \sim N(0,1)$，且 $3\varphi_1^2 < 1$，即 $\varphi_1 < 0.577$，可以证明 $E(X_t^4) < \infty$，并且序列$\{\eta_t\}$是白噪声. 这时，

$$E(\eta_t) = E[(\varepsilon_t^2 - 1)(c_0 + \varphi_1 X_{t-1}^2)]$$

$$= c_0 E(\varepsilon_t^2) + \varphi_1 E(\varepsilon_t^2) E(X_{t-1}^2) - c_0 - \varphi_1 E(X_{t-1}^2)$$

$$= c_0 + \varphi_1 E(X_{t-1}^2) - c_0 - \varphi_1 E(X_{t-1}^2) = 0$$

$$E(\eta_t^2) = [E(\varepsilon_t^2 - 1)^2][E(c_0 + \varphi_1 X_{t-1}^2)^2]$$

$$= 2E(c_0 + \varphi_1 X_{t-1}^2)^2 \triangleq \sigma_\eta^2 < \infty$$

即有 $\{\eta_t\} \sim WN(0, \sigma_\eta^2)$.

因此, 式 (7.2.4) 是一个平稳的 AR(1) 模型, 序列 $\{X_t^2\}$ 是一个 AR(1) 序列. 对任意整数 k, 序列 $\{X_t^2\}$ 的自相关函数为

$$\rho_{X_t^2, X_{t-k}^2} = \varphi_1^{|k|},$$

所以, ARCH(1) 序列的一个特征是序列 $\{X_t\}$ 是不相关序列, 但其平方序列 $\{X_t^2\}$ 是相关序列.

下面求序列 $\{X_t\}$ 的峰度. 由

$$E(X_t^4) = E(\sigma_t^4 \varepsilon_t^4)$$

$$= (E(\sigma_t^4))(E(\varepsilon_t^4))$$

$$= 3E(\sigma_t^4)$$

$$= 3E(c_0 + \varphi_1 X_{t-1}^2)^2.$$

又 $E(X_t^2)$ 和 $E(X_t^4)$ 都是与 t 无关的常数, 注意到 $c_0 = (1 - \varphi_1)E(X_t^2)$, 得到

$$E(X_t^4) = 3(1 - \varphi_1^2)(E(X_t^2))^2 + 3\varphi_1^2 E(X_t^4),$$

从而序列 $\{X_t\}$ 的峰度为

$$\frac{E(X_t^4)}{(E(X_t^2))^2} = \frac{3(1 - \varphi_1^2)}{1 - 3\varphi_1^2} > 3,$$

所以, 序列 $\{X_t\}$ 的分布相较于正态分布尾部更加粗重, 这个现象称之为重尾. 可以设 $\{\varepsilon_t\}$ 是服从其他分布的白噪声, 同样可以证明 $\{X_t\}$ 序列分布的尾部较 $\{\varepsilon_t\}$ 序列分布的尾部更重. 重尾是 ARCH(1) 序列的另一个特征.

上述关于 ARCH(1) 模型 (7.2.2) 的结论都可以推广到 ARCH(p) 模型 (7.2.1).

定理 7.2.2 设 $\{X_t\}$ 是严平稳的 ARCH(p) 序列, 其中 $c_0 > 0$, $\sum_{i=1}^p \varphi_i < 1$. 则

(1) $\mathrm{Var}(X_t | X_{t-1}, X_{t-2}, \cdots) = \sigma_t^2$;

若 $E(\varepsilon_t^4) < \infty$, 且 $(E\varepsilon_t^4)^{\frac{1}{2}}(\sum_{i=1}^p \varphi_i) < 1$, 则还有

(2) $E(X_t^4) < \infty$;

(3) 序列 $\{X_t^2\}$ 满足一个平稳的 AR(p) 模型;

（4）序列 $\{X_t\}$ 比序列 $\{\varepsilon_t\}$ 有更重的尾部，即 $\dfrac{E(X_t^4)}{(E(X_t^2))^2} \geqslant \dfrac{E(\varepsilon_t^4)}{(E(\varepsilon_t^2))^2}$.

7.2.2 GARCH 模型

如果假设条件方差不仅与过去时刻的序列值有关，还与过去时刻的条件方差有关，这样假设是合理的，也是 ARCH 模型自然的推广.

定义 7.2.2 设 $p \geqslant 1$ 和 $q \geqslant 0$，推广的自回归条件异方差模型形式如下

$$X_t = \sigma_t \varepsilon_t, \ \sigma_t^2 = c_0 + \sum_{i=1}^{p} \varphi_i X_{t-i}^2 + \sum_{j=1}^{q} \theta_j \sigma_{t-j}^2, \tag{7.2.5}$$

其中 $\{\varepsilon_t\} \overset{\text{i.i.d.}}{\sim} (0,1)$，$c_0 \geqslant 0$，$\varphi_i \geqslant 0 (i=1,\cdots,p)$ 和 $\theta_j \geqslant 0 (j=1,\cdots,q)$ 是常数，且对所有的 t，$\sigma_t > 0$，ε_t 与 $\{X_{t-k}, k \geqslant 1\}$ 独立. 该模型记为 GARCH(p,q)，满足模型 (7.2.5) 的随机序列（或过程）$\{X_t\}$ 称为 GARCH(p,q) 序列（或过程）.

关于 GARCH(p,q) 序列 $\{X_t\}$ 的严平稳性有如下结果.

定理 7.2.3 满足模型 (7.2.5) 且有有限二阶矩的唯一时间序列 $\{X_t\}$ 严平稳的充分必要条件是 $\sum\limits_{i=1}^{p} \varphi_i + \sum\limits_{j=1}^{q} \theta_j < 1$，这时，

$$E(X_t) = 0, \ E(X_t^2) = \frac{c_0}{1 - \sum\limits_{i=1}^{p} \varphi_i - \sum\limits_{j=1}^{q} \theta_j},$$

$$\mathrm{Cov}(X_t, X_{t-k}) = 0, \ k \neq 0.$$

即有 $\{X_t\}$ 是白噪声，$\{X_t\} \sim WN\left(0, \dfrac{c_0}{1 - \sum\limits_{i=1}^{p} \varphi_i - \sum\limits_{j=1}^{q} \theta_j}\right)$.

例 7.2.2 GARCH$(1,1)$ 模型为

$$X_t = \sigma_t \varepsilon_t, \ \sigma_t^2 = c_0 + \varphi_1 X_{t-1}^2 + \theta_1 \sigma_{t-1}^2 \tag{7.2.6}$$

这里设 $c_0 > 0$，$\varphi_1 > 0$，$\theta_1 > 0$，且 $\varphi_1 + \theta_1 < 1$. 则序列 $\{X_t\}$ 严平稳，有

$$E(X_t) = 0, \ E(X_t^2) = \frac{c_0}{1 - \varphi_1 - \theta_1},$$

而且

$$\begin{aligned}
&E(X_t | X_{t-1}, X_{t-2}, \cdots) = E(\sigma_t \varepsilon_t | X_{t-1}, X_{t-2}, \cdots) = 0 \\
&\mathrm{Var}(X_t | X_{t-1}, X_{t-2}, \cdots) \\
&= E(\sigma_t^2 \varepsilon_t^2 | X_{t-1}, X_{t-2}, \cdots) \\
&= E(\sigma_t^2 | X_{t-1}, X_{t-2}, \cdots) E(\varepsilon_t^2 | X_{t-1}, X_{t-2}, \cdots) \\
&= c_0 + \varphi_1 X_{t-1}^2 + \theta_1 \sigma_{t-1}^2 = \sigma_t^2.
\end{aligned} \tag{7.2.7}$$

可见, σ_t^2 仍然是在给定 t 以前时刻序列 $\{X_{t-k}\}$ $(k \geqslant 1)$ 的条件下, X_t 的条件方差. t 时刻的条件方差 σ_t^2 与 $t-1$ 时刻的序列绝对值 $|X_{t-1}|$ 以及 $t-1$ 时刻的条件方差 σ_{t-1}^2 正相关, 序列绝对值 $|X_{t-1}|$ 或者条件方差 σ_{t-1}^2 较大时, 条件方差 σ_t^2 也会较大.

由式 (7.2.7) 得

$$(1 - \theta_1 B) \sigma_t^2 = c_0 + \varphi_1 X_{t-1}^2,$$

$$\sigma_t^2 = \sum_{j=0}^{\infty} \theta_1^j B^j (c_0 + \varphi_1 X_{t-1}^2)$$

$$= \frac{c_0}{1 - \theta_1} + \varphi_1 \sum_{j=0}^{\infty} \theta_1^j X_{t-j-1}^2.$$

上式表明, GARCH$(1,1)$ 序列 $\{X_t\}$ 的条件方差 σ_t^2, 与过去无穷多个序列 $\{X_{t-k}\}$ $(k \geqslant 1)$ 的绝对值正相关, 而 ARCH(1) 序列的条件方差 σ_t^2 与只与 $t-1$ 时刻的序列绝对值 $|X_{t-1}|$ 正相关. 所以, 这两个序列有着本质的区别. 事实上, GARCH$(1,1)$ 模型可以看成是 ARCH(∞) 模型. 上式还表明, GARCH$(1,1)$ 序列由序列绝对值较大引起的条件方差较大的现象, 相较 ARCH(1) 序列将会持续更长的一段时间, 即 GARCH$(1,1)$ 序列的波动聚集性相较 ARCH(1) 序列更具持续性.

由式 (7.2.5) 可得

$$X_t^2 = c_0 + (\varphi_1 + \theta_1) X_{t-1}^2 + \eta_t - \theta_1 \eta_{t-1} \tag{7.2.8}$$

其中 $\eta_t = (\varepsilon_t^2 - 1)(c_0 + \varphi_1 X_{t-1}^2 + \theta_1 \sigma_{t-1}^2)$.

若设 $\{\varepsilon_t\} \sim N(0,1)$, 且 $\sqrt{3} \dfrac{\varphi_1}{1 - \theta_1} < 1$, 可以证明 $E(X_t^4) < \infty$, 并且序列 $\{\eta_t\}$ 是白噪声. 因此, 式 (7.2.8) 是一个平稳且可逆的 ARMA$(1,1)$ 模型, $\{X_t^2\}$ 是一个平稳且可逆的 ARMA$(1,1)$ 序列. $\{X_t^2\}$ 序列的自相关函数为

$$\rho_{X_t^2, X_{t+k}^2} = \frac{(1 - \theta_1^2 - \theta_1 \varphi_1) \varphi_1}{1 - \theta_1^2 - 2\theta_1 \varphi_1} (\varphi_1 + \theta_1)^{k-1}, \quad k \geqslant 1$$

所以, GARCH$(1,1)$ 序列也具有这个特征: 序列 $\{X_t\}$ 是不相关序列, 但其平方序列 $\{X_t^2\}$ 是相关序列. 同时, GARCH$(1,1)$ 序列还具有与 ARCH(1) 序列一样的另一个特征, 即重尾.

上述关于 GARCH$(1,1)$ 模型 (7.2.6) 的结论都可以推广到 GARCH(p,q) 模型 (7.2.5).

定理 7.2.4 设 $\{X_t\}$ 是严平稳的 GARCH(p,q) 序列, 其中 $c_0 > 0$, $\displaystyle\sum_{i=1}^{p} \varphi_i +$

$\sum\limits_{j=1}^{q} \theta_j < 1.$ 则

(1) $\mathrm{Var}(X_t \mid X_{t-1}, X_{t-2}, \cdots) = \sigma_t^2$;

若 $E(\varepsilon_t^4) < \infty$，且 $(E(\varepsilon_t^4))^{\frac{1}{2}} \left(\dfrac{\sum\limits_{i=1}^{p} \varphi_i}{1 - \sum\limits_{j=1}^{q} \theta_j} \right) < 1$，则还有

(2) $E(X_t^4) < \infty$;

(3) 序列 $\{X_t^2\}$ 满足一个平稳且可逆的 $\mathrm{ARMA}(\max\{p,q\}, q)$ 模型;

(4) 序列 $\{X_t\}$ 比序列 $\{\varepsilon_t\}$ 有更重的尾部，即 $\dfrac{E(X_t^4)}{(E(X_t^2))^2} \geqslant \dfrac{E(\varepsilon_t^4)}{(E(\varepsilon_t^2))^2}$.

7.2.3 参数的条件极大似然估计

ARCH 模型和 GARCH 模型的参数估计常用的方法有（条件）极大似然估计、Whittle 估计、最小绝对偏差估计等，这里介绍条件极大似然估计.

设 ARCH 模型 (7.2.1) 和 GARCH 模型 (7.2.5) 中，序列 $\{\varepsilon_t\} \overset{\text{i. i. d.}}{\sim} N(0, 1)$，设 $X_1, X_2, \cdots, X_N (N > p)$ 是序列 $\{X_t\}$ 的一组样本观察值.

对于 ARCH 模型 (7.2.1)，在给定 $X_1, X_2, \cdots, X_p$ 的条件下，$X_t \sim N(0, \sigma_t^2)$ $(t = p+1, p+2, \cdots, N)$，$X_{p+1}, X_{p+2}, \cdots, X_N$ 的联合条件概率密度函数为

$$L(c_0, \varphi_1, \cdots, \varphi_p) = \prod_{t=p+1}^{N} \frac{1}{\sqrt{2\pi}\sigma_t} e^{-\frac{X_t^2}{2\sigma_t^2}},$$

L 即是条件似然函数. 对 L 取自然对数，并忽略常数：可以求得模型 (7.2.1) 参数 $c_0, \varphi_1, \cdots, \varphi_p$ 的高斯条件极大似然估计（有时简称极大似然估计），等价于求解下面函数 S 的极小值点.

$$S(c_0, \varphi_1, \cdots, \varphi_p) = \sum_{t=p+1}^{N} \left(\ln\sigma_t^2 + \frac{X_t^2}{\sigma_t^2} \right) \tag{7.2.9}$$

其中 $\sigma_t^2 = c_0 + \varphi_1 X_{t-1}^2 + \cdots + \varphi_p X_{t-p}^2$.

对于 GARCH 模型 (7.2.5)，参数 $c_0, \varphi_1, \cdots, \varphi_p, \theta_1, \cdots, \theta_q$ 的高斯条件极大似然估计，类似地，通过极小化下式 (7.2.10) 得到.

$$\tilde{S}(c_0, \varphi_1, \cdots, \varphi_p, \theta_1, \cdots, \theta_q) = \sum_{t=p+1}^{N} \left(\ln\tilde{\sigma}_t^2 + \frac{X_t^2}{\tilde{\sigma}_t^2} \right), \tag{7.2.10}$$

其中

$$\tilde{\sigma}_t^2 = \frac{c_0}{1 - \sum\limits_{j=1}^{q} \theta_j} + \sum_{i=1}^{p} \varphi_i X_{t-i}^2 + \sum_{i=1}^{p} \varphi_i \sum_{k=1}^{\infty} \sum_{j_1=1}^{q} \cdots \sum_{j_k=1}^{q} \theta_{j_1} \cdots \theta_{j_k} \times$$

$$X_{t-i-j_1-\cdots-j_k}^2 I(t-i-j_1-\cdots-j_k \geqslant 1), \quad t = p+1, \cdots, N.$$

若序列 $\{\varepsilon_t\}$ 不是服从正态分布，但是其概率密度函数已知，也可以构造（条件）似然函数，得到对应的 ARCH 模型或 GARCH 模型参数的（条件）极大似然估计.

7.2.4　ARCH 效应检验

如果序列中有条件异方差性，则需要同时考虑对序列建立条件均值模型和条件异方差模型，才能使建模效果达到最优. 否则，若序列中有条件异方差，忽略它可能导致均值模型参数过多或者参数估计的有效性降低等结果. 所以，对序列进行假设检验，来判断其是否含有条件异方差性，是一项重要的工作. 因为 GARCH 模型可以看成是 ARCH(∞) 模型，所以通常研究针对 ARCH 序列的异方差性检验，这时检验方法也称为 ARCH 效应检验.

对于满足 ARCH 模型

$$X_t = \sigma_t \varepsilon_t, \sigma_t^2 = c_0 + \varphi_1 X_{t-1}^2 + \cdots + \varphi_p X_{t-p}^2$$

的严平稳序列 $\{X_t\}$，首先提出如下原假设

$$H_0 : \varphi_1 = \cdots = \varphi_p = 0,$$

和备择假设

$$H_1 : \varphi_1, \cdots, \varphi_p \text{ 中至少一个不为 } 0.$$

ARCH 效应检验常见的方法有拉格朗日乘数检验、似然比检验、Wald 检验等. 拉格朗日乘数检验（Lagrange Multiplier Test）常简称为（ARCH）LM 检验，由 Engle 在 1982 年提出. 该方法有两个检验统计量，一个是所有滞后项对 X_t^2 回归的整体显著性检验的 F 统计量，一个是 Engle's LM 检验统计量——TR^2 统计量，它的分布渐近于自由度为 p 的 χ^2 分布，它的观察值是由序列 $\{X_t\}$ 样本值个数 T 乘以回归检验的 R^2 得到.

7.2.5　应用举例

例 7.2.3　选取 2019 年 12 月 8 日至 2022 年 11 月 27 日，WTI 原油期货每周（每桶）收盘价（货币单位：美元）共 156 个数据（见附录），记为 $\{Y_t\}, t = 1,$ $2, \cdots, 156$. 定义收益率序列 $\{X_t\}$ 为

$$X_t = \ln Y_t - \ln Y_{t-1}, t = 2, 3, \cdots, 156$$

不妨记收益率序列 $\{X_t\}, t = 1, 2, \cdots, 155$，其图形见图 7.2.1. 可见，该序列有一定的波动聚集性，即大的波动与大的波动聚集在一起，小的波动与小的波动聚集在一起，大、小波动的聚集交替出现.

对序列 $\{X_t\}$ 进行 ADF 单位根检验，得到检验的 p 值为 0.0000，所以序列 $\{X_t\}$ 是平稳的. 序列 $\{X_t\}$ 的样本均值为 0.00187，故可认为该序列是零均值的.

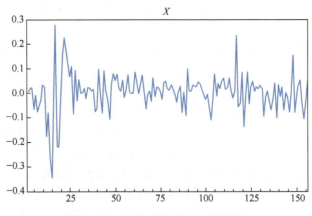

图 7.2.1 收益率序列 $\{X_t\}$ 折线图

序列 $\{X_t\}$ 的自相关函数和偏自相关函数见图 7.2.2.

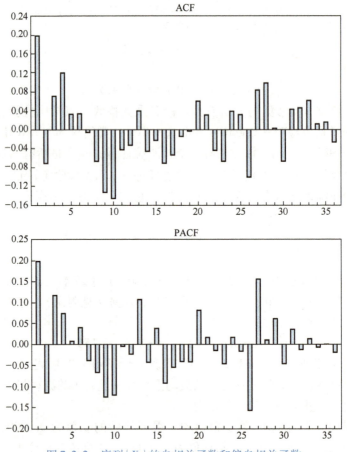

图 7.2.2 序列 $\{X_t\}$ 的自相关函数和偏自相关函数

经过选择比较,最后得到合适的模型是 AR(1) 模型

$$X_t - 0.2X_{t-1} = Z_t \tag{7.2.11}$$

其中参数估计使用的是最小二乘估计. 参数 $\varphi_1 = 0.2$,其标准误差为 0.079,t 检验的 p 值是 0.0126. AR(1) 模型 (7.2.11) 的残差序列 $\{Z_t\}$(见图 7.2.3). 可见,残差序列仍然有一定的波动聚集性.

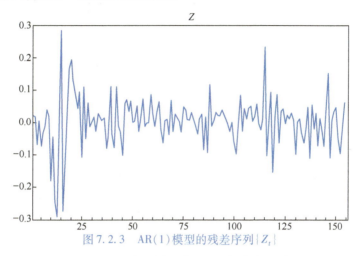

图 7.2.3　AR(1) 模型的残差序列 $\{Z_t\}$

对模型 (7.2.11) 的残差序列 $\{Z_t\}$ 进一步诊断,序列 $\{Z_t\}$ 的相关性见表 7.2.1. 该序列前 10 阶自相关函数和偏相关函数 Q 统计量检验 p 值全部大于 0.05,故认为该序列是白噪声,残差序列 $\{Z_t\}$ 是不相关序列. 模型 (7.2.11) 的残差平方序列 $\{Z_t^2\}$ 的相关性见表 7.2.2,该序列前 10 阶自相关函数和偏相关函数 Q 统计量检验的 p 值全部近似为 0,故认为该序列不是白噪声,残差平方序列 $\{Z_t^2\}$ 是相关序列.

表 7.2.1　序列 $\{Z_t\}$ 的相关函数

阶数	自相关函数	偏相关函数	Q 统计量	p 值
1	0.023	0.023	0.0827	0.774
2	−0.135	−0.136	2.9599	0.228
3	0.067	0.075	3.6809	0.298
4	0.108	0.087	5.5484	0.236
5	0.005	0.018	5.5518	0.352
6	0.032	0.053	5.7136	0.456
7	−0.001	−0.014	5.7137	0.574
8	−0.046	−0.047	6.0573	0.641
9	−0.098	−0.11	7.6566	0.569
10	−0.121	−0.143	10.103	0.431

表 7.2.2　序列 $\{Z_t^2\}$ 的相关函数

阶数	自相关函数	偏相关函数	Q 统计量	p 值
1	0.43	0.43	29.07	0.000
2	0.33	0.178	46.278	0.000
3	0.507	0.397	87.149	0.000
4	0.371	0.066	109.17	0.000
5	0.207	−0.089	116.09	0.000
6	0.137	−0.194	119.14	0.000
7	0.136	−0.063	122.17	0.000
8	0.049	−0.056	122.57	0.000
9	0.028	0.073	122.7	0.000
10	0.02	0.043	122.76	0.000

由 AR(1)模型 (7.2.11) 残差序列 $\{Z_t\}$ 的直方图 7.2.4 知，JB 检验统计量的 p 值几乎为 0，拒绝残差序列 $\{Z_t\}$ 服从正态分布. 残差序列 $\{Z_t\}$ 相对于正态分布的 QQ 图 (见图 7.2.5)，序列 $\{Z_t\}$ 有重尾现象.

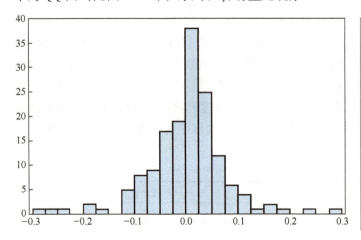

图 7.2.4　AR (1) 模型残差序列 $\{Z_t\}$ 的直方图

AR(1)模型 (7.2.11) 残差序列 $\{Z_t\}$ 相关性不显著，但平方序列 $\{Z_t^2\}$ 相关性显著，以及序列 $\{Z_t\}$ 非正态分布，且呈现波动聚集和重尾现象，这些都是 ARCH 序列、GARCH 序列等条件异方差序列的特征.

于是，对序列 $\{Z_t\}$ 进行 ARCH 效应检验，滞后二阶的 ARCH LM 检验结果是 F 统计量的值为 19.899，p 值为 0.0000；TR^2 统计量的值为 32.041，p 值为 0.0000. 两种检验的 p 值都约为 0.1，可以认为是小概率，故拒绝原假设，认为异方差存在. 而且上面分析得到残差序列 $\{Z_t\}$ 具有多种异方差的特征, 所以除了均值模型外, 还需要对序列 $\{X_t\}$ 建立异方差模型.

对序列 $\{X_t\}$ 设立均值模型为 AR(1) 模型, 得到合适的条件异方差模型为 GARCH(1,1) 模型, 两个模型的表达式如下.

AR(1) 模型是

$$X_t - 0.066X_{t-1} = Z_t, \tag{7.2.12}$$

GARCH(1,1) 模型是

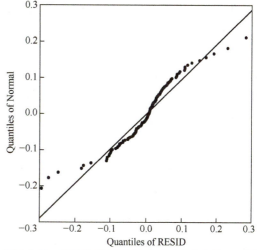

图 7.2.5　残差序列 $\{Z_t\}$ 相对于正态分布的 QQ 图

$$Z_t = \sigma_t \varepsilon_t, \sigma_t^2 = 0.001 + 0.218Z_{t-1}^2 + 0.55\sigma_{t-1}^2. \tag{7.2.13}$$

AR(1) 模型 (7.2.11) 与 AR(1) 模型 (7.2.12) 的系数明显不同. 模型 (7.2.12) 系数 t 检验的 p 值是 0.534, 因而该系数是不显著的.

对于 GARCH(1,1) 模型 (7.2.13), 系数为 $c_0 = 0.001$, $\varphi_1 = 0.218$, $\theta_1 = 0.55$. 三个系数的标准差分别是 0.0008, 0.103, 0.27, 对应 t 检验的 p 值是 0.165, 0.034, 0.041. 可见, φ_1, θ_1 两个系数非常显著. 由 $\varphi_1 + \theta_1 < 1$ 知, GARCH(1,1) 序列 $\{Z_t\}$ 严平稳. 条件标准差序列 $\{\sigma_t\}$ 的图形 (见图 7.2.6), 将该图与序列 $\{X_t\}$ 图 7.2.1 相比, 可知, 序列 $\{\sigma_t\}$ 较好地拟合了序列 $\{X_t\}$ 的波动性.

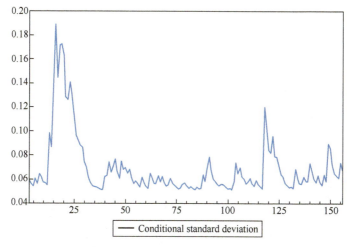

图 7.2.6　条件标准差序列 $\{\sigma_t\}$

进一步，检验 GARCH(1,1) 模型（7.2.13）的残差序列 $\{\varepsilon_t\}$。残差序列 $\{\varepsilon_t\}$ 的相关性如表 7.2.3 所示，该序列前 10 阶自相关函数和偏自相关函数 Q 统计量检验的 p 值全部大于 0.1，故认为该序列是白噪声，残差序列 $\{\varepsilon_t\}$ 是不相关序列。残差平方序列 $\{\varepsilon_t^2\}$ 的相关性见表 7.2.4，该序列前 10 阶自相关函数和偏自相关函数 Q 统计量检验的 p 值也全部大于 0.1，故认为该序列是白噪声，残差平方序列 $\{\varepsilon_t^2\}$ 也是不相关序列.

表 7.2.3　GARCH(1,1) 模型残差的相关函数

阶数	自相关函数	偏相关函数	Q 统计量	p 值
1	0.051	0.051	0.4094	0.522
2	−0.043	−0.045	0.6969	0.706
3	0.12	0.126	3.0061	0.391
4	0.103	0.089	4.6894	0.321
5	−0.027	−0.026	4.803	0.44
6	−0.001	−0.005	4.8033	0.569
7	0.068	0.044	5.5552	0.593
8	0.04	0.032	5.8127	0.668
9	−0.099	−0.095	7.4317	0.592
10	−0.085	−0.089	8.6248	0.568

表 7.2.4　GARCH(1,1) 模型残差平方序列的相关函数

阶数	自相关函数	偏相关函数	Q 统计量	p 值
1	−0.021	−0.021	0.0675	0.795
2	0.076	0.076	0.9797	0.613
3	0.067	0.071	1.7046	0.636
4	0.066	0.064	2.3976	0.663
5	−0.007	−0.015	2.4065	0.791
6	−0.015	−0.03	2.4413	0.875
7	0.037	0.028	2.6616	0.914
8	−0.035	−0.033	2.8656	0.943
9	−0.031	−0.034	3.0289	0.963
10	−0.009	−0.007	3.0411	0.98

对残差序列 $\{\varepsilon_t\}$ 进行滞后二阶的 ARCH LM 检验，得到如下结果：F 统计量的值为 0.465，p 值为 0.629；TR^2 统计量的值为 0.942，p 值为 0.624. 两种检验的 p 值都大约是 0.6，故接受原假设，认为不存在条件异方差. 所以，GARCH(1,1) 模型（7.2.13）有效地消除了序列 $\{X_t\}$ 的异方差性.

7.3 长短期记忆神经网络

随着海量数据的获得和计算机性能的大幅提高，机器学习开始盛行，其中一些机器学习方法可以用于非线性时间序列的研究，主要有循环神经网络模型等. 循环神经网络具有短期记忆功能，它的神经元不但接受其他神经元的信息，也接受自身的信息，形成环路. 但是，当输入的时间序列较长时，循环神经网络会出现长程依赖问题. 于是，随后出现许多改进的循环神经网络方法，其中长短期记忆神经网络（Long Short－Term Memory Network，LSTM）等，通过引入门控机制，较好地解决了长程依赖问题，已经成功地应用在语音识别、自然语言处理等许多任务上.

7.3.1 长短期记忆神经网络

神经网络是将多个神经元连接而成的模型，不同的神经元内部构造和连接方式，得到不同的神经网络. 1989 年，Cybenko、Hornik 等人给出通用近似定理，该定理说明恰当构造的神经网络可以通过任意的精度逼近任何一个给定的连续函数.

循环神经网络将时间序列数据作为输入，当前时刻的神经元的输出是与它相连的下一时刻的神经元的一个输入，形成环路. 这里的时间序列一般没有要求平稳性，循环神经网络的参数学习是按照时间逆向的误差反向传播算法进行，参数调整时使用梯度下降法等实现. 但当输入的时间序列较长时，循环神经网络会出现梯度爆炸或者梯度消失的问题，即所谓长程依赖问题，使得模型无法对长时间间隔状态之间的依赖关系进行捕捉. 长短期记忆神经网络（LSTM）通过引入门控机制，来改进循环神经网络. LSTM 模型选择性地加入新的信息，同时又选择性地遗忘之前的信息，从而有效地解决长程依赖问题.

LSTM 网络的神经元由三个门和两个状态构成（见图 7.3.1）. 一般地，t 时刻的三个门分别称为输入门 i_t、遗忘门 f_t 和输出门 o_t，设 $i_t \in [0,1]^d$，$f_t \in [0,1]^d$ 和 $o_t \in [0,1]^d$. t 时刻的两个状态，分别称为内部状态 c_t 和外部状态 h_t，设 $c_t \in \mathbf{R}^d$，$h_t \in \mathbf{R}^d$.

设 $W_* \in \mathbf{R}^{d \times m}$，$U_* \in \mathbf{R}^{d \times d}$，$b_* \in \mathbf{R}^d$，这里 $* \in \{i,f,o,c\}$. W_* 和 U_* 称为权重矩阵，b_* 称为偏置向量. 于是，三个门的计算公式如下：

$$i_t = \sigma(W_i x_t + U_i h_{t-1} + b_i),$$
$$f_t = \sigma(W_f x_t + U_f h_{t-1} + b_f),$$
$$o_t = \sigma(W_o x_t + U_o h_{t-1} + b_o).$$

其中 $x_t \in \mathbf{R}^m$ 为 t 时刻的输入，$h_{t-1} \in \mathbf{R}^d$ 为 $t-1$ 时刻的外部状态，$\sigma(\cdot)$ 为一种非

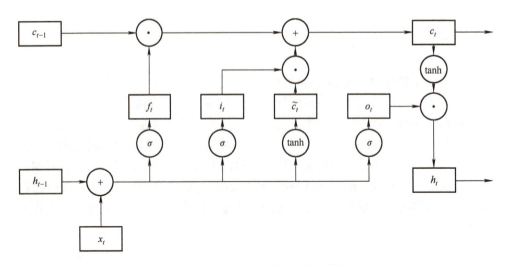

图 7.3.1 LSTM 网络的循环单元结构

线性激活函数，这里常定义为

$$\sigma(x) = \frac{1}{1 + \exp(-x)},$$

两个状态的计算公式如下：

$$c_t = f_t \odot c_{t-1} + i_t \odot \tilde{c}_t,$$
$$h_t = o_t \odot \tanh(c_t),$$

其中 $\odot$ 为向量元素乘积，$\tilde{c}_t \in R^d$ 称为 t 时刻的候选状态，计算公式为

$$\tilde{c}_t = \tanh(W_c x_t + U_c h_{t-1} + b_c).$$

tanh(·)为另一非线性激活函数，定义为

$$\tanh(x) = \frac{\exp(x) - \exp(-x)}{\exp(x) + \exp(-x)}.$$

寻找最优网络模型的过程称为学习．LSTM 网络中，权重 W_*，U_* 和偏置 b_* 都是可学习的参数，也即是通过某种算法可更新的参数．更新参数的目的，是使得网络模型的预测值与真实值的误差，或者网络模型的预测分布与真实分布的误差最小化．LSTM 网络模型的参数学习，使用的是神经网络中通常使用的误差反向传播算法，不过这里是按照时间逆向进行的反向传播．反向传播过程是：将模型输出的预测值与真实值的误差，或者网络模型的预测分布与真实分布的误差，在网络中沿着时间逆向进行传播，使用梯度下降法或者它的优化方法（比如随机梯度下降法、自适应梯度算法等）对网络中各个权重和偏置参数一一进行更新，逐渐实现误差的减少．

梯度下降法是一种迭代算法．首先给出参数的初始值，若用箭头表示对参数

的迭代更新, 则 LSTM 网络参数的更新可以表示如下:

$$W_* \leftarrow W_* - \alpha \frac{\partial L}{\partial W_*},$$

$$U_* \leftarrow U_* - \alpha \frac{\partial L}{\partial U_*},$$

$$b_* \leftarrow b_* - \alpha \frac{\partial L}{\partial b_*}.$$

其中 α 为给定的常数, 称为学习率. $\frac{\partial L}{\partial W_*}$, $\frac{\partial L}{\partial U_*}$ 和 $\frac{\partial L}{\partial b_*}$ 分别是关于权重参数 W_*, U_* 和偏置参数 b_* 的梯度. 事实上, 主流的深度神经网络学习框架, 都可以自动计算梯度和优化更新参数, 这使得深度神经网络模型的应用变得方便.

更新参数的目的是使得误差最小化. 误差由损失函数来定义, 损失函数有多种, 常用的损失函数有平方损失函数、交叉熵损失函数等. 设 t 时刻的损失函数为 L_t, t 时刻的预测输出值为 $\hat{y}_t$, t 时刻的实际值为 y_t, 则 t 时刻的平方损失函数为

$$L_t = (\hat{y}_t - y_t)^2,$$

平方损失函数不适合分类问题, 对于分类问题, 一般使用交叉熵损失函数, 这时的交叉熵损失函数, 实际上就是负对数似然函数.

若时间序列长度为 N, 则整个序列的损失函数为

$$L = \sum_{t=1}^{N} L_t,$$

常用的均方误差损失函数为

$$\text{MSE} = \frac{1}{N} \sum_{t=1}^{N} (\hat{y}_t - y_t)^2,$$

评价指标用于评价模型的效果. 回归模型的评价指标一般是预测值与真实值之间误差的各种度量指标, 与 2.2.4 小节类似, 这里常用的是均方根误差 (Root Mean Squared Error, RMSE)、平均绝对百分比误差 (Mean Absolute Percentage Error, MAPE) 等. 而分类模型的评价指标一般是准确率、召回率等.

RMSE 的计算公式为

$$\text{RMSE} = \sqrt{\frac{1}{N} \sum_{t=1}^{N} (\hat{y}_t - y_t)^2},$$

MAPE 的计算公式为

$$\text{MAPE} = \frac{100\%}{N} \sum_{t=1}^{N} \left| \frac{\hat{y}_t - y_t}{y_t} \right|.$$

7.3.2 应用举例

例7.3.1 选取在北京朝阳区美国驻华大使馆测量的，2017 年 1 月 1 日0：00 至 2017 年 6 月 30 日23：00的每小时 PM2.5 浓度数据，共4344 个数值. 其中，对于数据集中由于传感器误差导致的 PM2.5 污染值的缺失，根据前一个时刻的数据进行了填充. 该数据集记为 x，这里 x 既表示数据集，又表示数据集中的元素. 数据来源于 StateAir 网站，链接为 stateair. net.

首先对数据进行 min – max 归一化（或规范化）处理，令

$$z = \frac{x - \min\{x\}}{\max\{x\} - \min\{x\}}$$

其中 z 表示归一化数据，$\min\{x\}$ 和 $\max\{x\}$ 是 x 中的最小值和最大值. 表 7.3.1 和表 7.3.2 分别展示了数据 x 和数据 z 中的前五条数据和后五条数据.

表7.3.1 部分原始数据

日期	x
2017/1/1 0：00：00	505
2017/1/1 1：00：00	485
2017/1/1 2：00：00	466
2017/1/1 3：00：00	435
2017/1/1 4：00：00	405
⋮	⋮
2017/6/30 19：00：00	51
2017/6/30 20：00：00	68
2017/6/30 21：00：00	61
2017/6/30 22：00：00	49
2017/6/30 23：00：00	55
[4344 rows x 1 columns]	

表7.3.2 部分归一化数据

日期	z
2017/1/1 0：00：00	0.737921
2017/1/1 1：00：00	0.708638
2017/1/1 2：00：00	0.68082
2017/1/1 3：00：00	0.635432
2017/1/1 4：00：00	0.591508
⋮	⋮
2017/6/30 19：00：00	0.04978

（续）

日期	z
2017/6/30 20:00:00	0.060029
2017/6/30 21:00:00	0.071742
2017/6/30 22:00:00	0.051245
2017/6/30 23:00:00	0.058565
[4344 rows x 1 columns]	

接着，取出数据 z 中前 4320 行数据建模，留 24 行数据做最后的测试. 建模需要根据前面若干小时的 PM2.5 浓度数据预测下一小时的 PM2.5 浓度值. 为此，将整个的时间序列数据，截取成固定长度的序列. 固定的长度定义了预测下一个值需要回溯多少步，长度值称为训练窗口，而要预测的值的数量称为预测窗口. 这里将训练窗口设置为 167，预测窗口为 1. 将固定长度的序列和它的预测值标签构成的实验数据，按照 7:3 的比例划分为训练集和验证集. 本次实验的实验环境配置见表 7.3.3.

表 7.3.3　实验环境配置

名称	具体配置
操作系统	Windows11
处理器	13th Gen Intel(R) Core(TM) i5−1340P 1.90 GHz
内存	16GB
硬盘	1T
深度学习框架	PyTorch
编程语言	Python 3.8
开发工具	VS Code

本次实验使用了一个单独的 LSTM 层，设置了 2 个可以调优的参数，即每个隐藏层的神经元数量以及 LSTM 层之后隐藏全连接层数目，这里它们分别为 24 和 2. 使用的优化器为 AdamW，全称为 Adam with Weight Decay，它是一个结合了 Adam 优化器和权重衰减的优化器. 损失函数为均方误差损失函数. 对模型进行 epoch＝30 轮的训练，学习率为 0.001. 图 7.3.2 展示了训练过程中训练集上损失函数值（实线）和验证集上损失函数值（虚线）的变化. 从图中可以看到，训练集和验证集上的损失函数在第 10 轮训练时都已经大幅下降，在第 30 轮时下降到 0.002 以下.

选择经过 30 轮训练得到的模型拟合真实数据，得到的效果见图 7.3.3. 从图上可以看到数据拟合较好，真实值与预测值大致形状走向一致. 计算此时的评价指标得到 RMSE 和 MAPE 分别为 21.72 和 67.6%. 对数据 z 中最后的 24 行数据进行测试，得到它们的 RMSE 和 MAPE 分别为 15.72 和 19.42%.

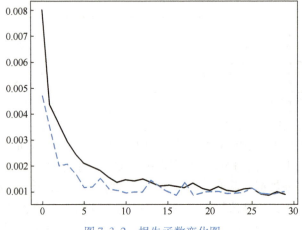

图 7.3.2　损失函数变化图

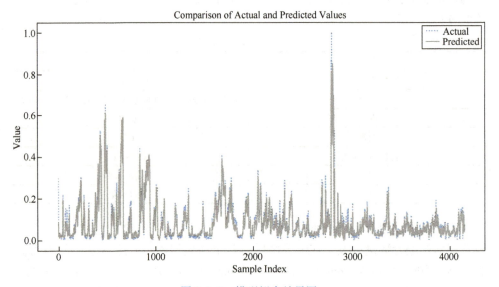

图 7.3.3　模型拟合效果图

习题 7

1. 试由模型

$$X_t = \begin{cases} 0.5X_{t-1} + \varepsilon_t, & X_{t-1} \leqslant 0.3, \\ -0.8X_{t-1} + \varepsilon_t, & X_{t-1} > 0.3. \end{cases}, \varepsilon_t \overset{\text{i. i. d.}}{\sim} N(0,1)$$

生成一组样本数据, 并画出 X_t 对 X_{t-1} 的散点图.

2. 设序列 $\{X_t\}$ 满足如下的门限模型

$$X_t = \begin{cases} 1.5 - 0.6X_{t-1} + \varepsilon_t, & X_{t-1} \leq 0.2, \\ -0.8 + 0.3X_{t-1} + \varepsilon_t, & X_{t-1} > 0.2, \end{cases} \quad \varepsilon_t \overset{\text{i.i.d.}}{\sim} (0,1)$$

若 $x_t = 2$，求 $\hat{x}_t(1)$ 和 $\hat{x}_t(2)$.

3. 试分别用线性模型和门限模型分析下列数据.

5.4, 5.7, 5.7, 6.6, 5.9, 5.4, 5.7, 5.9, 6.3, 7.2, 6.6, 5.3, 6.3, 6.2,
5.4, 6.1, 7.0, 5.1, 5.5, 6.1, 7.7, 7.4, 6.1, 6.3, 5.4, 5.8, 5.5, 5.3,
5.9, 5.2, 5.6, 4.4, 4.2, 5.3, 5.0, 4.8, 4.5, 5.0, 4.4, 4.1, 3.9, 3.2,
3.7, 3.6, 5.3, 5.4, 4.7, 5.4, 4.0, 3.8, 5.0, 4.6, 4.7, 4.6, 4.2, 5.4,
4.5, 3.7, 4.3, 4.3, 4.0

4. 设 ARCH$(1,1)$ 模型为

$$X_t = \sigma_t \varepsilon_t, \sigma_t^2 = 1.3 + 0.5X_{t-1}^2,$$

其中 $\{\varepsilon_t\} \overset{\text{i.i.d.}}{\sim} N(0,1)$.

(1) 画出序列 $\{X_t\}$ 图形；(2) 求 $E(X_t)$ 和 $\text{Var}(X_t)$；

(3) 写出 $\{X_t^2\}$ 序列满足的 AR 模型；(4) 求序列 $\{X_t\}$ 的峰度.

5. 设 GARCH$(1,1)$ 模型为

$$X_t = \sigma_t \varepsilon_t, \sigma_t^2 = 1.3 + 0.4X_{t-1}^2 + 0.2\sigma_{t-1}^2,$$

其中 $\{\varepsilon_t\} \overset{\text{i.i.d.}}{\sim} N(0,1)$.

(1) 序列 $\{X_t\}$ 是否平稳？(2) 求 $E(X_t)$ 和 $\text{Var}(X_t)$；

(3) 写出 $\{X_t^2\}$ 序列满足的 ARMA 模型；(4) 求 $\{X_t^2\}$ 序列的自相关函数.

6. 设时间序列 $\{X_t\}$ 的一组样本值如下：

2.00, 1.98, 2.03, 2.00, 1.99, 1.98, 1.97, 2.02, 1.97, 1.99, 2.03,
2.07, 2.16, 2.11, 2.06, 2.05, 2.05, 2.04, 2.09, 2.09, 2.08, 2.11,
2.10, 2.09, 2.20, 2.08, 2.03, 2.03, 2.07, 2.04, 2.05, 2.08, 2.21,
2.12, 2.03, 1.97, 1.99, 2.06, 2.03, 2.00, 1.96, 1.93, 1.87, 1.81,
1.82, 1.77, 1.72, 1.76, 1.73, 1.62, 1.53, 1.49, 1.44, 1.43, 1.49,
1.49, 1.41, 1.40, 1.46, 1.42, 1.41, 1.47, 1.46, 1.45, 1.53, 1.66,
1.54, 1.59, 1.79, 1.70, 1.55, 1.59

试分析 (1) 序列 $\{X_t\}$ 是否有异方差性？(2) 若有异方差，试建立一个合适的异方差模型；(3) 画出条件标准差 σ_t 的图形.

7. 2017 年 1 月至 2024 年 5 月我国综合 PMI 产出指数（%）见下表.

时间	PMI（%）	时间	PMI（%）
2017 年 1 月	54	2020 年 10 月	55.3
2017 年 2 月	54	2020 年 11 月	55.7
2017 年 3 月	54.7	2020 年 12 月	55.1
2017 年 4 月	53.9	2021 年 1 月	52.8
2017 年 5 月	54.1	2021 年 2 月	51.6
2017 年 6 月	54.7	2021 年 3 月	55.3
2017 年 7 月	54.1	2021 年 4 月	53.8
2017 年 8 月	53.7	2021 年 5 月	54.2
2017 年 9 月	55.1	2021 年 6 月	52.9
2017 年 10 月	53.9	2021 年 7 月	52.4
2017 年 11 月	54.6	2021 年 8 月	48.9
2017 年 12 月	54.6	2021 年 9 月	51.7
2018 年 1 月	54.6	2021 年 10 月	50.8
2018 年 2 月	52.9	2021 年 11 月	52.2
2018 年 3 月	54	2021 年 12 月	52.2
2018 年 4 月	54.1	2022 年 1 月	51
2018 年 5 月	54.6	2022 年 2 月	51.2
2018 年 6 月	54.4	2022 年 3 月	48.8
2018 年 7 月	53.6	2022 年 4 月	42.7
2018 年 8 月	53.8	2022 年 5 月	48.4
2018 年 9 月	54.1	2022 年 6 月	54.1
2018 年 10 月	53.1	2022 年 7 月	52.5
2018 年 11 月	52.8	2022 年 8 月	51.7
2018 年 12 月	52.6	2022 年 9 月	50.9
2019 年 1 月	53.2	2022 年 10 月	49
2019 年 2 月	52.4	2022 年 11 月	47.1
2019 年 3 月	54	2022 年 12 月	42.6
2019 年 4 月	53.4	2023 年 1 月	52.9
2019 年 5 月	53.3	2023 年 2 月	56.4
2019 年 6 月	53	2023 年 3 月	57
2019 年 7 月	53.1	2023 年 4 月	54.4
2019 年 8 月	53	2023 年 5 月	52.9
2019 年 9 月	53.1	2023 年 6 月	52.3
2019 年 10 月	52	2023 年 7 月	51.1
2019 年 11 月	53.7	2023 年 8 月	51.3
2019 年 12 月	53.4	2023 年 9 月	52
2020 年 1 月	53	2023 年 10 月	50.7
2020 年 2 月	28.9	2023 年 11 月	50.4
2020 年 3 月	53	2023 年 12 月	50.3
2020 年 4 月	53.4	2024 年 1 月	50.9
2020 年 5 月	53.4	2024 年 2 月	50.9
2020 年 6 月	54.2	2024 年 3 月	52.7
2020 年 7 月	54.1	2024 年 4 月	51.7
2020 年 8 月	54.5	2024 年 5 月	51
2020 年 9 月	55.1		

试利用长短期记忆神经网络预测该序列.

附　　录

附录 A　数据

表 A.1　我国银行业景气指数

时间	指数	时间	指数	时间	指数
2015 年第一季度	71.7	2018 年第一季度	69.7	2021 年第一季度	72.1
2015 年第二季度	62.4	2018 年第二季度	66.4	2021 年第二季度	69.6
2015 年第三季度	62.2	2018 年第三季度	67.5	2021 年第三季度	70
2015 年第四季度	60.5	2018 年第四季度	68.7	2021 年第四季度	70.2
2016 年第一季度	62.9	2019 年第一季度	71.2	2022 年第一季度	72.1
2016 年第二季度	61.3	2019 年第二季度	70.6	2022 年第二季度	66
2016 年第三季度	62	2019 年第三季度	70.2	2022 年第三季度	66.4
2016 年第四季度	63.9	2019 年第四季度	70.7	2022 年第四季度	65.8
2017 年第一季度	66.9	2020 年第一季度	58.3	2023 年第一季度	71.9
2017 年第二季度	65	2020 年第二季度	63.9	2023 年第二季度	69.6
2017 年第三季度	65.8	2020 年第三季度	66		
2017 年第四季度	68.3	2020 年第四季度	67.9		

注：数据来源于中国人民银行.

表 A.2　1980 年至 2023 年中国棉花种植面积数据　（单位：公顷）

年份	棉花播种面积	年份	棉花播种面积	年份	棉花播种面积	年份	棉花播种面积
1980	4920266.667	1991	6538466.667	2002	4184160.3	2013	4162154.13
1981	5185070	1992	6835000	2003	5110525	2014	4176470.359
1982	5828400	1993	4985400	2004	5692865.133	2015	3774982.656
1983	6077270	1994	5528000	2005	5061798.667	2016	3198329.201
1984	6923130	1995	5421600	2006	5815672.8	2017	3194733.333
1985	5140333.333	1996	4722200	2007	5198692.086	2018	3354414.345
1986	4306130	1997	4491360	2008	5278080.948	2019	3339286.399
1987	4844200	1998	4459420	2009	4484702.975	2020	3168905.5
1988	5534730	1999	3725600	2010	4365974.557	2021	3028171.1
1989	5203333.333	2000	4041209	2011	4523987.378	2022	3000313.6
1990	5588133.333	2001	4809797.5	2012	4359620.006	2023	2788100

注：数据来源于 RESSET 行业数据库.

表 A.3 某省 1962 年至 2022 年人口自然增长率   （单位：‰）

年份	人口自然增长率					
1962～1967	31.16	37.03	29.31	31.06	27.08	25.72
1968～1973	24.36	23	21.64	20.26	20.91	21.15
1974～1979	18.44	16.7	12.36	10.82	10.39	10.72
1980～1985	10.8	14.08	15.21	9.69	9.46	11.69
1986～1991	13.6	16.55	16.5	15.84	16.7	13.2
1992～1997	9.4	6.95	6.85	5.87	5.61	5.6
1998～2003	5.21	4.6	4.66	5.08	4.86	4.95
2004～2009	5.09	5.15	5.19	5.25	5.4	6.11
2010～2015	6.4	7.08	7.14	7.1	6.74	6.87
2016～2021	6.74	6.39	5.3	3.24	0.61	−1.15
2022	−2.31					

注：数据来源于湖南省统计年鉴.

表 A.4 社会消费品零售总额年度数据   （单位：亿元）

时间	社会消费品零售总额	时间	社会消费品零售总额
1980	2140	2002	47124.6
1981	2350	2003	51303.9
1982	2570	2004	58004.1
1983	2849.4	2005	66491.7
1984	3376.4	2006	76827.2
1985	4305	2007	90638.4
1986	4950	2008	110994.6
1987	5820	2009	128331.3
1988	7440	2010	152083.1
1989	8101.4	2011	179803.8
1990	8300.1	2012	205517.3
1991	9415.6	2013	232252.6
1992	10993.7	2014	259487.3
1993	14240.1	2015	286587.8
1994	18544	2016	315806.2
1995	23463.9	2017	347326.7
1996	28120.4	2018	377783.1
1997	30922.9	2019	408017.2
1998	32955.6	2020	391980.6
1999	35122	2021	440823.2
2000	38447.1	2022	439732.5
2001	42240.4	2023	471495.2

注：数据来源于中国统计年鉴.

表 A. 5　1952 年至 2023 年全国就业人员数据　　（单位：万人）

年份	就业人员	年份	就业人员	年份	就业人员
1952	20729	1976	38834	2000	72085
1953	21364	1977	39377	2001	72797
1954	21832	1978	40152	2002	73736
1955	22328	1979	41024	2003	73736
1956	23018	1980	42361	2004	74264
1957	23771	1981	43725	2005	74647
1958	26600	1982	45295	2006	74978
1959	26173	1983	46436	2007	75321
1960	25880	1984	48197	2008	75564
1961	25590	1985	49873	2009	75828
1962	25910	1986	51282	2010	76196
1963	26640	1987	52783	2011	76196
1964	27736	1988	54334	2012	76301
1965	28670	1989	55329	2013	76301
1966	29805	1990	64749	2014	76349
1967	30814	1991	65491	2015	76320
1968	31915	1992	66152	2016	76245
1969	33225	1993	66808	2017	76058
1970	34432	1994	67455	2018	75782
1971	35620	1995	68065	2019	75447
1972	35854	1996	68950	2020	75064
1973	36652	1997	69820	2021	74652
1974	37369	1998	70637	2022	73351
1975	38168	1999	71394	2023	74041

注：数据来源于中国统计年鉴.

表 A. 6　我国工业生产者出厂价格指数

时间	指数	时间	指数
2018 年 1 月	104.3	2018 年 9 月	103.6
2018 年 2 月	103.7	2018 年 10 月	103.3
2018 年 3 月	103.1	2018 年 11 月	102.7
2018 年 4 月	103.4	2018 年 12 月	100.9
2018 年 5 月	104.1	2019 年 1 月	100.1
2018 年 6 月	104.7	2019 年 2 月	100.1
2018 年 7 月	104.6	2019 年 3 月	100.4
2018 年 8 月	104.1	2019 年 4 月	100.9

（续）

时间	指数	时间	指数
2019 年 5 月	100.6	2021 年 11 月	112.9
2019 年 6 月	100	2021 年 12 月	110.3
2019 年 7 月	99.7	2022 年 1 月	109.1
2019 年 8 月	99.2	2022 年 2 月	108.8
2019 年 9 月	98.8	2022 年 3 月	108.3
2019 年 10 月	98.4	2022 年 4 月	108
2019 年 11 月	98.6	2022 年 5 月	106.4
2019 年 12 月	99.5	2022 年 6 月	106.1
2020 年 1 月	100.1	2022 年 7 月	104.2
2020 年 2 月	99.6	2022 年 8 月	102.3
2020 年 3 月	98.5	2022 年 9 月	100.9
2020 年 4 月	96.9	2022 年 10 月	98.7
2020 年 5 月	96.3	2022 年 11 月	98.7
2020 年 6 月	97	2022 年 12 月	99.3
2020 年 7 月	97.6	2023 年 1 月	99.2
2020 年 8 月	98	2023 年 2 月	98.6
2020 年 9 月	97.9	2023 年 3 月	97.5
2020 年 10 月	97.9	2023 年 4 月	96.4
2020 年 11 月	98.5	2023 年 5 月	95.4
2020 年 12 月	99.6	2023 年 6 月	94.6
2021 年 1 月	100.3	2023 年 7 月	95.6
2021 年 2 月	101.7	2023 年 8 月	97
2021 年 3 月	104.4	2023 年 9 月	97.5
2021 年 4 月	106.8	2023 年 10 月	97.4
2021 年 5 月	109	2023 年 11 月	97
2021 年 6 月	108.8	2023 年 12 月	97.3
2021 年 7 月	109	2024 年 1 月	97.5
2021 年 8 月	109.5	2024 年 2 月	97.3
2021 年 9 月	110.7	2024 年 3 月	97.2
2021 年 10 月	113.5	2024 年 4 月	97.5

注：数据来源于国家统计局.

表 A.7　全国居民消费价格指数（上年同月 = 100）

月	年									
	2014	2015	2016	2017	2018	2019	2020	2021	2022	2023
1	102.5	100.8	101.8	102.5	101.5	101.7	105.4	99.7	100.9	102.1
2	102	101.4	102.3	100.8	102.9	101.5	105.2	99.8	100.9	101

（续）

月	年									
	2014	2015	2016	2017	2018	2019	2020	2021	2022	2023
3	102.4	101.4	102.3	100.9	102.1	102.3	104.3	100.4	101.5	100.7
4	101.8	101.5	102.3	101.2	101.8	102.5	103.3	100.9	102.1	100.1
5	102.5	101.2	102	101.5	101.8	102.7	102.4	101.3	102.1	100.2
6	102.3	101.4	101.9	101.5	101.9	102.7	102.5	101.1	102.5	100
7	102.3	101.6	101.8	101.4	102.1	102.8	102.7	101	102.7	99.7
8	102	102	101.3	101.8	102.3	102.8	102.4	100.8	102.5	100.1
9	101.6	101.6	101.9	101.6	102.5	103	101.7	100.7	102.8	100
10	101.6	101.3	102.1	101.9	102.5	103.8	100.5	101.5	102.1	99.8
11	101.4	101.5	102.3	101.7	102.2	104.5	99.5	102.3	101.6	99.5
12	101.5	101.6	102.1	101.8	101.9	104.5	100.2	101.5	101.8	99.7

注：数据来源于国家统计局.

表 A.8　1821 年至 1934 年加拿大山猫年捕获量数据　（单位：只）

1821 年至 1840	1841 年至 1860	1861 年至 1880	1881 年至 1900	1901 年至 1920	1921 年至 1934
269	151	236	469	758	229
321	45	245	736	1307	399
585	68	552	2042	3465	1132
871	213	1623	2811	6991	2432
1475	546	3311	4431	6313	3574
2821	1033	6721	2511	3794	2935
3928	2129	4254	389	1836	1537
5943	2536	687	73	345	529
4950	957	255	39	382	485
2577	361	473	49	808	662
523	377	358	59	1388	1000
98	225	784	188	2713	1590
184	360	1594	377	3800	2657
279	731	1676	1292	3091	3396
409	1638	2251	4031	2985	
2285	2725	1426	3495	3790	
2685	2871	756	587	674	
3409	2119	299	105	81	
1824	684	201	153	80	
409	299	229	387	108	

表 A.9 WTI 原油期货每周（每桶）收盘价 　（单位：美元）

2019 年 12 月 8 日至 2020 年 5 月 31 日	2020 年 6 月 7 日至 2020 年 11 月 29 日	2020 年 12 月 6 日至 2021 年 5 月 30 日	2021 年 6 月 6 日至 2021 年 11 月 28 日	2021 年 12 月 5 日至 2022 年 5 月 29 日	2022 年 6 月 5 日至 2022 年 11 月 27 日
60.07	36.26	46.57	70.91	71.67	120.67
60.44	39.75	49.1	71.64	70.86	109.56
61.72	38.49	48.23	74.05	73.79	107.62
63.05	40.65	48.52	75.16	75.21	108.43
59.04	40.55	52.24	74.56	78.9	104.79
58.54	40.59	52.36	71.81	83.82	97.59
54.19	41.29	52.27	72.07	85.14	94.7
51.56	40.27	52.2	73.95	86.82	98.62
50.32	41.22	56.85	68.28	92.31	89.01
52.05	42.01	59.47	68.44	93.1	92.09
53.38	42.34	59.24	62.32	91.07	90.77
44.76	42.97	61.5	68.74	91.59	93.06
41.28	39.77	66.09	69.29	115.68	86.87
31.73	37.33	65.61	69.72	109.33	86.79
22.43	41.11	61.42	71.97	104.7	85.11
21.51	40.25	60.97	73.98	113.9	78.74
28.34	37.05	61.45	75.88	99.27	79.49
22.76	40.6	59.32	79.35	98.26	92.64
18.27	40.88	63.13	82.28	106.95	85.61
16.94	39.85	62.14	83.76	102.07	85.05
19.78	35.79	63.58	83.57	104.69	87.9
24.74	37.14	64.9	81.27	109.77	92.61
29.43	40.13	65.37	80.79	110.49	88.96
33.25	42.15	63.58	76.1	113.23	80.08
35.49	45.53	66.32	68.15	115.07	76.28
39.55	46.26	69.62	66.26	118.87	80.3

注：数据来源于英为财情.

附录 B　EViews 操作

书中处理数据用到的软件主要是 EViews，下面以例 4.4.1 和例 7.2.3 为例，介绍书中一些主要的 EViews 操作.

一、例 4.4.1 的 EViews 操作

例 4.4.1 中某省 1962 年至 2022 年人口自然增长率数据见附录，首先录入数据．EViews 软件安装完成后，双击 EViews 程序图标，进入 EViews 操作界面．创建 Workfile：单击 File/New/Workfile，输入起止日期等，点击 OK 键（见图 B.1）.

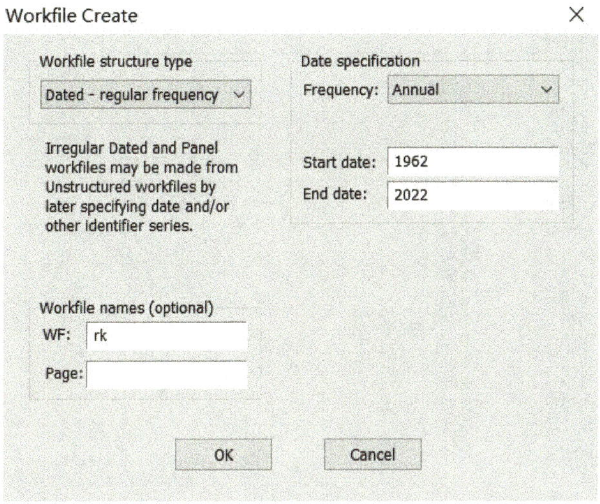

图　B.1

建立 object：点击 object/new object，定义数据序列文件名为：X（见图 B.2).

图　B.2

　　输入数据：输入数据有多种方式，例如，复制 Excel 表格中数据，粘贴到序列 X 窗口中（见图 B.3）.

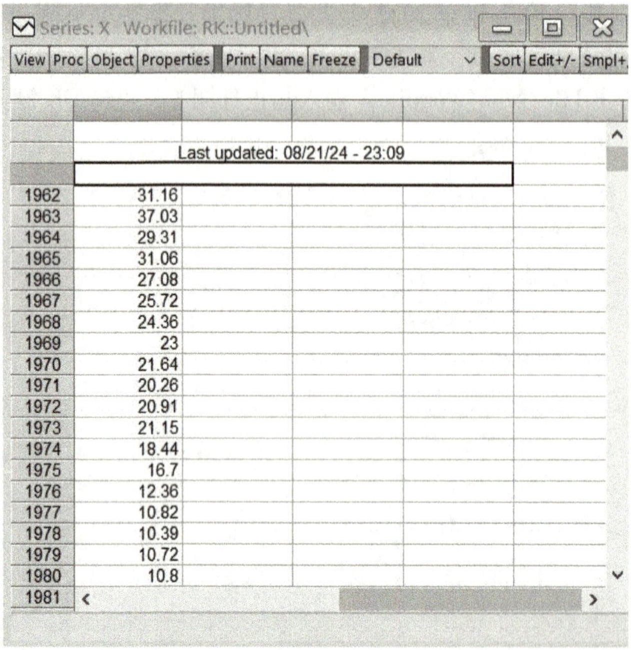

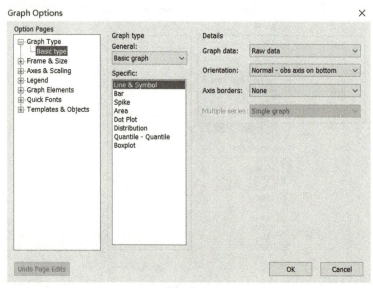

图　B.3

　　画时间序列 X 的图：点击 View/Graph，见图 B.4，点击图 B.4 中 OK 键（见图 4.4.1）.

图　B.4

对序列 X 进行 ADF 单位根检验：点击 View/Unit Root Test（见图 B.5）.

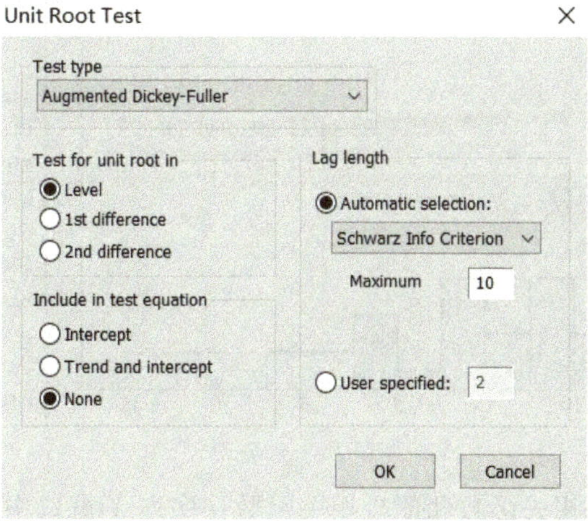

Unit Root Test ✕

Test type
Augmented Dickey-Fuller ∨

Test for unit root in
◉ Level
○ 1st difference
○ 2nd difference

Include in test equation
○ Intercept
○ Trend and intercept
◉ None

Lag length
◉ Automatic selection:
Schwarz Info Criterion ∨
Maximum 10

○ User specified: 2

OK　Cancel

图　B.5

图 B.5 中左边的"Test for unit root in"包含随机趋势的三种情况，"Include in test equation"包含确定性趋势的三种情况. 例如，如果"Include in test equation"选择的是"None"，表示对数据 X 直接进行 ADF 检验；选择的是"Intercept"，表示数据 X 减去一个常数再进行的 ADF 检验；选择的是"Trend and intercept"，表示数据 X 减去一个时间 t 的线性函数（包含常数）再进行的 ADF 检验. 序列 X 按照图 B.5 的选择得到的结果（见图 B.6）.

Null Hypothesis: X has a unit root
Exogenous: None
Lag Length: 1 (Automatic - based on SIC, maxlag=10)

		t-Statistic	Prob.*
Augmented Dickey-Fuller test statistic		-4.159393	0.0001
Test critical values:	1% level	-2.604746	
	5% level	-1.946447	
	10% level	-1.613238	

*MacKinnon (1996) one-sided p-values.

图　B.6

由此得到例 4.4.1 中对序列 $\{X_t\}$ 进行 ADF 检验的结果. 序列 X 的直方图和描述性统计量：点击 View/Descriptive Statistics & Tests/Histogram and stats 结果（见图 B.7）.

由图 B.7 所示，序列 $\{X_t\}$ 的样本均值为 $\overline{X}_{61} = 11.76082$. 如果将序列 X 零均值化，可以在 Workfile：rk 窗口中点击 Genr，在打开的对话框中输入如图 B.8 所示的公式，得到的序列 Y 就是序列 X 零均值化的序列.

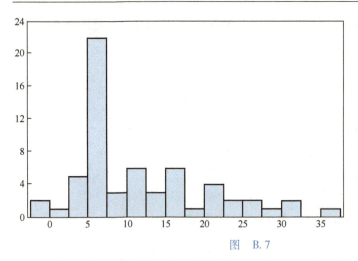

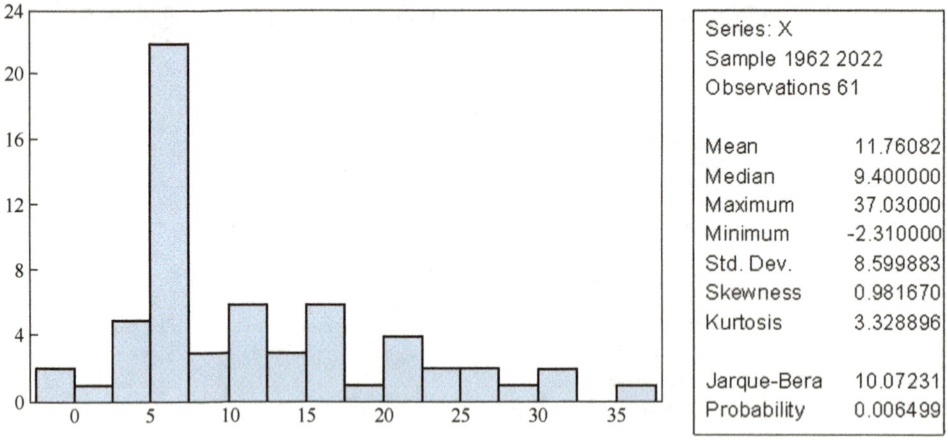

图 B.7

计算 $\{X_t\}$ 的自相关函数和偏自相关函数：序列 X 窗口中点击 View/Correlogram，如图 B.9 和图 B.10 所示，得到例 4.4.1 中表 4.4.1 的结果.

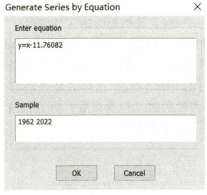

图 B.8

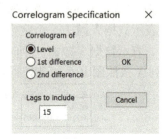

图 B.9

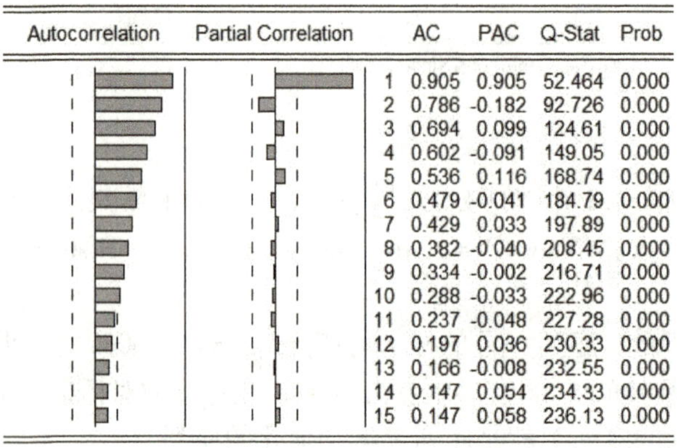

Sample: 1962 2022
Included observations: 61

Autocorrelation	Partial Correlation		AC	PAC	Q-Stat	Prob
		1	0.905	0.905	52.464	0.000
		2	0.786	-0.182	92.726	0.000
		3	0.694	0.099	124.61	0.000
		4	0.602	-0.091	149.05	0.000
		5	0.536	0.116	168.74	0.000
		6	0.479	-0.041	184.79	0.000
		7	0.429	0.033	197.89	0.000
		8	0.382	-0.040	208.45	0.000
		9	0.334	-0.002	216.71	0.000
		10	0.288	-0.033	222.96	0.000
		11	0.237	-0.048	227.28	0.000
		12	0.197	0.036	230.33	0.000
		13	0.166	-0.008	232.55	0.000
		14	0.147	0.054	234.33	0.000
		15	0.147	0.058	236.13	0.000

图 B.10

建立模型：在主菜单中点击 Quick/Estimate Equation，在打开的对话框中输入：x c ar（1）或者 x c ar（1）ar（2）或者 x c ar（1）ar（2）ma（1）等，分别建立的模型为：AR（1）、AR（2）、ARMA（2,1）等．例如，点击图 B.11 中的确定，得到建立的 AR（1）模型的结果（见图 B.12）．

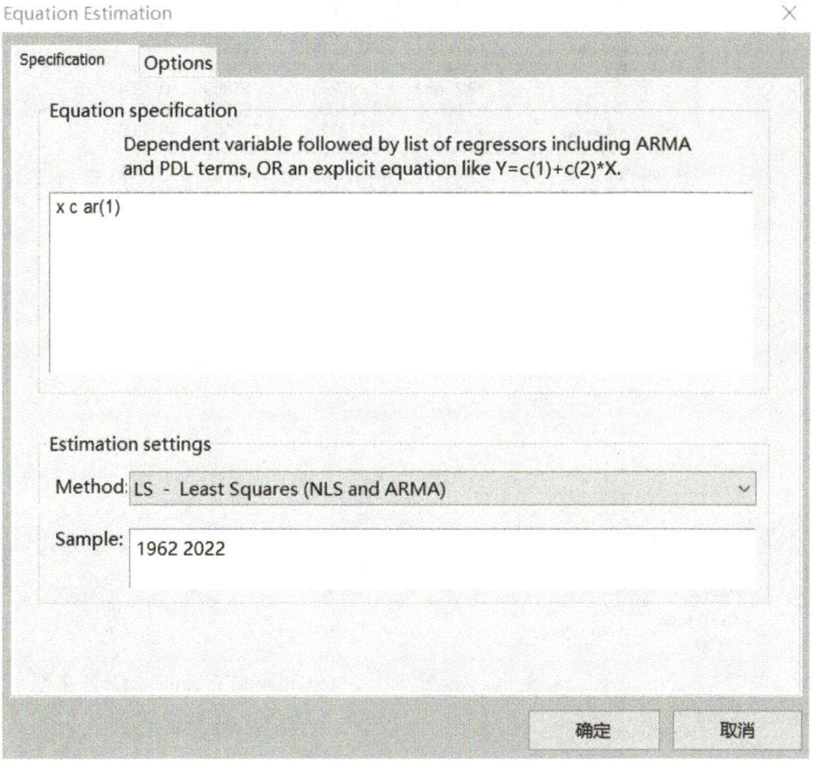

图 B.11

如图 B.11、图 B.12 所示，模型参数的估计方法为极大似然估计，如果图 B.11 中点击 Options/Method：CLS（见图 B.13），则得到图 B.14 所示的模型参数的一种最小二乘估计．

如此类似建模，可得例 4.4.1 中图 4.4.2 和表 4.4.2 的结果．在图 B.12 模型结果框中，点击 View/Actual，Fitted，Residual/Actual，Fitted，Residual Table，结果见图 B.15；点击 View/Actual，Fitted，Residual/Actual，Fitted，Residual Graph，可以得到模型拟合（见图 B.16）．

在 Workfile：rk 窗口中列有序列文件：resid，该文件里是最近一次模型估计所得的残差序列．双击"resid"，打开该序列窗口，见图 B.17．同样，在该窗口中点击 View/Correlogram，得到残差序列的自相关函数等，见图 B.18．

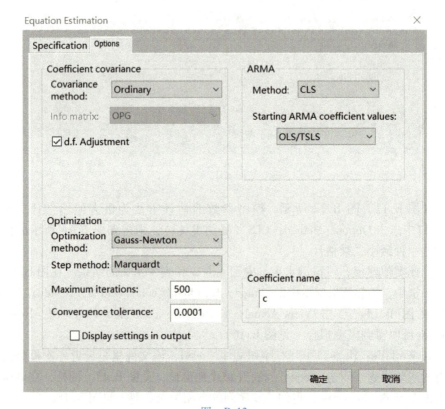

图　B. 12

图　B. 13

Dependent Variable: X
Method: ARMA Conditional Least Squares (Gauss-Newton / Marquardt
    steps)
Date: 08/22/24   Time: 18:13
Sample (adjusted): 1963 2022
Included observations: 60 after adjustments
Convergence achieved after 4 iterations
Coefficient covariance computed using outer product of gradients

Variable	Coefficient	Std. Error	t-Statistic	Prob.
C	1.029663	8.464877	0.121639	0.9036
AR(1)	0.949129	0.031171	30.44952	0.0000

R-squared	0.941127	Mean dependent var	11.43750
Adjusted R-squared	0.940112	S.D. dependent var	8.290161
S.E. of regression	2.028769	Akaike info criterion	4.285501
Sum squared resid	238.7224	Schwarz criterion	4.355312
Log likelihood	-126.5650	Hannan-Quinn criter.	4.312808
F-statistic	927.1735	Durbin-Watson stat	1.920074
Prob(F-statistic)	0.000000		

Inverted AR Roots	.95

图　B. 14

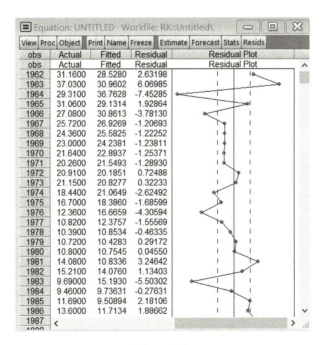

图　B. 15

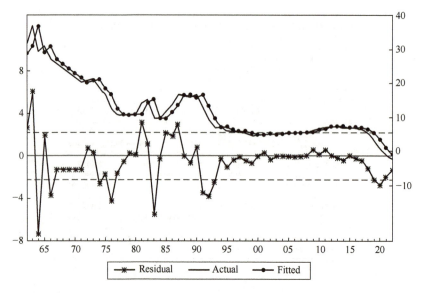

图 B. 16

图 B. 17

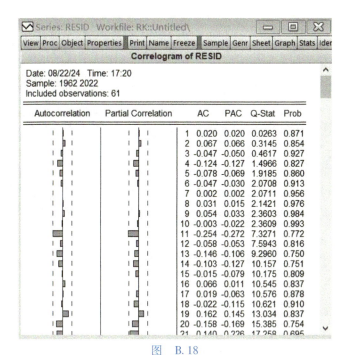

图　B. 18

模型预测：在图 B. 12 模型结果框中，点击 Forecast. 如图 B. 19 所示，在 Method 里选择"Static forecast"（静态预测），即是利用实际值的向前一步预测；如果选择"Dynamic forecast"（动态预测），即是利用第一个预测值的向前多步预测. 图 B. 12 中模型的静态预测结果如图 B. 20 所示，图 B. 20 中有均方根误差为 2. 102876 等结果.

图　B. 19

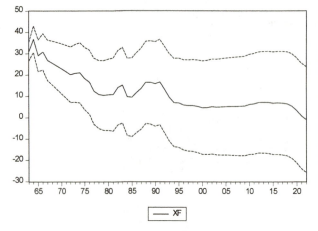

Forecast: XF	
Actual: X	
Forecast sample: 1962 2022	
Adjusted sample: 1963 2022	
Included observations: 60	
Root Mean Squared Error	2.102876
Mean Absolute Error	1.362206
Mean Abs. Percent Error	21.72606
Theil Inequality Coefficient	0.073291
Bias Proportion	0.075473
Variance Proportion	0.001651
Covariance Proportion	0.922876
Theil U2 Coefficient	1.081864
Symmetric MAPE	16.60862

图 B. 20

二、例 7.2.3 的 EViews 操作

例 7.2.3 中 2019 年 12 月 8 日至 2022 年 11 月 27 日 WTI 原油期货每周（每桶）收盘价（单位：美元）见附录，共 156 个数据，记为 $\{Y_t\}$. 对应在 EViews 中创建的 Workfile 和数据序列都记为 Y.

生成收益率序列 $\{X_t\}$：在 Workfile：Y 窗口中点击 Genr，在打开的对话框中输入图 B.21 所示公式，得到收益率序列 X（见图 B.22）.

Generate Series by Equation   ✕

Enter equation

x=log(y)-log(y(-1))

Sample

1 156

OK   Cancel

图 B. 21

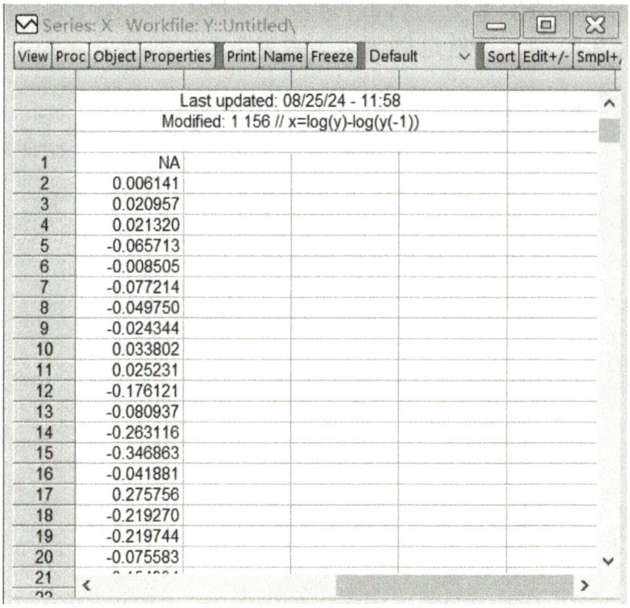

图　B.22

画序列 X 的图形和对序列 X 进行 ADF 单位根检验、求序列 X 的自相关函数和偏相关函数、对序列 X 建立 AR（1）模型以及获得该模型的残差序列 Z 等操作与前面类似. 例 7.2.3 中，使用最小二乘估计得到 AR（1）模型（7.2.11）的 EViews 建模结果（见图 B.23）.

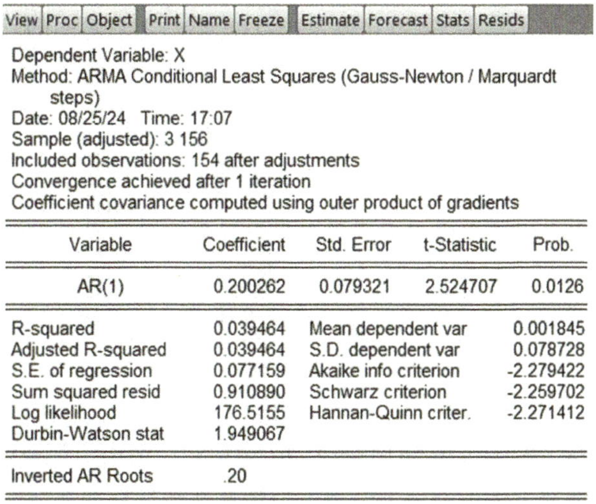

图　B.23

在图 B. 23 建模结果框中，点击 View/Residual Diagnostics/Correlogram – Q – statistics，得到图 B. 24，这就是例 7. 2. 3 中表 7. 2. 1 的结果.

Autocorrelation	Partial Correlation		AC	PAC	Q-Stat	Prob
		1	0.023	0.023	0.0827	0.774
		2	-0.135	-0.136	2.9599	0.228
		3	0.067	0.075	3.6809	0.298
		4	0.108	0.087	5.5484	0.236
		5	0.005	0.018	5.5518	0.352
		6	0.032	0.053	5.7136	0.456
		7	-0.001	-0.014	5.7137	0.574
		8	-0.046	-0.047	6.0573	0.641
		9	-0.098	-0.110	7.6566	0.569
		10	-0.121	-0.143	10.103	0.431
		11	-0.011	-0.029	10.123	0.519
		12	-0.035	-0.050	10.332	0.587
		13	0.062	0.107	10.977	0.613
		14	-0.056	-0.030	11.507	0.646
		15	-0.002	0.051	11.508	0.716
		16	-0.061	-0.072	12.152	0.733
		17	-0.040	-0.060	12.434	0.773
		18	-0.005	-0.045	12.438	0.824
		19	-0.014	-0.067	12.475	0.864
		20	0.059	0.063	13.101	0.873

图　B. 24

在图 B. 23 建模结果框中，点击 View/Residual Diagnostics/Correlogram Squared Residuals，得到图 B. 25，这就是例 7. 2. 3 中表 7. 2. 2 的结果.

Autocorrelation	Partial Correlation		AC	PAC	Q-Stat	Prob
		1	0.430	0.430	29.070	0.000
		2	0.330	0.178	46.278	0.000
		3	0.507	0.397	87.149	0.000
		4	0.371	0.066	109.17	0.000
		5	0.207	-0.089	116.09	0.000
		6	0.137	-0.194	119.14	0.000
		7	0.136	-0.063	122.17	0.000
		8	0.049	-0.056	122.57	0.000
		9	0.028	0.073	122.70	0.000
		10	0.020	0.043	122.76	0.000
		11	-0.031	-0.012	122.92	0.000
		12	-0.023	-0.010	123.01	0.000
		13	-0.020	-0.021	123.08	0.000
		14	-0.037	-0.013	123.31	0.000
		15	-0.031	0.012	123.47	0.000
		16	-0.035	-0.010	123.68	0.000
		17	-0.050	-0.032	124.13	0.000
		18	-0.037	-0.005	124.37	0.000
		19	-0.042	-0.018	124.69	0.000
		20	-0.035	0.024	124.92	0.000

图　B. 25

点开 Workfile：Y 窗口中的序列文件 "resid"，在序列 resid 窗口中，点击 View/Graph/Basic type/Quantile- Quantile，得到例 7. 2. 3 中图 7. 2. 5.

在图 B. 23 建模结果框中，点击 View/Residual Diagnostics/Heteroskedasticity

Tests…，得到滞后 2 阶的 ARCH LM 检验（见图 B. 26 和图 B. 27）.

Heteroskedasticity Tests　　　　　　　　　　　　×

Specification

Test type:

Breusch-Pagan-Godfrey
Harvey
Glejser
ARCH
White
Custom Test Wizard...

Dependent variable: RESID^2

The ARCH Test regresses the squared
residuals on lagged squared residuals
and a constant.

Number of lags:　2

OK　　　Cancel

图　B. 26

Heteroskedasticity Test: ARCH

F-statistic	19.89884	Prob. F(2,149)	0.0000
Obs*R-squared	32.04089	Prob. Chi-Square(2)	0.0000

图　B. 27

建立 GARCH（1,1）模型：单击 Object/
New Object/Equation（见图 B. 28）. 点击 OK，
在图 B. 29 所示方程对话框中，输入均值方程、
选择 ARCH 模型类型、选择 ARCH 项和
GARCH 项的阶数、选择方程的误差分布等.
由图 B. 29 的设置得到例 7. 2. 3 中的均值模型
（7. 2. 12）和 GARCH（1,1）模型（7. 2. 13）
（见图 B. 30）.

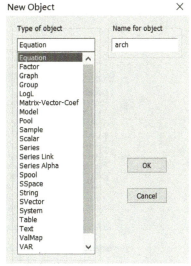

图　B. 28

在图 B. 30 的模型结果框中，点击 View/
Garch Graph/Conditional Standard Deviation，
得例 7. 2. 3 中的条件标准差序列图 7. 2. 6.
点击 View/Residual Diagnostics/Correlogram –
Q – statistics 得例 7. 2. 3 中表 7. 2. 3；点击
View/Residual Diagnostics/Correlogram Squared
Residuals 得表 7. 2. 4；点击 View/Residual Di-
agnostics/ARCH LM Test 得例 7. 2. 3 中 GARCH（1,1）模型（7. 2. 13）残差序列
滞后二阶的 ARCH LM 检验结果.

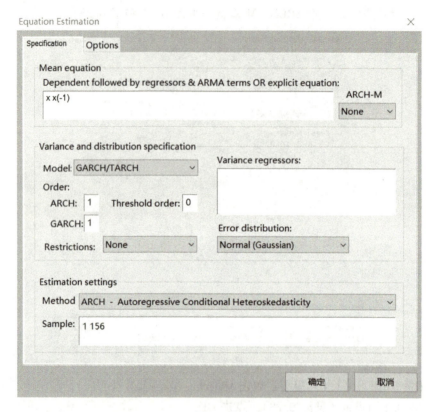

图　B. 29

图　B. 30

参 考 文 献

[1] BOX G E P, JENLIMS G M, REINSEL G C. 时间序列分析：预测与控制 [M]. 顾岚，译. 北京：中国统计出版社，1997.

[2] BROCKWELL P J, DAVIS R A. 时间序列的理论与方法：2 版 [M]. 田铮，译. 北京：高等教育出版社，2001.

[3] 范剑青，姚琦伟. 非线性时间序列：建模、预报及应用 [M]. 陈敏，译. 北京：高等教育出版社，2005.

[4] 王振龙. 时间序列分析 [M]. 北京：中国统计出版社，2000.

[5] 潘迪特，吴宪民. 时间序列及系统分析与应用 [M]. 李昌琪，荣国俊，译. 北京：机械工业出版社，1988.

[6] 王黎明，王连，杨楠. 应用时间序列分析 [M]. 上海：复旦大学出版社，2009.

[7] 科琴达，切尔尼. 时间序列分析与应用：2 版 [M]. 王倩，译. 北京：化学工业出版社，2018.

[8] 王燕. 时间序列分析 [M]. 2 版. 北京：中国人民大学出版社，2020.

[9] 高铁梅. 计量经济分析方法与建模：EViews 应用及实例 [M]. 3 版. 北京：清华大学出版社，2018.

[10] 邱锡鹏. 神经网络与深度学习 [M]. 北京：机械工业出版社，2022.